Alan Bramson

PILOTEN HANDBUCH

Motor buch Verlag

Einbandgestaltung: Luis dos Santos

Aufnahme Titelbild: Frank Herzog

Copyright © 1980 by Alan Bramson
Die englische Ausgabe ist erschiennen bei Martin Dunitz Lim. London,
unter dem Titel »Be a Better Pilot«.

Ins Deutsche übersetzt von Peter Pletschacher

Eine Haftung des Autors oder des Verlages und seiner Beauftragten
für Personen-, Sach- und Vermögensschäden ist ausgeschlossen.

ISBN 978-3-613-3251-4

Copyright © by Motorbuch Verlag, Postfach 10 37 43, 70032 Stuttgart.
Ein Unternehmen der Paul Pietsch Verlage GmbH & Co KG.

Sie finden uns im Internet unter:
www.motorbuch-verlag.de

1. Auflage 2011

Titel ist bereits in 7 Auflagen unter der ISBN 3-87943-987-7 erschienen.

Druck und Bindung:
Appel & Klinger Druck und Medien GmbH, 96277 Schneckenlohe
Printed in Germany

Inhalt

Vorwort 9

1. Einführung 13

2. Vorbereitungen vor dem Flug 20
   Die Flugplanung 21
   Vorflugkontrolle 32

3. Der Betrieb auf kleinen Plätzen 39
   Die Leistung des Flugzeugs 40
   Der Start 42
   Die Landung 50

4. Das Fliegen nach Instrumenten 58
   Funktion und Technik des Instrumentenfliegens 61
   Das Fliegen der wichtigsten Manöver nach Instrumenten 64
   Der Flug mit beschränktem Panel 68
   Die Grenzen der Instrumente 73
   Funknavigation 75

5. Starts und Landungen bei Seitenwind **82**
Die Auswirkungen des Seitenwindes 83
Der Seitenwind-Start 85
Die Seitenwind-Landung 89
Besondere Warnungen 95

**6. Was mit zwei Triebwerken an Sicherheit
gewonnen wird** **97**
Prinzipien der Asymmetrie 99
Das Beherrschen des Triebwerksausfalls 107
Die asymmetrische Landung 112

7. Das Vermeiden von Schlechtwetterunfällen **117**
Wie man einen Wetterbericht interpretiert 119
Vereisung an Zelle und Triebwerk 126
Fliegen in schlechtem Wetter 134
Flugvorbereitung bei Schlechtwetter 144

8. Verhalten bei Motorausfall **145**
Die unmögliche Kurve 146
Motorausfall nach dem Start 151
Motorausfall im Reiseflug 154
Die Notlandung 158

9. Grundsätzliche Bedienungsfehler **164**
Rollmanöver 164
Der Start 169
Der Steigflug 170
Der Reiseflug 172
Der Kurvenflug 175
Vor Flugmanövern 176
Das Überziehen 177
Das Trudeln 181
Sinkflug und Landeanflug 190
Die Landung 194

10. Fliegen mit Wasserflugzeugen 198

Flugvorbereitung 199
Wind und Wasser 200
Festmachen und Ablegen 202
Das Rollen auf dem Wasser 204
Der Start 206
Aufsetzen auf dem Wasser 209

11. Sei nett zu Deinem Triebwerk. 213

Das Innenleben des Motors 214
Die Funktion des Öls 216
Bedienung von Kolbenmotoren 217
Turbolader-Bedienung 222
Die Turboprop-Motoren 225

12. Schlußbemerkungen 231

Register. 235

Vorwort

Der Mensch ist voller Widersprüche. Er kann Brücken, große Städte oder Transportsysteme bauen und bis zum Mond fliegen, aber dieser erfindungsreiche Mensch ist ebenso in der Lage, selbstzerstörerische Entscheidungen zu treffen, die selbst das einfachste Lebewesen zu vermeiden weiß.

Was geht eigentlich im Menschen vor, wenn er im Auto mit hoher Geschwindigkeit durch dicken Nebel rast, leistungsstarke Maschinen ohne geeignete Sicherheitsvorkehrungen benutzt oder wenn er unter Wetterbedingungen seinen Flug fortsetzt, die seine und seines Flugzeugs Fähigkeiten überfordern? Teilweise wird diese komplexe Frage durch den Mangel an Vorsicht beantwortet, die durch die Zivilisation in der menschlichen Spezies verkümmert ist. Aber der entscheidende Punkt ist wohl ganz einfach Dummheit und das Fehlen von Selbstdisziplin, zwei Eigenschaften, die gerade bei Fliegen besonders gefährlich sind.

Auch auf die Gefahr, als Defaetist beschimpft zu werden, muß ich sagen, daß man dumme Menschen zwar durchaus erziehen kann, aber gegen disziplinlose ist kein Kraut gewachsen. Wer mit schlafwandlerischer Gewissenlosigkeit durch den Nebel rast, den kann man nicht aufhalten. Und jeder Leser, der sich als einen Menschen dieser Art erkennen muß, sollte am besten dieses Buch beiseite legen. Es hat für ihn keinen Sinn, weiterzulesen, denn er würde wohl kaum meinen Rat annehmen und statt zu fliegen auf den Golfplatz gehen.

Dem aufmerksamen, ausgeglichenen und gewissenhaften Piloten, der seine Grenzen kennt und etwas für seine Sicherheit tun will, möchte ich jedoch erklären, daß es in diesem Buch nicht allein darum geht, wie man mit Notsituationen fertig wird. Vielmehr sollen Verhaltensweisen und Techniken entwickelt werden, mit denen man echten Notfällen und allen damit verbundenen Risiken vorbeugen kann.

Ich nehme nicht für mich in Anspruch, die vielen hier beschriebenen Verfahren selbst erfunden zu haben. Sie stammen vielmehr aus einigen der besten zivilen und militärischen Flugschulen, wo die über viele Jahre gesammelten Erfahrungen von hervorragenden Piloten konzentriert sind.

Im Laufe der letzten 25 Jahre habe ich Fluglehrern die Prüfungen für ihre Lizenz oder deren Erneuerung abgenommen, und dabei konnte ich natürlich viele ihrer Schwächen und Probleme erkennen, die irgendwann einmal zu einem Unfall führen müssen. Aus diesen Erfahrungen ist vieles in dieses Buch eingeflossen.

Man könnte entgegenhalten, daß die Unfallrate in der Allgemeinen Luftfahrt bemerkenswert niedrig ist. Das trifft durchaus zu, wenn man diese Statistiken mit denen beim Motorradfahren, Bergsteigen und einigen anderen Sportarten vergleicht. Aber die meisten tödlichen Flugunfälle hätten nie zu passieren brauchen, wenn die betroffenen Piloten etwas mehr Respekt vor den Gesetzmäßigkeiten der Luftfahrt gezeigt hätten. Nicht jeder ist in der glücklichen Lage, fliegen zu können, und ich persönlich habe es immer als Privileg betrachtet, daß meine Gesundheit, meine Fähigkeiten und die Zeit, in der ich lebe, es mir erlaubt haben, einen kleinen Teil der fantastischen Welt der Luftfahrt mitzuerleben.

Wenn ich einen Punkt besonders herausstellen sollte, der für viele Piloten eine ständige Gefahr bedeutet, dann würde ich den Mangel an Professionalität nennen. Es gibt natürlich Leute, die grundsätzlich nicht nach Professionalität streben, und ich bin der erste, der die Wochenendpiloten verteidigt: Es ist nicht zu kritisieren, wenn sich solche »Sonntagspiloten« auf das Fliegen bei gutem, klarem Wetter beschränken und sich nicht in die völlig unterschiedliche Welt der Luftfahrt bei starkem Verkehr oder bei IMC wagen. Diese Bedingungen nämlich erfordern Professionalität, selbst von Amateuren. Es ist nicht einfach, diese Wahrheit auch solchen Leuten beizubringen, die nicht als Piloten ihren Lebensunterhalt bestreiten, denn in so vielen anderen Tätigkeitsbereichen bedeutet ein Mangel an Professionalität noch nicht das Ende der Welt. Beim Tennis oder Golf beispielsweise verliert man schlimmstenfalls das Spiel. Aber bei unprofessionellem Verhalten in der Luftfahrt bricht man sich früher oder später das Genick, und die Zeitungen haben wieder ihre Schlagzeilen.

Im Laufe des Verfassens vieler Artikel für Luftfahrtzeitschriften auf der ganzen Welt stellte ich fest, daß immer wieder Informationen über die praktische Seite des Fliegens gefragt sind, und so ließ ich mich zu diesem Buch inspirieren. Wenn es mir auch unmöglich war, jeden Aspekt der Fliegerei zu behandeln, so ist doch zu hoffen, der Leser möge sich dessen bewußt werden, daß man in dieser unvollkommenen Welt immer auf unvorhergesehene Dinge gefaßt sein muß. Er wird dann darauf vorbereitet sein, sich mit unerwarteten Situationen zurechtzufinden, in denen auch ein Amateur wie ein Profi fliegen muß.

Alan Bramson

1. Einführung

Man hört oft, daß es mit den Flugzeugen selbst keine Probleme gebe – erst wenn sich ein Pilot ans Steuer setzt, wird es möglicherweise gefährlich. Wie alle Verallgemeinerungen entspricht dies nicht ganz der Wahrheit. Nicht alle Unfälle sind auf das Verschulden des Piloten zurückzuführen, und es gibt viele gute Piloten, die ihr ganzes Leben lang beruflich oder privat fliegen, ohne auch nur einen Kratzer am Lack des Flugzeugs zu verursachen.

Aber es gibt andererseits natürlich diese schlafwandlerischen Abenteurer, die man eigentlich nicht einmal mit dem Fahrrad auf die Menschheit loslassen sollte, geschweige denn mit einem Flugzeug. Wer erteilt aber dann diesen Leuten ihre Pilotenlizenz? Es wäre falsch, mit dem Finger auf die Fluglehrer und die zuständigen Behörden zu zeigen. Ich kann aus eigener Erfahrung sagen, daß sich ein Pilot bei seinen Prüfungen durchaus normal und vernünftig verhalten kann, denn beim Fluglehrer will er sich von seiner besten Seite zeigen. Aber was einige dieser Leute dann veranstalten, wenn sie aus dem Gesichtskreis einer Autorität verschwunden sind, das steht auf einem anderen Blatt. Eine offensichtlich unausgeglichene Person ist für den Prüfer eigentlich kein Problem – seine Reaktionen bei der Prüfung sprechen eine allzu deutliche Sprache. Aber unglücklicherweise bilden diese Leute manchmal gar nicht die wirkliche Gefahr. Meist ist es jedoch nur ganz einfach ein Mangel an Vorsicht und ein Schuß Lässigkeit, oder die Überzeugung, das zweitbeste sei gerade gut genug. Wer nicht danach strebt, seinen Lebensunterhalt als Pilot zu verdienen, glaubt oft, daß Checks und andere lebenswichtige Aktionen nur für Linienpiloten gut seien, nicht für ihn selbst. Und außerdem, so glaubt er, handele es sich schließlich nur um ein Leichtflugzeug, wie es täglich von vielen Leuten geflogen wird. Diese Leute übersehen aber, daß man sich in einem 100 PS-Schulzweisitzer genauso leicht umbringen kann wie in einem Jagdflugzeug.

In vieler Beziehung geht es bei diesen unverantwortlichen Piloten um ein generelles menschliches Problem. Bei anderen Gelegenheiten im Leben führt es nur zu Unannehmlichkeiten: Man vergißt auf dem Weg vom Büro nach Hause den Fisch einzukaufen oder man wird gehörig naß, weil man trotz drohender Wolken keinen Schirm mitgenommen hat. All das sind Dinge, die vielleicht zu einer unbeschwerten Lebensweise gehören, und über die man später lacht. Aber in der Luftfahrt führt eine solche Haltung früher oder später zu einer Notsituation, und wenn man dann falsch reagiert, kommt es sehr leicht zu einem Unfall. Denn ein altes Sprichwort sagt: Ein Flugzeug ist ein guter Diener, aber ein schlechter Herr. Es dient so lange, als es unter strikter Kontrolle gehalten und entsprechend den Gesetzen der Luftfahrt geflogen wird. Aber wenn es die Oberhand gewinnt, wenn man gegen Regeln verstößt oder Warnsignale mißachtet, dann kann ein Flugzeug gefährlich werden.

Typische Verhaltensweisen, die so oft zu ernsten Unfällen führen sind:

a) Mangelnde Flugvorbereitung

b) Lässige Vorflugkontrollen

c) Ungenügende Kenntnisse über das Flugzeug und die Meinung, daß, wenn man einen Typ geflogen hat, man auch alle anderen kennt.

d) Unerschütterliche Überzeugung mancher Piloten, sie seien »Superpiloten«, während in Wirklichkeit ihre Fähigkeiten nur sehr durchschnittlich, wenn nicht gar schlecht sind.

e) Der Zwang, unbedingt nach Hause kommen zu müssen.

Jeder einzelne dieser Faktoren kann zur Katastrophe führen, aber es geht dabei gar nicht um die mangelnde Intelligenz der betroffenen Piloten. Im Gegenteil, oft sind es sogar intelligente Leute, die in Schwierigkeiten geraten. Normalerweise resultieren solche Verhaltensweisen nicht aus einer unterdurchschnittlichen Ausbildung, denn wenn ein Pilot seinen PPL erworben hat, heißt das immerhin, daß er eine schriftliche und praktische Prüfung hinter sich hat. Diese Probleme stecken vielmehr in der menschlichen Natur selbst, und in manchen Fällen kann man noch so viel auf solche Leute einreden, irgendwann bringen sie sich selber um. Fatalerweise werden dabei manchmal aber auch andere mitbetroffen. Ist das nicht alles übertrieben? Ich habe einen Fall gekannt, als ein Mann, der schon einige Herzanfälle erlitten hatte, den PPL geschafft hat: Er ging einfach zu einem anderen Fliegerarzt und verstieß damit gegen lebenswichtige Regeln. Der Fall hätte katastrophal enden können – der Mann starb am Steuer, als er gerade zum Start rollte. Glücklicherweise konnte sein Sohn, ein Schuljunge, der neben ihm im Flugzeug saß, das Triebwerk abstellen, bevor die Maschine außer Kontrolle geriet. Man kann sich nicht genug darüber wundern, wie ein kranker Mann nicht nur sein eigenes Leben, sondern auch das seines Sohnes aufs Spiel setzt.

Vor nicht allzu langer Zeit starteten zwei Männer in einer einmotorigen Maschine zu einem Flug über den Kanal. Über dem Wasser war Nebel gemeldet, und man hatte ihnen zum Abwarten geraten. Keiner der beiden Piloten hatte irgendwelche Instrumentenflug-Erfahrung, aber das Panel war mit VHF und VOR ausgerüstet, und sie flogen bedenkenlos ab. Auf halbem Wege über dem Kanal gerieten sie prompt in den Nebel und riefen über Funk nach Radarhilfe – sie wurden nie wieder gesehen. Was treibt einen Mann dazu, ohne Instrumentenflug-Erfahrung zu starten und in vorhergesagten Nebel zu fliegen?

Ich habe mir oft auch eine andere Frage gestellt: Wenn ich dabei gewesen wäre und ihnen ernsthaft geraten hätte zu warten, bis sich der Nebel aufgelöst hat – hätten sie von mir überhaupt Notiz genommen? Vielleicht ja, vielleicht nein, das hängt eben wieder von den menschlichen Faktoren ab. Wer von anderen bereits vor einem gefährlichen Flug gewarnt wurde und sich trotzdem so verhalten hat, wie oben beschrieben, der wird vermutlich nicht viel Gewinn aus der Lektüre dieses Buches ziehen. Aber wer noch nicht so stur geworden ist, wer schon einmal bewußt sein Schicksal herausgefordert hat, und immer wieder darüber nachdenkt, und wer sich bei manchen meiner bisherigen Ausführungen etwas ungemütlich gefühlt hat, der wird sicher davon profitieren können, etwas über solide fliegerische Erfahrungen zu hören.

Für wenig erfahrene Piloten sollten hier die wichtigsten menschlichen Faktoren aufgeführt werden, die gewöhnlich zu Problemen beim Fliegen führen:

1. Lässigkeit

2. Falscher Stolz

3. Selbstüberschätzung

4. Hast

5. Mangel an Kenntnis

6. Sorglosigkeit

Diese Faktoren können mit den nachfolgend genannten Punkten in Verbindung gebracht werden: »Mangelnde Flugvorbereitung« kommt gewöhnlich vom falschen Glauben, daß schon alles in Ordnung sein wird – das Wetter ist im Moment gut, im Flugzeug stehen Funkgerät und Instrumente zur Verfügung (obwohl der Pilot sie vielleicht gar nicht richtig bedienen kann), und wenn das Wetter schlechter werden sollte, kann man ja immer umkehren (obwohl dann falscher Ehrgeiz zu oft einfach zum Weiterfliegen drängt).

Mit der Flugvorbereitung beschäftigt sich das nächste Kapitel, hier soll zunächst die Feststellung genügen, daß die Ursachen für einen Unfall fast immer schon vor dem Flug gelegt werden, indem dieser wichtige Aspekt einfach vernachlässigt wird.

Die Mehrzahl der Autofahrer hat wenig Kenntnis darüber, wie ihr Fahrzeug eigentlich funktioniert. Es gab einmal Zeiten, als Privatpiloten selbstbewußt sagen konnten, daß in der Luftfahrt noch lange nicht ausreicht, was für einen Autofahrer gerade noch gut genug ist. Gute Kenntnisse über die Funktion des Flugzeugs und seines Triebwerks waren weit verbreitet. Im Laufe der Jahre wurden natürlich viele Aspekte der Fliegerei immer komplizierter, aber bedauerlicherweise sahen sich nicht alle Piloten dazu veranlaßt, diese Herausforderung anzunehmen. So kann man heute Piloten von Leichtflugzeugen begegnen, selbst solchen von komplexen Zweimots, die erschreckend wenig über ihre Maschine wissen, über deren Eigenschaften bezüglich der Sicherheit, deren Betriebsgrenzen und wichtigsten Service-Anforderungen. Anstatt den Versuch zu unternehmen, die Eigenschaften des Flugzeugs kennenzulernen, eignen sie sich nach Art eines Papageis nur einige Informationen an, ohne sie wirklich zu verstehen, und nach den Prüfungen ist alles sehr schnell wieder vergessen.

Es gibt natürlich kein Gesetz gegen Unwissenheit (außer Unwissenheit der Gesetze selbst). Aber beim Fliegen ist Unwissenheit der schnellste Weg zur Katastrophe. Man kann freilich mit einem einfachen Flugzeug glücklich werden, selbst wenn man nicht über jedes Detail genau Bescheid weiß. Aber wenn man dann glaubt, jedes Flugzeug beherrschen zu können, weil man einen einzigen Typ kennt, gerät man mit Sicherheit in Schwierigkeiten, vor allem, wenn man auf schnellere, komplexere Typen umsteigt. Ich habe schon Piloten getroffen, die nicht wußten, wie sie bei Triebwerksausfall die Tanks auf »cross-feed« schalten sollten, die glaubten, das Entwässerungsventil der Vakuumpumpe sei zum Ölablassen da, und die bei Vereisung keine Fahrtanzeige mehr hatten, weil sie nicht wußten, wie man die Pitotheizung einschaltet. Die falsche Bedienung der Vergaservorwärmung würde gar ein ganzes Buch füllen. Kein Flugzeug ist wie das andere, und eine Abneigung gegen alles Technische, und sei es noch so einfach, kann nur zu Schwierigkeiten führen.

In Wirklichkeit gibt es nur wenige Flieger-Asse. Aber sobald irgendwo ein Flugtag stattfindet, fühlen sich viele Durchschnittspiloten zu großen Taten berufen. Schaufliegen ist jedoch nichts für jeden, nicht einmal alle erfahrenen Piloten beherrschen diese Kunst. Selbst wenn man in 3000 Metern ein gutes Kunstflugprogramm zeigen kann, wird man in Bodennähe seine Überraschungen erleben: Im Scheitelpunkt eines Loopings sieht man statt eines klar definierten Horizonts plötzlich nur noch Bäume, Hausdächer und Wäscheleinen. Und eine gesteuerte Rolle ist zwar in 300 Metern noch eine durchaus gemütliche Sache, aber dasselbe Manöver in Bodennähe kann dazu führen, daß man nicht der Held der Schau wird, sondern nur die Schlagzeile der Lokalzeitung liefert. Ein Unfall bei der Oldtimer-Parade einer der jährlichen Airshows in Biggin Hill bei London illustriert die Risiken, die mit mangelhaften fliegerischen Qualitäten verbunden sind. Ich hatte mich mit dem Besitzer einer bildschönen Gipsy Moth Baujahr 1928 unterhalten. Er gab dabei zu, daß er am Vortag beim Beobachten der anderen Flugzeuge aus Unachtsamkeit beinahe direkt vor den Zuschauermengen seine Maschine überzogen hätte. Ich warnte ihn davor, seine Erfahrungen als Pilot zu überschätzen und riet ihm dringend, auf eine sichere Fluggeschwindigkeit zu achten. Aber bei der nächsten Demonstration trudelte er in die Bäume und zerstörte dabei die unersetzliche Gipsy Moth, er selbst erlitt glücklicherweise nur geringe Verletzungen. Es hätte viel schlimmer ausgehen können, und dieser Mann hätte beinahe selbst mit dem Leben bezahlt, nur um zu erkennen, daß er kein »As« ist. Schaufliegen erfordert ganz besondere Fähigkeiten. Man muß es lernen, üben und weiterentwickeln wie jede andere Fertigkeit.

Noch viel weiter verbreitet ist die Angewohnheit, trotz schlechten Wetters weiterzufliegen. Die meisten Lebewesen haben ein eingebautes Warnsystem, das ihnen sagt, wann sie bei Gefahr Schutz suchen müssen. Aber ein Teil der Menschheit ist zu dumm, um bei Regen nach einem Dach über dem Kopf Ausschau zu halten. Dazu einige Beispiele.

Der Pilot eines Privatflugzeugs startete von einem Flugplatz in der Nähe von London und hinterließ nur die vage Nachricht, daß er vor Einbruch der Dunkelheit zurück sein werde. Er hatte seinen kleinen Sohn bei sich. Am Zielflugplatz gab es kein Avgas, so holte er von einer nahegelegenen Tankstelle einige Kanister Autobenzin und füllte sein Flugzeug damit auf. Nun hatte er schon viel Zeit verloren, und es war klar, daß er nicht mehr vor Einbruch der Dunkelheit nach London zurückkommen konnte. Außerdem stellte sich bei einem Anruf bei der Wetterberatung heraus, daß Schneeschauer und mäßige Vereisungsbedingungen zu erwarten waren. Das Flugzeug hatte keine Staurohrheizung, keine Instrumentenbeleuchtung und nur ein einfaches VHF-Funkgerät. Trotzdem entschied sich der Pilot dazu, den Rückflug zu wagen. Er geriet in die Schneeschauer, verlor den Sichtkontakt zum Boden und rief um Hilfe. Später fand man das Wrack seiner Maschine im Bristol-Channel.

Da gab es einen anderen Piloten, der dafür bekannt war, trotz Hagel, Regen, Nebel oder Schnee immer durchzukommen. Er startete mit seiner leichten Zweimot, um nach Hause zu fliegen. Die meisten Flugplätze meldeten Sichtweiten von nur 200 m, sein Zielflugplatz sogar noch weniger. Nicht weit entfernt lag ein Flughafen mit ILS- und Radarausrüstung, auf dem 1000 m Sicht herrschte, aber der Pilot zog es vor, zu seinem Heimatflugplatz zu fliegen, wo er seinen Wagen geparkt hatte. Es gab dort keine Anflughilfen, nicht einmal ein VDF, und die kurze Piste war umgeben von Hochspannungsleitungen, Bäumen und Wohnhäusern. Als er sich der Schwelle näherte, krachte das Flugzeug gegen eine Bodenerhebung, und er kam mit allen fünf Passagieren ums Leben.

Das waren nur zwei Beispiele von Situationen, in denen der Wunsch zum Ankommen das Urteilsvermögen so beeinträchtigte, daß im ersten Fall ein Flugzeug ohne Beleuchtung und Enteisung bei Nacht in Schneeschauer geflogen wurde, und daß im zweiten Fall ein an sich erfahrener Pilot auf einem kleinen Flugplatz zu landen wagte, auf dem nur ein Viertel der Sichtweite herrschte, die eine Airliner-Crew braucht, um mit bestmöglicher Cockpitausrüstung auf einem modernen internationalen Flughafen sicher landen zu können. Dieser Versuchung, auf alle Fälle nach Hause zu fliegen, koste es was es wolle, muß man unter allen Umständen widerstehen. Auch wenn der Wagen dort wartet, ist es vorzuziehen, auf einen Flugplatz mit sicheren Landebedingungen auszuweichen. Statt mit dem Leben zu bezahlen, sollte man sich lieber ein Taxi leisten und eine Verspätung beim Abendessen riskieren.

Wer dieses Kapitel gelesen hat, könnte glauben, es wäre besser gewesen, nie mit dem Fliegen anzufangen, weil die Risiken zu hoch erscheinen. Das stimmt auf keinen Fall. Fliegen ist grundsätzlich eine sichere Angelegenheit, vorausgesetzt, man vergißt nie, daß dabei für Verrückte kein Platz ist. Wenn man die Regeln beachtet, wird man sehr alt dabei und sammelt viele schöne Erinnerungen. Verstößt man aber gegen die Regeln, hat man die besten Aussichten mit einer anderen Sorte von Flugwerk ausgestattet zu werden – und mit einer schönen Harfe dazu.

Wie schon erwähnt, kann man einem, der schon alles weiß, beim besten Willen nicht mehr helfen. Aber für die große Mehrzahl von Durchschnittspiloten, die ihre Fähigkeiten erweitern wollen, gibt es eine Reihe von sehr praktischen Techniken, die die Sicherheit wesentlich verbessern und einem PPL-Piloten zu professionellerem Fliegen verhelfen. Manchmal sind es nur kleine Tricks, manchmal braucht man dazu einige Übung, aber alle zusammen ergeben die billigste und wirksamste Versicherung, die man haben kann.

2. Vorbereitungen vor dem Flug

Die meisten Urlauber packen erst wenige Stunden vor der Abreise hastig ihre Siebensachen zusammen. Praktischere Leute denken aber auch an Dinge, die schief gehen können – Luftkrankheit, Magenbeschwerden durch ungewohnte Ernährung in fremden Ländern oder Insektenstiche – und nehmen entsprechende Pillen und Salben mit. Denn es gibt nichts Vernünftigeres, als sich für alle Eventualitäten vorzubereiten.

Das Schlimmste, was Urlaubern passieren kann, die sich diese vorsorglichen Maßnahmen ersparen, ist allerdings, daß sie eben luftkrank werden, an Magenbeschwerden leiden oder von lästigen Insekten zerstochen werden. Aber wenn ein Pilot die Planung und Vorbereitung eines Fluges vernachlässigt, bedeutet dies viele Risiken, die manchmal zu schwerwiegenden Folgen führen. Das Triebwerk kann im ungünstigsten Moment stehenbleiben, der Treibstoff kann mitten während eines Fluges zur Neige gehen, oder man verliert bei schlechtem Wetter die Orientierung, weil man keine Karten des Gebietes an Bord hat, wo die Sonne scheint.

Gute, gründliche Vorbereitungen für einen Flug sind absolut lebenswichtig. Sie sind in zwei Abschnitte zu unterteilen: 1. Flugplanung und 2. Vorflugkontrolle des Flugzeugs.

Die Flugplanung

Wetterberatung

Es gab Zeiten, als Überziehen und Trudelunfälle die Hauptunfallursache in vielen Ländern darstellten, aber in den letzten Jahren muß man diese zweifelhafte Ehre wohl den Schlechtwetter-Unfällen zukommen lassen. Die Einschätzung der Wetterverhältnisse und die Beschäftigung mit IMC wird in Kapitel 7 behandelt, aber hier wollen wir zunächst annehmen, daß der Pilot einen gesunden Respekt vor dem Wetter hat und sowohl seine eigenen Grenzen als auch die seines Flugzeugs genau kennt.

Nehmen wir an, er will mit seinen Freunden von seinem Heimatflugplatz zu einem anderen fliegen, ein Trip von etwa zwei Stunden über abwechslungsreiches Gelände. Ein Telefonanruf von zuhause zur nächsten Wetterberatung ist der erste Schritt, denn diese Auskunft ermöglicht die Entscheidung, ob man wirklich auf die Reise gehen soll – oder für diesmal lieber nicht. Natürlich will man nicht nur die lokalen Wetterverhältnisse kennen, für einen sicheren Überlandflug braucht man weit mehr Informationen:

1. Das aktuelle Wetter beim Abflug, und falls man am gleichen Tag zurückkehren will, die Voraussage für diese Zeit. Es kann beim Start CAVOK herrschen, aber bei der Rückkehr gehen vielleicht schon die Spatzen zu Fuß.

2. Streckenvoraussage für die gesamte Flugzeit. Ist man ein reiner VMC-Pilot, sind die Wolkenuntergrenzen wichtig, denn unterwegs kann beispielsweise eine Bergkette von 3000 ft Höhe im Weg stehen, während die Wolkenbasis bei nur 2500 ft hängt.

3. Aktuelle Wetterberichte oder -voraussagen für den Zielflugplatz.

4. Aktuelle Wetterberichte oder -voraussagen für Ausweichflugplätze, falls der Zielflugplatz dicht wird.

5. Frostgrenze und Vereisungsbedingungen. Sogar IFR-Piloten müssen ernsthaft darauf achten, denn auch der beste Pilot der Welt gerät in erhebliche Schwierigkeiten, wenn sein Flugzeug keine Enteisungsanlage hat, und er wegen zu hoher Geländeerhebungen weder aus der Vereisungszone sinken noch wegen fehlender Leistung höher steigen kann.

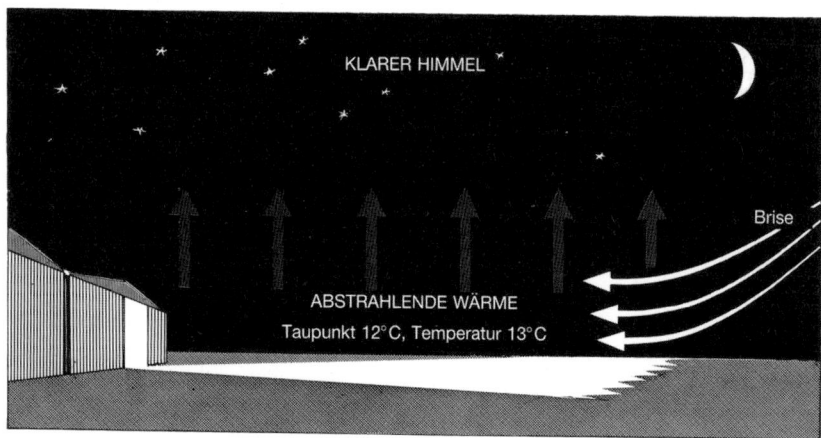

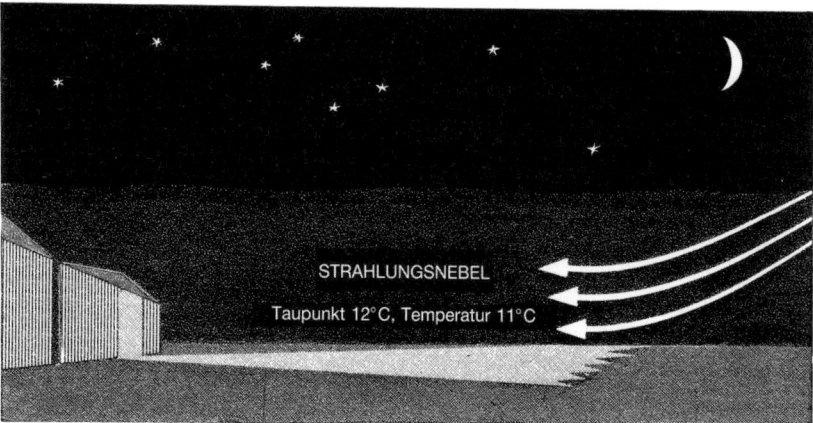

Abb. 1: Die Bildung von Strahlungsnebel. Die obere Skizze zeigt, wie die Bodenwärme in den Raum abstrahlt, eine Brise vermischt die Luftschichten. Unten ist das Entstehen des Nebels gezeigt, der im Laufe der Zeit immer dichter wird.

6. Temperatur und Taupunkt. Das ist besonders für den Zielflugplatz wichtig, denn ein Taupunkt von beispielsweise +12°C und eine Temperatur von +13°C bedeuten, daß es nur noch ein wenig kälter zu werden braucht, um Nebel entstehen zu lassen. Abb. 1 zeigt, daß bei leichtem Wind und klarem Himmel bei Sonnenuntergang die Wärme ungehindert in den Raum abstrahlen kann. Der daraus resultierende Temperaturabfall führt dazu, daß die Luft übersättigt wird – es entsteht Strahlungsnebel.

Streckenplanung

Die kürzeste Entfernung zwischen zwei Punkten ist zwar eine gerade Linie, aber das bedeutet nicht automatisch, daß die auch die beste Flugroute sein muß. Abgesehen von den Wetterbedingungen ist es anzuraten, gebirgige Gegenden zu meiden, die so hoch sind, daß ein vernünftiger Sicherheitsabstand unterschritten wird. Das ist besonders dann wichtig, wenn starke Winde vorherrschen, denn dann besteht die große Gefahr von heftigen Abwinden, die so stark sein können, daß ein schwach motorisiertes Leichtflugzeug erheblich an Höhe verliert. Außerdem produzieren die Berge bei den richtigen Wind- und Feuchtigkeitsverhältnissen viele Wolken und an kalten Tagen auch Vereisungsbedingungen. Wenn man also kein druckbelüftetes Flugzeug fliegt, oder auch keinen Sauerstoff in seiner Turbolader-Maschine hat, sollte man – falls das Wetter nicht gerade ideal ist – einen Bogen um die Berge machen. 15 Minuten mehr Flugzeit ist immer noch besser als das Risiko, in den Bergen notlanden zu müssen. Selbst wenn man in dieser unwirtlichen Gegend eine Bruchlandung überlebt, hat man vielleicht das Pech, nie gefunden zu werden. Man sollte deshalb seine Streckenführung nach folgenden Gesichtspunkten planen:

1. Zu überfliegendes Gelände im Vergleich zu den Fähigkeiten des Flugzeugs.

2. Kontrollierter Luftraum, der umflogen, oder bei vorhandenen Ratings genutzt werden kann.

3. Verfügbarkeit geeigneter Funkhilfen.

4. Wetter.

Überwasserflüge

Ohne Zweifel sind moderne Kolbenmotoren, besonders solche mit mäßiger Leistung und einfacher Konstruktion, sehr zuverlässig. Aber es gehört zu den unvermeidlichen Fakten der Fliegerei, daß gelegentlich ein Triebwerk stehenbleibt. Die Ursachen reichen vom simplen Treibstoffmangel zu etwas dramatischeren Problemen wie Pleuelstangenbrüchen oder Lagerschäden, während Motorbrände glücklicherweise zu den sehr seltenen Fällen gehören. Was passiert, wenn das Triebwerk einer Einmotorigen über dem Wasser seinen Dienst quittiert, das hängt von vielen Dingen ab – Windrichtung und -stärke, Seegang, Verhältnis der Dünung zum Wind, und – das ist am wichtigsten – der Flugzeugtyp. Das Problem von Notwasserungen liegt darin, daß man sie nicht unter realistischen Bedingungen trainieren kann, so wie man es mit Motorausfällen nach dem Start oder mit dem Überziehen ja machen kann. Es bleibt kaum etwas anderes übrig, als Leute zu befragen, die solche Notwasserungen erlebt und überlebt haben. Im allgemeinen dürften Mitteldecker mit Einziehfahrwerk (z. B. die Piper Aerostar) am günstigsten sein, während die weitverbreiteten Hochdekker mit festem Bugfahrwerk die schlechtesten Chancen haben. Dieses Buch soll keine Anleitungen für Notverfahren geben, für Überwasserflüge mit einmotorigen Maschinen mögen folgende Empfehlungen genügen:

1. Planen Sie den Flug so, daß Überwasserstrecken auf ein Minimum reduziert werden.

2. Wenn die Strecke abseits von Schiffahrtslinien oder Bootsverkehr verläuft, sollte man ein Schlauchboot mitführen,
   a) das in gutem Zustand ist
   b) dessen Bedienung sicher beherrscht wird
   c) das so verstaut ist, daß man es im Notfall auch erreicht.
   Besonders wichtig ist, daß das Schlauchboot groß genug ist, um alle Insassen des Flugzeugs aufnehmen zu können, vor allem wenn man weiß, daß das Wasser kalt ist. Es sterben mehr Menschen durch Unterkühlung als durch Ertrinken.

3. Tragen Sie bei allen Überwasserflügen Schwimmwesten
   a) die funktionsfähig sind

b) die im Notfall auch richtig bedient werden können.

Es macht keinen Sinn, die Schwimmwesten zusammengerollt in den Gepäckraum zu verstauen und womöglich noch Koffer darüber zu stapeln. Bei einer Notwasserung bleibt keine Zeit zum Auskramen.

4. Geben Sie immer einen Flugplan ab, selbst wenn es keine gesetzliche Vorschrift geben sollte. Zumindest aber sollte man am Abflugplatz seine Absichten hinterlassen. Es beruhigt, wenn man weiß, daß irgendjemand zu suchen beginnt, wenn das Leitwerk der Maschine in den Wellen versinkt. Nur wenige moderne Flugzeuge, selbst leichte Twins, schwimmen länger als einige wenige Minuten. Obwohl eine Notwasserung nach einem Motorausfall sehr unwahrscheinlich ist, sollte man auf jeden Fall darauf vorbereitet sein.

Auswahl der Funkstationen

In einigen Teilen der Welt gibt es nur wenige Funknavigationshilfen, und oft sind sie zudem unzuverlässig. In Europa und Nordamerika dagegen, wo die Funkfeuer ziemlich dicht stehen, ist die Navigation einfacher als je zuvor, falls das Flugzeug entsprechend ausgerüstet ist, um die Vorteile der VOR-, DME- und ADF-Anlagen auch richtig nutzen zu können. Das Problem liegt darin, daß die Navigation, trotz all dieser Hindernisse im Luftraum, wie die Luftstraßen, Kontrollzonen etc., so einfach geworden ist, daß einige Piloten allmählich allzu selbstsicher geworden sind. Sie klettern in ihr Flugzeug und fliegen ohne jede Flugvorbereitung los. Eine der verbreitetsten Unsitten unter Piloten ist die Benutzung veralteter Karten. Sie zeigen oft die falschen Funkfrequenzen, und es entspricht Murphys Gesetz (»alles was schiefgehen kann, geht auch irgendwann 'mal schief«), daß genau das VOR/DME (in den USA VORTAC) seine Frequenz gewechselt hat, das man gerade am dringendsten braucht. Achten Sie also bei der Flugvorbereitung auf folgende Punkte:

1. Die Karten an Bord müssen neuesten Datums sein.

2. Schreiben Sie alle benötigten Frequenzen auf.

3. Halten Sie Alternativ-Stationen bereit, falls die ideale Station gerade außer Betrieb sein sollte.

Auswahl der Ausweichplätze

In einer idealen Welt könnten wir jederzeit losfliegen und unseren Zielflugplatz erreichen. Aber das Leben ist etwas komplizierter, und man muß gelegentlich seine Pläne ändern. Nach dem Start stellt man fest, daß der Platz, auf dem man landen wollte, dichtgemacht hat, oder eine kleine Funktionsstörung am Flugzeug zwingt zu einer nicht geplanten Landung. Wettereinflüsse sind die häufigste Ursache für Umwege, manchmal muß man einen Platz anfliegen, der besser für Instrumentenanflüge geeignet ist. Es ist also lebenswichtig, bei der Flugvorbereitung Ausweichplätze einzuplanen. Sie müssen natürlich in Reichweite des Flugzeugs liegen, und wenn der Durchzug einer Front zu erwarten ist, mit Wetterverhältnissen unter den Limits des Piloten oder des Flugzeugs, dann muß man auch diesen Faktor mit in Betracht ziehen. Die für den Anflug der Ausweichplätze nötigen Frequenzen sollten aufgelistet werden.

Berechnung des Kraftstoffvorrats

Nichts ist besser für eine Beruhigung des Gewissens, als wenn man einen Flug mit vollen Tanks antritt. Aber man kann leider nicht immer bis zur Halskrause volltanken, denn die meisten modernen Reise-Einmots, und vermutlich alle Twins, sind nur in der Lage, entweder mit vollen Tanks oder mit voller Kabine zu fliegen, aber nicht beides gleichzeitig.

Einige Einmots fliegen auch überladen noch ganz gut, sie verlieren nur ein wenig an Reisegeschwindigkeit und Steigvermögen. Aber eine überladene Maschine fliegt mit geringeren Sicherheitsfaktoren, und es ist gefährlich, das maximal zulässige Startgewicht zu ignorieren, vor allem bei zweimotorigen Typen. Die meisten leichten Twins haben nur eine recht magere Steigleistung im Einmotorenflug, und das wird um so schlimmer, wenn die Maschine überladen ist.

Wenn man den Kraftstoffbedarf berechnet, muß man zunächst die Flugzeit schätzen, einschließlich von Umwegen und Abweichungen vom geplanten Flugweg berücksichtigen und einer Sicherheitsreserve von 45 Minuten Warteflug. Wenn man diese Gesamtzeit mit dem Stundenverbrauch bei Reiseleistung multipliziert, hat man die benötigte Kraftstoffmenge, die man sich notieren sollte.

Als nächstes rechnet man nochmal mit dem Computer und bezieht die Warmlaufzeit, das Rollen, den Start und den Steigflug mit ein. Dann vergleicht man dieses Ergebnis mit der ersten Schätzung. So erkennt man sofort, ob man versehentlich die falschen Einheiten benutzt, oder die Entfernung in nautischen Meilen als Geschwindigkeit über Grund eingesetzt hat.

Eine typische Methode der Berechnung des Kraftstoffbedarfs berücksichtigt die Verbrauchswerte, die im Handbuch für jede einzelne Flugphase angegeben sind, hier ein Beispiel:

Triebwerksanlassen, Rollen, Start	6,00 Liter
Steigflug auf Reisehöhe	8,00 Liter
Umweg: 0,33 h mit 34 l/h	11,30 Liter
Reiseflug: 4,9 h mit 34 l/h	166,60 Liter
45 min. Warteflug mit 28 l/h	21,00 Liter
Sinkflug, Anflug, Landung etc.	6,00 Liter

Gesamtverbrauch 218,90 Liter

Ein zehnprozentiger Zuschlag für unvorhergesehene Gegenwinde ergibt schließlich 240 Liter. Das müßte ausreichen, um das Gewissen jedes Piloten zu beruhigen.

Gewicht und Schwerpunkt

Kleine und einfache Flugzeuge kann man kaum falsch beladen, was den Schwerpunkt betrifft. Aber wenn man zu größeren Typen aufsteigt (Sechssitzer oder noch größere), dann steigt die Gefahr, daß man außerhalb des zulässigen Schwerpunktbereiches fliegt. Von den Folgen der Überladung wurde schon gesprochen, aber die Effekte des Fliegens außerhalb des Schwerpunktbereiches sind viel tückischer.

Einfach ausgedrückt, steigt die Stabilität um die Querachse, wenn der Schwerpunkt nach vorne wandert. In der Luftfahrt gibt es nichts umsonst, und wenn die Stabilität also wächst, so verschlechtert sich entsprechend die Steuerbarkeit. Bei einer Wanderung des Schwerpunkts nach hinten verhält es sich genau umgekehrt: Die Steuerbarkeit erhöht sich, aber die Stabilität wird erheblich beeinträchtigt. Außerdem wird bei rückwärtiger Schwerpunktlage (durch unkorrekte Beladung mit Passagieren oder Gepäck etc.) der Hebelarm, mit dem Höhen- und Seitenruder arbeiten, verkürzt (Abb.2), und damit haben wir zwei Nachteile auf einmal.

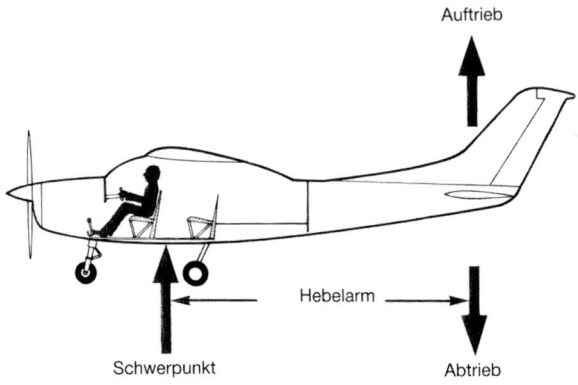

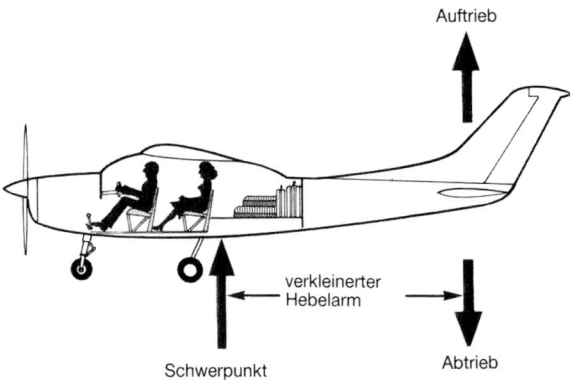

Abb. 2: Die Auswirkung der Schwerpunktlage auf den Leitwerks-Hebelarm.
Oben: vordere Schwerpunktlage
Unten: hintere Schwerpunktlage

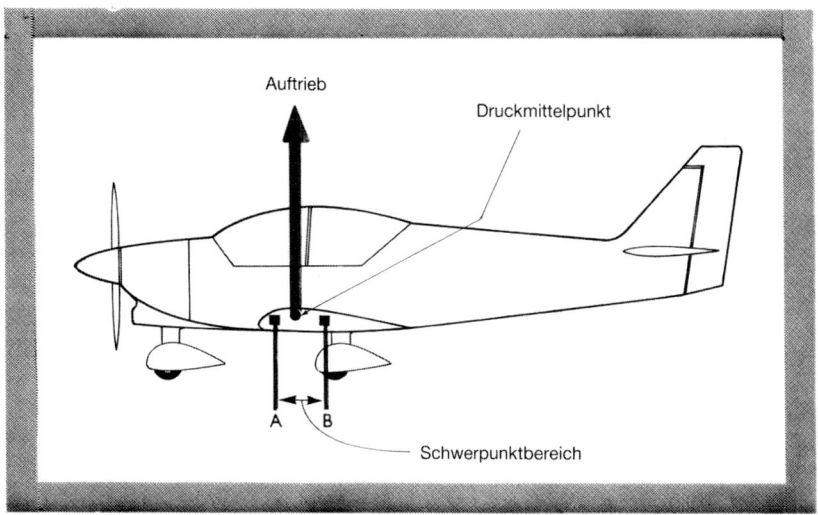

Abb. 3: Schwerpunktbereich.

Wegen der hinteren Schwerpunktlage und ihrer Auswirkung auf die Stabilität neigt das Flugzeug bei schlechter Behandlung leichter zum Trudeln, und verschlimmert wird die Sache dadurch, daß der verkürzte Hebelarm, wie in Abb.2 dargestellt, die Wirkung des Leitwerkes (vor allem des Seitenruders) reduziert, und das verschlechtert wiederum die Möglichkeit das Trudeln wieder zu beenden.

Wenn ein Flugzeug anständig fliegen soll, muß der Auftrieb dem Gewicht entsprechen, wobei der ideale Angriffspunkt etwas hinter dem Schwerpunkt liegt, wie in Abb.3 gezeigt. Natürlich ist es unmöglich, den Schwerpunkt genau an einer Stelle zu fixieren, denn er verändert sich durch den Kraftstoffverbrauch, und die Passagier- und Gepäckzuladung variiert von Flug zu Flug. Auch der Angriffspunkt des Auftriebs, der Druckpunkt, verändert sich in Abhängigkeit vom Anstellwinkel. Also müssen die Flugzeugkonstrukteure dafür sorgen, daß der Schwerpunkt in einem bestimmten Bereich wandern kann, ohne daß der sichere Flugzustand beeinträchtigt wird. Unglücklicherweise gibt es kein einheit-

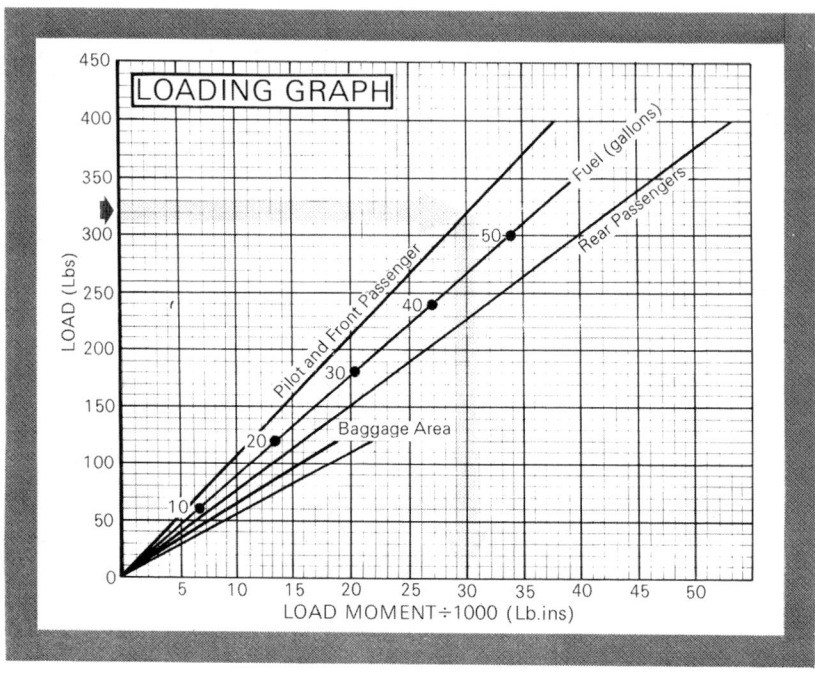

Abb. 4: Typisches Belade-Diagramm. Man kann daraus je nach Zuladung das entsprechende Moment ermitteln.

liches System, um den Schwerpunkt zu berechnen, aber eine weitverbreitete Methode lautet, daß man die Kurven und Diagramme im Handbuch heranzieht, die Zahlen in einen Ladeplan einträgt und dann darauf achtet, daß das maximal zulässige Startgewicht nicht überschritten wird. Die Momente (d.h. die Gewichte an jeder Position des Flugzeugs, multipliziert mit ihrer Entfernung von einer vom Hersteller definierten Bezugslinie) kann man aus einem Diagramm im Handbuch entnehmen.

Die Methoden der Darstellung der Entfernungen zwischen der Bezugslinie und den verschiedenen Stationen reichen von kleinen, mit unleserlichen Zahlen versehenen Zeichnungen (meist leider benutzt von Herstellern größerer Flugzeuge, bei denen man mehr falsch machen kann als bei kleineren!) zu klaren, einfachen Diagrammen wie in Abb.4. Eine solche Darstellung ist ideal für relativ kleine Flugzeuge mit bis zu drei Sitzreihen. Man kann daraus ersehen, daß zu jeder Station eine Linie gehört, und es ist nun sehr einfach, das Gewicht horizontal zu der gefragten Station zu verfolgen und dann senkrecht nach unten auf der waagrechten Linie das entsprechende Moment abzulesen. Die verschiedenen, auf diese Weise ermittelten Momente werden in den Ladeplan eingetragen und addiert.

Viele dieser Dinge sollte man bereits in der Ausbildung gelernt haben, aber manchmal bleibt es den Flugschülern überlassen, sich damit zurechtzufinden. Man trifft oft auf Piloten, die sich nicht sicher sind, wie sie das Gewicht und den Schwerpunkt überprüfen sollen, und deshalb wurde hier kurz darauf eingegangen. Aber wichtig ist vor allem der Hinweis, daß man das Handbuch seines Flugzeugs kennen soll. Man muß wissen, wie man die Maschine richtig beladen soll und wie man es keinesfalls machen darf, so daß man beruhigt starten kann, ohne befürchten zu müssen, daß die Maschine sofort einen Looping macht – das hat es schon 'mal gegeben.

Das Ausfüllen des Flugplans

Vor vielen Jahren haben weitsichtige Geister erkannt, daß die Luftfahrt weit über die nationalen Grenzen hinausreicht, und daß man deshalb eine zentrale Organisation schaffen sollte, in der sich die luftfahrttreibenden Staaten auf standardisierte Verfahren und Terminologien einigen könnten. Das war eine glänzende Idee, bis auf die Tatsache, daß die Mitglieder dieser International Civil Aviation Organization (ICAO) die Freiheit behielten, Mehrheitsentscheidungen zu ignorieren und eigene Wege zu gehen. Die nationale Eigenbrötelei ist kaum zu verhindern, und so haben wir zwar ein gewisses Maß an Standardisierung erreicht, aber es gibt überall eine nicht unerhebliche Zahl von oft unverständlichen Ausnahmen. Es ist deshalb unmöglich, Allgemeingültiges über gesetzliche Verpflichtungen bezüglich der Abgabe von Flugplänen festzuhalten, denn die Einzelheiten unterscheiden sich von Land zu Land. Aber man kann auf jeden Fall sagen, daß kein Pilot von irgendjemand daran gehindert wird, für jeden VFR-Flug einen Flugplan abzugeben. Und wenn der Flug über schwach besiedeltes

Gelände führt, über Wasser, Wälder oder Berge, dann wäre es sogar der Gipfel an Dummheit, wenn man vor dem Abflug nicht seine Absichten zur Kenntnis geben würde. In den USA wird ein VFR-Flugplan zum Zielflugplatz übermittelt, und wenn das Flugzeug nicht ankommt, läuft innerhalb von 30 Minuten nach der geschätzten Ankunftszeit (ETA) die Such- und Rettungsaktion an. Aber wenn niemand eine Ahnung davon haben kann, daß man bereits im Schlauchboot sitzt und sich die Haie vom Leibe zu halten versucht, dann kann auch niemand Rettung bringen. Ein Pilot, der die Notwendigkeit der Flugplanabgabe als einen Angriff auf seine persönliche Freiheit betrachtet, sollte sich einmal ernsthaft fragen, wer ihm im Notfall denn helfen soll, wenn er dazu nicht selbst die Voraussetzungen schafft.

Vorflugkontrolle

Die Vorflugkontrolle kann man grundsätzlich in drei Teile gliedern:

1. Der Rundgang um die Maschine, um offensichtliche Beschädigungen festzustellen, gefolgt vom Überprüfen des Cockpits.

2. Das Überprüfen der Instrumente, der Bremsen und der Boden-Manövrierbarkeit beim Rollen zum Haltepunkt.

3. Das Überprüfen des Triebwerks, um sich vom ordnungsgemäßen Funktionieren des Motors, Propellers und der entsprechenden Instrumente zu überzeugen.

Erfahrungsgemäß werden Triebwerks-Checks oft aufs Geratewohl durchgeführt, man vergißt beim Rollen die Instrumente zu überprüfen, und der Rundgang um die Maschine, falls er überhaupt stattfindet, wird oft mit einer Hand erledigt, als wolle man einen davonfahrenden Zug erwischen.

Checkliste oder Gedächtnishilfen?

Zum Thema Checkliste gehen die Meinungen weit auseinander. Es gibt Leute, die sie für eine bewundernswerte Erfindung halten, während andere nur sehr selten danach greifen.

In komplexen Flugzeugen ist die Checkliste ein Muß, aber hier ist ein warnender Hinweis angebracht. Es gab eine Zeit, als es Mode war, den großen Flugkapitän zu markieren, selbst wenn man nur einen 100-PS-Zweisitzer pilotierte. Das ist nicht ungefährlich. Man darf nicht vergessen, daß in den meisten großen Flugzeugen zwei oder mehr Besatzungsmitglieder sitzen, wobei ein Pilot oder der Flugingenieur die Checkliste herunterliest und ein anderer die Checks durchführt. Es ist eine feine Sache, wenn ein einzelner Pilot eine Checkliste benutzt, vorausgesetzt, er macht das mit Disziplin. Er muß unter allen Umständen vermeiden, einige der Punkte aus dem Gedächtnis abzuhaken und die Checkliste nur halbherzig herunterzuleiern. Mit dieser Methode werden die wichtigsten Punkte oft ausgelassen.

Moderne Piloten wurden gut mit der Checkliste erzogen, aber solange es nur um einen Piloten geht, hat bei richtiger Anwendung die Methode mit Gedächtnishilfen ihre Vorteile. Nur muß man das auch richtig machen (einige Beispiele folgen später).

Der Außencheck

Alles, was überprüft werden muß, findet man im Handbuch des Flugzeugs. Im folgenden geht es nur um einige allgemeingültige Grundsätze. Der Sinn des Außenchecks ist das Überprüfen offensichtlicher Defekte. Man führt dabei keine 100h-Inspektion durch. Es beginnt schon, wenn man sich der Maschine nähert, denn aus größerer Distanz kann man besser erkennen, ob das Flugzeug normal aussieht. Hängt ein Flügel, so könnte es sich sowohl um einen platten Reifen handeln, um einen defekten Stoßdämpfer oder um ein ernsteres Problem, wie beispielsweise eine strukturelle Beschädigung. Man sollte auch den Standplatz der Maschine dahingehend überprüfen, daß man beim Anlassen nicht eine Dreckwolke in ein offenes Fenster oder an ein anderes Flugzeug bläst.

Einer der häufigsten Fehler beim Außencheck ist, daß der Magnetschalter nicht überprüft wird. Das sollte man zuallererst tun, denn solange dies nicht geschieht und der Mixer nicht auf Abstellen steht, ist das Flugzeug für jeden, der in der Nähe des Propellers steht, eine tödliche Gefahr.

Und wenn man schon an der Tür steht, um dies zu überprüfen, sollte man auch gleich die Antikollisions-Drehleuchte oder die Strobelichter einschalten und nachsehen, ob sie funktionieren. Auch die Staurohrheizung sollte man einige

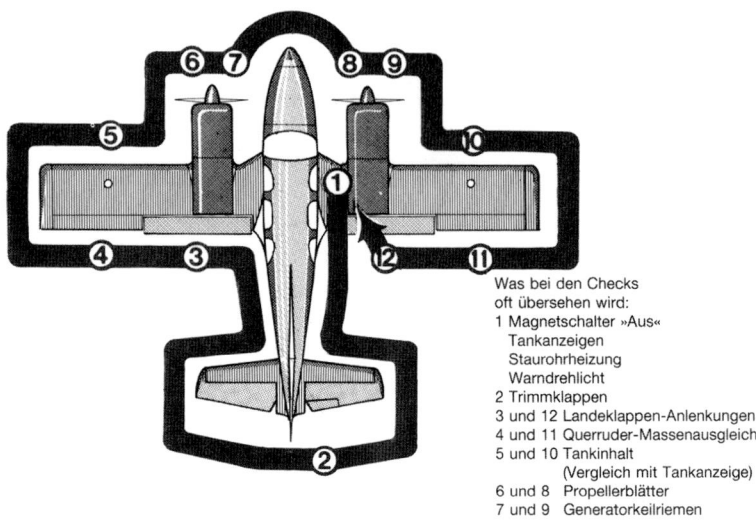

Was bei den Checks
oft übersehen wird:
1 Magnetschalter »Aus«
  Tankanzeigen
  Staurohrheizung
  Warndrehlicht
2 Trimmklappen
3 und 12 Landeklappen-Anlenkungen
4 und 11 Querruder-Massenausgleich
5 und 10 Tankinhalt
          (Vergleich mit Tankanzeige)
6 und 8 Propellerblätter
7 und 9 Generatorkeilriemen

Abb. 5: Typischer Rundgang bei der Vorflugkontrolle.

Sekunden in Betrieb setzen und das Rohr anfassen, um festzustellen, ob es warm wird. Und bei eingeschaltetem Hauptschalter kann man auch die Stall-Warnung checken. Erledigt man diese Punkte nicht gleich am Anfang, vergißt man sie leicht, wenn man erst 'mal im Sitz angeschnallt ist. Vor Nachtflügen sollte man natürlich auch die Positionslichter überprüfen.

Bevor man den Hauptschalter wieder schließt, wirft man einen Blick auf die Tankanzeigen, so daß man vergleichen kann, ob ihre Anzeige mit dem übereinstimmt, was man nachher bei der Sichtüberprüfung feststellt.

Die meisten Handbücher enthalten eine Skizze für den Außencheck, wie in Abb.5 dargestellt, und sie wird nur deshalb hier gezeigt, weil manche Piloten sich nicht im klaren sind über die Reihenfolge der Checks. Man beginnt bei der Tür und geht rechts um das Flugzeug herum (im Uhrzeigersinn), checkt Klappen, Querruder, Randbogen, Beleuchtungsanlage, Fahrwerk, Räder, Tankinhalt, Propellerzustand, Ölstand, Leitwerksflächen, statische Druckentnahme und Staurohr sowie den allgemeinen Zustand der Maschine. Eine faltige Beplankung des Rumpfes über den Flügelwurzeln könnte darauf hindeuten, daß die Maschine eine ungewöhnlich harte Landung hinter sich hat.

Will man vermeiden, irgendetwas zu vergessen, wird man am besten ein richtiges Gewohnheitstier. Die meisten Handbücher zeigen einen Außencheck im Uhrzeigersinn, andere empfehlen es genau andersherum – aus welchen Gründen auch immer (die Begründung, daß die Tür auf der anderen Seite liegt, ist natürlich Unsinn).

In diesem Fall wird die Gewohnheit durchbrochen, und dann sollte man sich sorgfältig an die Checkliste halten, selbst wenn man sehr oft Außenchecks macht. Es steht zwar nur in wenigen Handbüchern, aber bei den meisten Flugzeugen sieht man viel mehr von den Lagern und der Betätigungsmechanik der Klappen, wenn sie teilweise ausgefahren sind. Damit kann man auch gleich überprüfen, ob sie gleichzeitig herauskommen und beim Anflug nicht zu einer unfreiwilligen Rolle führen.

Es ist eine weitverbreitete Angewohnheit von Piloten, ein Querruder beim Beginn des Außenchecks anzufassen und heftig zu schütteln, um zu sehen, ob da nichts davonfliegt. Gegen ein gefühlvolles Bewegen der Querruder ist nichts einzuwenden, aber das sollte man erst dann tun, wenn man die andere Seite der Maschine erreicht hat. Erst dann ist man sicher, daß unter dem gegenüberliegendem Ruder nicht gerade eine Leiter steht (die nur darauf wartet, ein Loch in das Ruder zu bohren), oder auch ein Teil eines anderen Flugzeugs, das zu dicht geparkt ist.

Ein über Nacht geparktes Flugzeug kann zu bestimmten Jahreszeiten auf den Flügeln und am Leitwerk Rauhreif oder Eis ansetzen. Es ist leider noch nicht allgemein bekannt, daß dadurch – auch wenn es sich nur um einen dünnen Film handelt – die Grenzschicht so sehr gestört werden kann, daß ein Start unmöglich wird. Es gehört zu den wichtigsten Punkten des Außenchecks, alle Teile der Maschine (auch die Frontscheibe, die statischen Druckentnahmen etc.) von Rauhreif oder Eis zu befreien.

Kraftstoff-Verunreinigung

Um Kondenswasser zu entfernen, das sich in teilweise gefüllten Tanks bildet und dann zu Boden sinkt, hat ein Flugzeug ein oder mehrere Entwässerungsventile. Üblicherweise wird ein Ventil geöffnet, und die Flüssigkeit rinnt auf den Boden.

Dann steckt der Pilot den Finger in die Pfütze und sagt mit Kennermiene: »Es ist Sprit«. Als ob er Gin oder Scotch erwartet hätte. Dieses Verfahren bedeutet rein gar nichts. Nur wenn man einen kleinen Plastikbecher benutzt, der immer im Flugzeug aufbewahrt werden sollte, kann man genau erkennen

a) ob Bodensatz oder andere Fremdstoffe enthalten sind

b) ob das Kondenswasser vollständig entleert ist (Wasser sinkt wegen seines größeren spezifischen Gewichts zum Boden, während das gefärbte Avgas oben schwimmt).

Warnung: Wenn die Entlüftung der Tanks blockiert ist und gleichzeitig der Tankschalter auf »off« steht, kann im Kraftstoffsystem kein Druckausgleich stattfinden. Der Strom aus einem schlecht verschlossenen Entwässerungsventil hört bald auf, und im Flug verliert man dann eine Menge Sprit. Es ist daher sehr wichtig, die Ventile nach dem Entwässern sorgfältig zu schließen. Um Irrtümer von vornherein zu vermeiden, empfiehlt es sich, den Tankschalter – falls möglich – aufzumachen, bevor man mit dem Außencheck beginnt.

Checks beim Rollen

Wenn das Bugrad direkt mit den Pedalen verbunden ist, kann man die Gängigkeit des Seitenruders erst beim Rollen zum Haltepunkt überprüfen. Bevor man aber beim Rollen Kurven einleitet, sollte man sich vergewissern, daß alles frei ist. Die Instrumentencheck sollten am besten so ablaufen:

Linkskurve
   Kompaß- und Kurskreiselgrade nehmen ab
   Wendezeiger geht nach links
   Kugel wandert nach rechts

Rechtskurve
   Kompaß- und Kurskreiselgrade wachsen an
   Wendezeiger geht nach rechts
   Kugel wandert nach links

Andere Fluginstrumente
    Künstlicher Horizont
    Variometer auf Null
    Höhenmesser stabil, und korrekt eingestellt

Triebwerks-Checks

Piloten von Turboprop- oder Jet-Flugzeugen haben es beim Triebwerks-Check leicht, sie brauchen beim Anlassen nur die Temperaturen und Drücke überwachen. Bei Kolbenmotoren sieht das etwas anders aus, und man muß davon ausgehen, daß sie weniger zuverlässig sind als Turbinen. Drohende Probleme können aber manchmal schon vor dem Start entdeckt werden, so daß der Triebwerks-Check seit vielen Jahren zu einem wichtigen Ritual geworden ist. Bevor man zum Haltepunkt losrollt, sollten alle Magnetschalter kurz ausgeschaltet werden, um festzustellen, ob die Magnete arbeiten. Der Drehzahlabfall spielt dabei noch keine Rolle (obwohl das manche Piloten immer noch glauben), aber wenn ein Magnet nicht arbeitet, sollte man gar nicht erst losrollen. Die Warmlaufzeit für Motoren hängt von der Außentemperatur ab, Hinweise findet man im Handbuch. Die Maschine sollte dabei mit der Nase in den Wind gestellt und das Bugrad ausgerichtet werden, und zum Warmlaufen sucht man sich natürlich einen Platz aus, an dem keine losen Steine herumliegen, denn Propellerschäden sind teuer. Nach dem Anlassen, Warmlaufen und Rollen schaltet man auf einen anderen Tank um, und dann beginnt man mit dem Triebwerks-Check:

1. Öffnen des Gashebels bis zur empfohlenen Drehzahl für das Checken des Propellers (falls es sich um eine Constant Speed-Luftschraube handelt), meistens bei 2000 bis 2200 RPM. Zurücknehmen des RPM-Hebels, aber nicht bis zur Segelstellung (falls vorhanden). Überprüfen des Drehzahl-Abfalls des Motors, dann wieder Vorschieben des Hebels in kleine Steigung. Das ganze zweimal wiederholen, um sicherzustellen, daß das Öl im Propeller warm ist.

2. Reduzieren der Leistung für den Magnet-Check (gewöhnlich zwischen 1700 und 2000 RPM). Umschalten auf den linken Magneten, wobei die Drehzahl nicht über das zulässige Limit abfallen darf (normalerweise 150 RPM, manch-

mal auch etwas mehr). Zurückschalten auf »both«, dann den rechten Magneten einschalten, wieder den Drehzahlabfall beobachten, der nicht wesentlich von dem des anderen Magneten abweichen darf (zulässige Differenz etwa 50 RPM). Zurückschalten auf »both«, damit ist die Zündung des Triebwerks überprüft.

3. In Flugzeugen mit Einspritzmotoren auf »Alternate Air« schalten, Funktion überprüfen. Bei Vergasermotoren die Vorwärmung ziehen und – falls vorhanden – die Temperaturanzeige des Vergasers beobachten. Die Drehzahl sollte dabei etwas absinken. Beim Ausschalten der Vergaservorwärmung müssen die Anzeigen in umgekehrtem Sinne ablaufen.

4. Überprüfen des Vaku-Systems und der Elektrik. Checken des Öldrucks und Beobachtung von ungewohnten Geräuschen oder Vibrationen.

5. Gas zurücknehmen auf 1500 RPM. Propellerhebel bis kurz vor Segelstellung setzen (falls vorhanden) und dort belassen, um zu prüfen, daß sich die Drehzahl nicht ändert. Dann auf Segelstellung fahren, aber sofort wieder zurücknehmen, sobald ein Drehzahlabfall erfolgt. Auf keinen Fall darf die RPM unter 1000 sinken.

6. Leistung ganz zurücknehmen und RPM nach Handbuchangaben überprüfen, dann Leerlaufdrehzahl von 1000 bis 1200 RPM einstellen und dabei folgende Punkte überprüfen:
   a) Generator lädt auf,
   b) Kerzen sollten nicht verrußen
   c) Temperatur soll innerhalb der zulässigen Grenzen bleiben.

7. Bei Zweimots erfolgen jetzt die gleichen Checks für das andere Triebwerk.

Sollte man vergessen haben, die Tanks vor den Triebwerks-Checks umzuschalten, darf man dies unter keinen Umständen noch kurz vor dem Start tun, denn im Fall einer Blockage in der Leitung kann der Motor beim Start oder Steigflug stehenbleiben. Erst jetzt, und nicht früher, fragt man nach der Startfreigabe. Die verschiedenen Checks kann man in kürzerer Zeit durchführen als man zum Lesen dieser Seiten braucht. Und im Interesse der Sicherheit sollte man nicht an wenigen Minuten sparen.

3. Der Betrieb auf kleinen Landeplätzen

Wenn ein Flugschüler seinen PPL oder CPL in der Tasche hat, kann er seine Familie und seine Freunde zu einem Rundflug einladen. Piloten, die ein Flugzeug vom örtlichen Club oder von der Flugschule chartern müssen, stehen bis zu einem gewissen Grad noch unter der Aufsicht eines Fluglehrers. Aber wer sich eine eigene Maschine leisten kann, erwirbt damit ein Maß an Freiheit, das manche zu ihrem Besten zu nutzen wissen, andere treiben aber Mißbrauch damit. Da Flugzeugbesitzer ohne Beziehung zu einem erfahrenen Piloten fliegen, können sie alles unternehmen – solange die gesetzlichen Regeln eingehalten werden – was ohne weiteres zu Risiken führen kann. Denn es gibt keinen Ersatz für Erfahrung. Man gewinnt sie nur auf eine Weise – durch langjähriges Sammeln von Flugstunden.

Es ist nur eine Frage der Zeit, bis der frischgebackene Pilot nicht nur auf großen, wohlausgebauten Flugplätzen fliegt, sondern auch 'mal einen kleinen idyllischen Landeplatz ansteuern will. Traurig genug ist die Tatsache, daß die Lande- und Startunfälle auf solchen Plätzen in der Statistik ganz obenan stehen, und es sind leider nicht nur die unerfahrenen Piloten, die dabei Fehler machen, sondern auch solche, die bereits beachtliche Flugstunden aufweisen können. Man kann Unerfahrenheit zwar als Entschuldigung gelten lassen, aber man muß sich einfach daran gewöhnen, auch auf solchen Plätzen zu landen, die nicht die Dimension eines internationalen Airports haben.

Warum passieren auf kleinen Landeplätzen so viele Unfälle? Vor allem deshalb, weil die Piloten zu wenig Ahnung haben von

1. den Start- und Landeleistungen ihrer Maschine unter verschiedenen Bedingungen.

2. Kurzstart- und Landetechniken.

3. Richtiger Anwendung der Klappen.

Die Leistung des Flugzeugs

In Großbritannien wurde eine interessante Untersuchung der Start- und Landeunfälle durchgeführt. Man stellte fest, daß bei 85 Prozent der Start-Unfälle die Windgeschwindigkeit unter 15 Knoten lag. 55 Prozent der Unfälle passierten bei Starts von Landeplätzen, und 65 Prozent auf Plätzen von weniger als 1650 ft (500 m) Länge. 70 Prozent der Landeunfälle wurden bei weniger als 10 Knoten Wind registriert, 80 Prozent auf nassem Gras, 55 Prozent auf Plätzen mit weniger als 1650 Fuß Länge, und in 60 Prozent dieser Fälle setzte die Maschine erst kurz vor der Hälfte der Landebahn auf.

Was lassen diese Zahlen erkennen? Ein Teil der Probleme rührt daher, daß viele Piloten das Handbuch nicht richtig benutzen. Warum auch, denn meist haben sie auf Plätzen geschult, deren Länge keinerlei Schwierigkeiten aufwarf. Wenn aber dann 'mal ein kleiner Landeplatz angeflogen wird, taucht zum ersten Mal die Frage auf, ob die Pistenlänge überhaupt ausreicht. Irgendwie scheint dabei die Zahl von 500 m eine magische Rolle zu spielen: Wenn die Bahn mindestens diese Länge hat, kann doch wohl jede leichte Einmot darauf ohne Schwierigkeiten starten und landen. Wie so viele Märchen entspricht auch dieses leider nicht der Wahrheit. Die harten Tatsachen werden am besten dadurch illustriert, wenn man die Startanforderungen eines bestens bekannten und weltweit zu Tausenden geflogenen Flugzeugtyps einmal näher betrachtet: Die Startrollstrecke am Boden, im Gegensatz zur Startstrecke, die bis zum Erreichen einer Hindernishöhe von 50 ft (15 m) über der Platzhöhe gerechnet wird, wird mit 780 ft (240 m) angegeben, und das liegt auf den ersten Blick weit unter den 1650 ft oder 500 m, die so oft als ausreichend erachtet werden. Aber diese 780 ft gelten nur unter folgenden Bedingungen:

1. Flugplatz in Seehöhe

2. Befestigte, ebene Startbahn

3. ISA-Bedingungen (d.h. Außentemperatur +15°C).

4. Ruhige Luft

5. Maximales Fluggewicht, Zustand des Flugzeugs »wie neu«.

Unter diesen Umständen kann das Flugzeug natürlich sicher auf 500 m langen Plätzen betrieben werden, vorausgesetzt allerdings, daß keine hohen Bäume oder Hochspannungsleitungen den An- und Abflugsektor behindern. Problematisch wird es aber vor allem dann, wenn man keine Sicherheitsmargen für verschiedene Variable berücksichtigt. Und jede der folgenden Variablen beeinträchtigt die oben erwähnte Startrollstrecke von 240 m:

1. Eine Rückenwindkomponente von 10 Prozent der Abhebegeschwindigkeit (also etwa 6 Knoten bei einer durchschnittlichen leichten Einmot) führt zu einer 20 Prozent längeren Startrollstrecke.

2. Eine 10prozentige Erhöhung des Gewichts verlängert die Rollstrecke ebenfalls um 20 Prozent.

3. Eine Erhöhung der Temperatur von 10°C (20°F) über ISA hat eine 20 Prozent längere Rollstrecke zur Folge.

4. Pro 1000 ft Platzhöhe über NN steigt die Startrollstrecke um 10 Prozent.

5. Langes Gras oder weicher Boden können zu einer Erhöhung der Startrollstrecke um 25 Prozent führen, manchmal wird ein Start sogar unmöglich.

6. Eine Steigung der Bahn von nur 2 Grad verlängert die Startrollstrecke um 10 Prozent.

Fallen diese ungünstigen Umstände zusammen, so ergibt sich folgende Situation: Wenn die Maschine leicht überladen ist, und der Pilot auf einem 500 m langen, leicht ansteigenden Platz starten will, dessen Grasnarbe seit Wochen nicht gemäht wurde, und der 2000 ft (600 m) über NN liegt, und wenn große Bäume an einem Ende zu einem Start mit leichtem Rückenwind zwingen, dann werden aus den 780 ft (240 m) Startrollstrecke (in NN) auf einmal nicht weniger als 2460 ft (614 m). Aber damit noch nicht genug: Alle Leistungsangaben im Handbuch gehen davon aus, daß das Flugzeug in gutem Zustand ist, und der Motor seine volle Leistung abgibt. Die bisher beschriebene Situation ist in Abb. 6 dargestellt, und da Vorbeugen stets besser als heilen ist, sollen nachfolgend einige Tips gegeben werden, mit denen man Unfälle auf kleinen Landeplätzen vermeiden kann.

Der Start

Die Benutzung der Klappen

Es gibt noch immer den tiefverwurzelten Glauben vieler Piloten, daß bei jedem Flugzeug die Startleistung durch die Benutzung der Klappen verbessert werden kann. Es ist richtig, daß bei Hochleistungsflugzeugen die Klappen benutzt werden müssen – sonst kommt man kaum vom Boden weg. Aber diese Flugzeuge haben, weil das Gewicht von möglichst kleinen Flügeln getragen werden soll, um den Widerstand so gering wie möglich zu halten, sehr hohe Überziehgeschwindigkeiten. Die Klappen solcher Maschinen, manchmal Doppel- oder Dreifach-Fowler, kombiniert mit Vorflügeln oder Krügerklappen, reduzieren die Überziehgeschwindigkeit um 60 Knoten und mehr. Die meisten modernen leichten Einmots und Twins sind jedoch nur mit Schlitzklappen ausgerüstet, die die Überziehgeschwindigkeit um kaum mehr als 6 bis 12 Knoten verringern helfen. Das ist bei den geringen Geschwindigkeiten, um die es hier geht, auch weiter nicht verwunderlich. Trotzdem fühlen sich selbst erfahrene Piloten, auch Fluglehrer, dazu veranlaßt, die Praxis von Airline-Captains zu kopieren, auch wenn ihre technischen Möglichkeiten wenig Ähnlichkeit mit den schnellen Verkehrsflugzeugen haben. Das ist mitunter nicht nur nutzlos, sondern auch gefährlich.

Der Grund für die Benutzung der Klappen beim Start ist in der Annahme zu suchen, daß damit dieselbe Steigrate bei geringerer Fahrt zu erzielen sei, als ohne

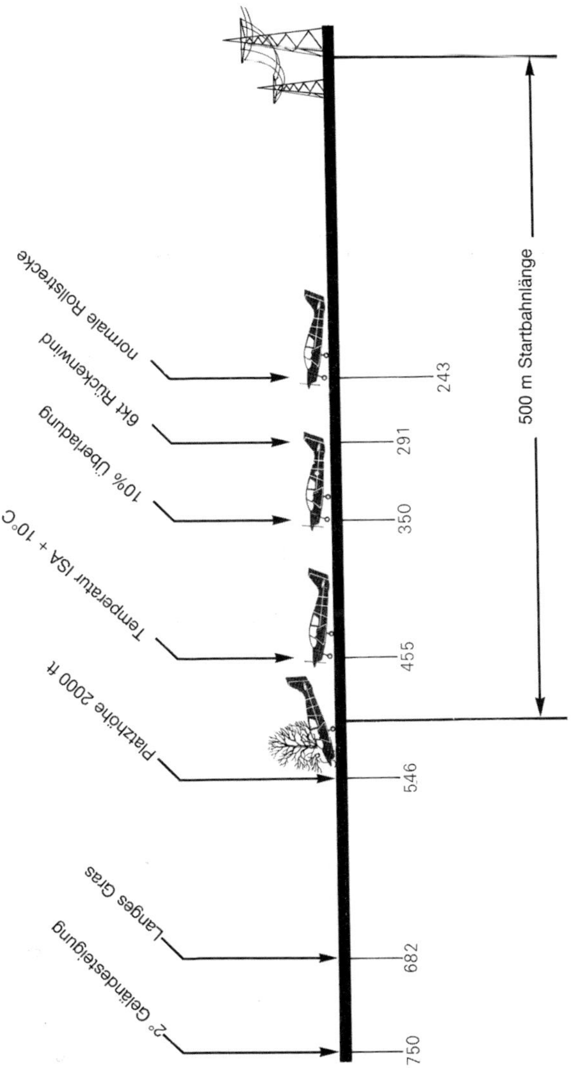

500 m Startbahnlänge

normale Rollstrecke

6kt Rückenwind

10% Überladung

Temperatur ISA + 10°C

Platzhöhe 2000 ft

Langes Gras

2° Geländesteigung

243

291

350

455

546

682

750

Abb. 6: So wirken sich die verschiedenen Effekte auf die Startrollstrecke aus.

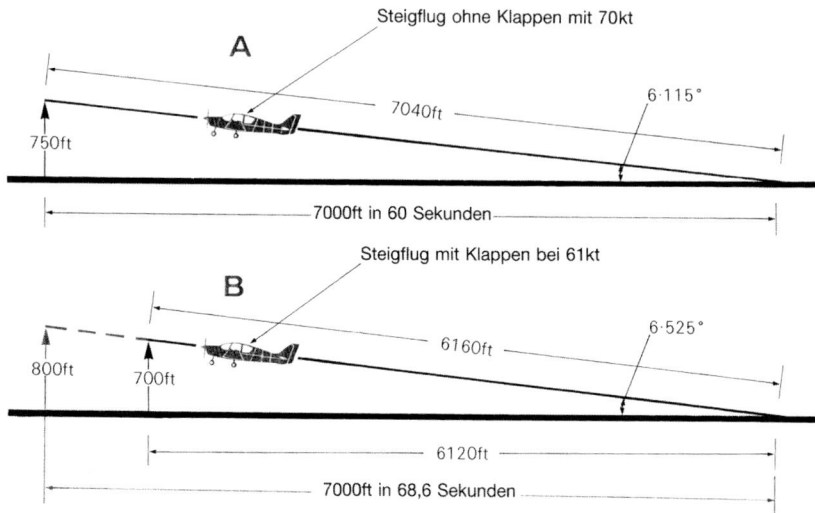

Steigflug ohne Klappen mit 70kt

A

7040ft

6·115°

750ft

7000ft in 60 Sekunden

Steigflug mit Klappen bei 61kt

B

6160ft

6·525°

800ft

700ft

6120ft

7000ft in 68,6 Sekunden

Abb. 7: Soll man mit oder ohne Klappen steigen? Flugzeug B steigt mit Klappen etwas langsamer als wenn die Klappen eingefahren wären. Da die Steigrate nur geringfügig reduziert wird, verbessert sich der Steigwinkel um lediglich 0,5 Grad. Das ist die Theorie – sie funktioniert allerdings nicht bei jedem Flugzeug.

Klappen. Abb. 7 zeigt, daß ein Start mit Klappen den Steiggradienten zwar durchaus ein wenig verbessern kann. Aber unglücklicherweise funktioniert das nicht bei allen Flugzeugen, denn die Steigrate hängt zwar vom Überschuß an Motorleistung ab, der Steiggradient jedoch vom Schub-Überschuß. Und das sind zwei Paar Stiefel, denn der Schub wird auch von anderen Dingen beeinflußt als nur von der auf den Propeller wirkenden PS-Leistung, so z.B. vom Anstellwinkel der Blätter gegenüber dem Propeller-Luftstrom (was wiederum von der Motordrehzahl abhängt), von der Geschwindigkeit des Flugzeugs und natürlich auch davon, ob es sich um einen Constant Speed Propeller handelt oder nicht. Es bleibt festzuhalten, daß diese Variablen das ganze Thema ziemlich komplizieren, noch bevor man sich mit der Bauweise der Klappen und mit den Windeinflüssen befaßt. Die einfachste Regel lautet, daß man sich an die Angaben im Handbuch halten sollte: Wenn dort zu lesen ist, daß man ohne Klappen starten soll, dann läßt man sie eben am besten drin.

Falls die Benutzung der Klappen jedoch empfohlen wird, ist es sehr wichtig, die für diese Konfiguration korrekte Steiggeschwindigkeit einzuhalten, denn es macht überhaupt keinen Sinn, mit 10 oder 15 Grad Klappen zu starten und dann mit einer Geschwindigkeit zu steigen, die nur für eingefahrene Klappen optimal ist. Wenn man in einem Flugzeug die Klappen benutzt, für das diese Technik nicht empfohlen wird, verschlechtert man auf jeden Fall den Steiggradienten.

Ermittlung der verfügbaren Startrollstrecke

Für die meisten Landeplätze sind die wichtigsten Informationen über die Platzhöhe, die Hindernisse und über die Start- und Landeflächen veröffentlicht. Spezielle Probleme treten dann auf, wenn man einmal von einem Privat-Landeplatz starten will, dessen exakte Länge nicht einmal der Platzhalter genau kennt. Es gibt natürlich Leute, die das Talent für sich in Anspruch nehmen, mit Kennerblick zum Ende des Platzes sofort einschätzen zu können, ob sie hier problemlos herauskommen. Dabei darf man aber nicht vergessen, daß verschiedenste Einflüsse den Eindruck der Entfernung viel zu optimistisch wirken lassen. Und wenn man sich für den Start aus einem unbekannten Platz vorbereitet, dann ist Optimismus ein schlechter Ratgeber.

Die simpelste Methode der Ermittlung der Länge eines Platzes ist das Abschreiten. Der Spaziergang tut gut, und man kann dabei auch aus nächster Nähe die Bodenbeschaffenheit begutachten (wer dabei das Pech hat, in ein Loch zu fallen und das Bein zu brechen, der sollte meinen Rat befolgen und keinen Startversuch unternehmen). Oft wird angenommen, daß die durchschnittliche Schrittlänge eines Mannes etwa einen Meter beträgt, aber bei den meisten Durchschnittsmännern ist sie viel kürzer, nämlich nur etwa 0,75 Meter. 500 Schritte bedeuten also rund 380 Meter und nicht 500 Meter. Das sind 17 Prozent weniger Startrollstrecke als man glauben möchte. Um für künftige Fälle sicher zu gehen, sollte man einmal eine vermessene Strecke normal abschreiten, die Schritte zählen und daraus die persönliche Schrittlänge errechnen. Dieser Pfadfindertrick kann eines Tages sehr wertvoll sein.

Beurteilung der Bodenbeschaffenheit

Die von weichem Grund und langem Gras verursachte Rollreibung kann, wie bereits erwähnt, das Flugzeug daran hindern, innerhalb der verfügbaren Distanz

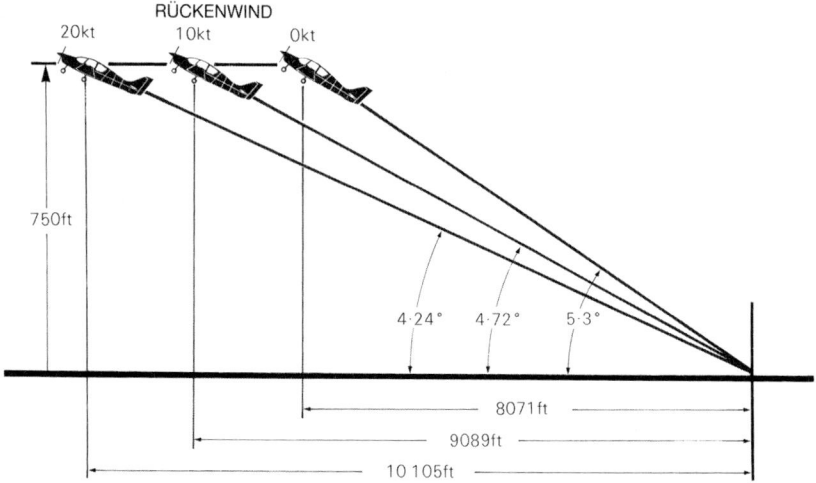

Abb. 8: Auswirkung des Rückenwindes auf den Steigwinkel. Um die Situation zu verdeutlichen, ist hier die Höhe in anderem Maßstab gezeichnet als die Distanz.

seine Abhebegeschwindigkeit zu erzielen. Wenn sich also bei der Inspektion der Bodenbeschaffenheit Bedenken melden, dann sollte man zuerst einen Start ohne Passagiere machen, bevor man ihn mit höherem Gewicht versucht. Aber wenn das Flugzeug keine Fahrt aufnehmen will, muß man den Start so rechtzeitig abbrechen, daß noch Platz zum Bremsen bleibt. Dabei ist nicht zu vergessen, daß bei nassem Gras die Bremsen schlechter wirken.

Die Wahl der Startrichtung

Große Bäume, Hochspannungsleitungen etc. am Ende des Platzes lassen keine Wahl bei der Frage, in welche Richtung man starten soll, und das bedeutet, daß man eventuell auch Rückenwind in Kauf nehmen muß. Zudem können in einiger Entfernung vom Platz weitere Hindernisse liegen, zu deren Umgehung man mehr oder weniger kurz nach dem Start eine leichte Kurve machen muß. Den

Steigweg unter diesen Umständen abzuschätzen, ist nichts für Unerfahrene, aber in Abb. 8 wird zumindest der Effekt aufgezeigt, den 10 Knoten und 20 Knoten Rückenwind auf den Steiggradienten haben.

Ohne Zweifel muß ein Bodenwind von mehr als 10 Knoten als dominierender Faktor bezeichnet werden, und ein Rückenwind-Start ist unter allen Umständen zu unterlassen, selbst wenn der Platz relativ groß erscheint.

Abschätzen der Windrichtung und -geschwindigkeit

Relativ einfach kann die Windrichtung festgestellt werden, wenn die Luftströmung dazu ausreicht, ein Taschentuch flattern zu lassen, oder eine in die Luft geworfene Handvoll Gras wegzublasen. Man kann auch die Bewegung der Wolken beobachten, wobei zu berücksichtigen ist, daß in 1500 ft Höhe die Windrichtung um 15 Grad verschieden sein kann von derjenigen am Boden.

Leichte, umlaufende Winde sind tückisch, denn dabei können aus dem Nichts plötzlich Rückenwinde auftauchen. Wenn immer möglich, sollte man die längste verfügbare Distanz wählen, mit den wenigsten Hindernissen für den Start.

Schwieriger ist die Abschätzung der Windgeschwindigkeit. Es gibt dafür aber eine Reihe von Anhaltspunkten, die in der Tabelle auf Seite 48 angeführt sind.

Starttechnik auf kurzen Plätzen

Weit weg von der üblichen Disziplin auf einem normalen Flugplatz, ist man auf gottverlassenen Plätzen versucht, die Vorflugkontrolle zu vernachlässigen, und das muß unter allen Umständen vermieden werden, denn diese Vorsichtsmaßnahmen sind auf kleinen Landeplätzen wichtiger als je. Der Außencheck siehe Seite 33 muß sorgfältig durchgeführt werden, und alles muß tiptop in Ordnung sein.

Ist der Platz mit Schnee oder Matsch bedeckt, rollt man zunächst zum Haltepunkt, steigt dann aus und inspiziert die Radverkleidungen (falls vorhanden). Wenn sie schon vom Rollen mit Schnee und Matsch zugesetzt sind, würde dies den Start selbst von den längsten Pisten unmöglich machen.

Windstärke nach Beaufort		Geschwindigkeit m/sec	Auswirkungen des Windes
0	Windstille	0–0,2	Rauch steigt gerade empor
1	leichter Zug	0,3–1,5	Windrichtung nur durch Rauch erkennbar
2	leichte Brise	1,6–3,3	Wind im Gesicht fühlbar, Blätter säuseln
3	schwache Brise	3,4–5,4	Blätter und dünne Zweige bewegen sich
4	mäßige Brise	5,5–7,9	Bewegt Zweige, dünne Äste, hebt Staub
5	frische Brise	8,0–10,7	Kleine Bäume beginnen zu schwanken
6	starker Wind	10,8–13,8	Pfeifen an Drahtleitungen
7	steifer Wind	13,9–17,1	Fühlbare Hemmung beim Gehen
8	stürmischer Wind	17,2–20,7	Bricht Zweige von den Bäumen, erschwert erheblich das Gehen
9	Sturm	20,8–24,4	Kleinere Schäden an Häusern und Dächern

Die Skala geht noch weiter bis zur Windstärke 12 (Orkan), aber man sollte auf kleinen Flugplätzen nicht mehr starten, wenn die Windstärken 6 oder 7 überschritten werden, es sei denn, man hat sehr viel Erfahrung dabei.

Die Triebwerks-Checks werden auf gewohnte Weise durchgeführt, dann richtet man die Maschine am Beginn der Bahn aus. Ist sie sehr kurz, sollte man jeden Zentimeter nutzen und das Flugzeug so weit wie möglich zurückschieben. Dieser Trick hat mir selbst schon das Leben gerettet, als ich aus einem verlassenen Fußballfeld startete, das von einer unglaublich soliden Steinmauer begrenzt war. Wenn es das Handbuch so empfiehlt, soll man für einen Kurzstart die Klappen setzen, bei der angegebenen Fahrt abheben und mit der korrekten Geschwindigkeit steigen. Über diese Geschwindigkeiten sollte man sich im klaren sein, sie entscheiden über den Erfolg des ganzen Unternehmens. Die Theorien sogenannter Experten sollte man auf keinen Fall befolgen, denn es steckt meist nichts dahinter. Beispielsweise wird manchmal angeraten, die Klappen erst kurz vor dem Abheben auszufahren. Es ist weit besser, sich darauf zu konzentrieren, daß die Maschine schön geradeaus rollt und daß man bei der richtigen Geschwindigkeit rotiert.

Wenn alles zum Start klar ist, gibt man mit gezogenen Bremsen Vollgas, memoriert nochmals die Abhebe- und Steiggeschwindigkeiten, und rollt dann los. Sobald die Maschine geradeaus rollt, zieht man leicht am Höhenruder, um das Bugrad zu entlasten. Ein kurzer Blick auf die Triebwerksinstrumente, – und wenn alles in Ordnung ist, setzt man den Start fort. Stellt man jedoch eine zu niedrige Drehzahl oder irgendwelche andere unnormale Anzeichen fest, wie beispielsweise Vibrationen oder rauhen Lauf, dann bedeutet dies den sofortigen Startabbruch. Diese Entscheidung muß allerdings getroffen werden, wenn man noch genügend Bremsweg vor sich hat.

Bei der korrekten Geschwindigkeit wird das Flugzeug abgehoben, und dann läßt man die Fahrt aufbauen, bis die richtige Steiggeschwindigkeit erreicht ist. Zur Erinnerung: Die Klappen können nur dann den Steiggradienten verbessern, wenn eine normale Steigrate bei einer Geschwindigkeit erzielt wird, die niedriger ist als normalerweise.

Starttechnik auf weichen Plätzen

Wenn die Probleme eines Starts von einem kurzen Platz noch erschwert werden durch schlechte Bodenverhältnisse (z.B. Schnee oder Matsch), dann könnte es sein, daß die oben beschriebene Starttechnik nicht optimal ist. Und da es ein recht teures Verfahren ist, dies erst dann festzustellen, wenn man am Ende der Bahn im Gebüsch hängt, scheint es wohl besser zu sein, eine geeignete Starttechnik für weiche Plätze anzuwenden.

Alle Vorbedingungen gelten, wie beschrieben, bis zu dem Punkt, wenn man bei gezogenen Bremsen Vollgas gibt. Doch jetzt zieht man von Anfang an das Höhenruder voll durch. Das klingt dramatisch, wirkt aber einwandfrei, und zwar aus folgenden Gründen: Wenn das Flugzeug beschleunigt, wird das Bugrad fast völlig entlastet, so daß es nicht mehr wie ein Pflug arbeiten muß und dabei viel Motorleistung absorbiert. Sobald die Höhenruderwirkung groß genug ist, kommt die Nase hoch, der Anstellwinkel steigt und die Flügel heben das Flugzeug aus dem weichen Grund.

Aber an dieser Stelle ist eine Warnung angebracht. Wenn die Nase hochkommt, geht das Heck natürlich nach unten, und einige Flugzeuge tendieren dazu, daß der Schleifsporn den Boden berührt. Darauf muß man vorbereitet sein: Sobald das Höhenleitwerk reagiert, läßt man im Höhenruder etwas nach, so daß das Flugzeug in einer Lage abheben kann, die zwar etwas steiler als normal ist, aber nicht so, daß man wie eine Rakete zum Mond fliegt.

Die Landung

Das Problem von Landungen auf unbekannten, kurzen Plätzen liegt im Gegensatz zu den Starts darin, daß man die verfügbare Distanz leider vorher nicht abschreiten kann. Am Beginn dieses Kapitels wurden einige Unfallstatistiken zitiert, unter anderem war davon die Rede, daß in 60 Prozent der Landeunfälle das Aufsetzen erst weit nach dem ersten Viertel der Landestrecke erfolgte. Wenn man sich 'mal an einen Flugplatz stellt und die landenden Maschinen beobachtet, kann man folgendes feststellen:

1. Viele Piloten sind am Zaun zu hoch und zu schnell.

2. Einige davon benutzen nicht die vollen Klappen.

3. Als Resultat dieser beiden Fehler setzen die Maschinen viel zu spät auf.

4. In den meisten Fällen setzt das Bugrad gleichzeitig mit dem Hauptfahrwerk auf.

Wenn sie auf normalen Plätzen wie Schnellzüge hereinkommen, überrascht es kaum, daß so viele Piloten, darunter erfahrene, in Schwierigkeiten geraten, wenn sie 'mal auf einem kleineren Platz landen wollen. Bevor wir uns mit Verfahren befassen, ist es wohl ganz nützlich, über eines der am meisten mißverstandenen Teile des Flugzeugs zu reden – über die Klappen.

Die Funktion der Klappen

Es gehört zu den Ungereimtheiten des Fliegerlebens, daß viele Piloten beim Start die Klappen benutzen, selbst wenn man bei dem betreffenden Flugzeug gar keinen Vorteil davon hat, wenn die Piste für einen Jumbo-Jet ausreichen würde, und wenn sogar ein Wind von 20 Knoten bläst. Andererseits, und das habe ich nie verstanden, haben dieselben Piloten eine Abneigung dagegen, bei der Landung die vollen Klappen zu benutzen. Unabhängig von ihrem Typ, erfüllen Klappen zwei aerodynamische Funktionen:

1. Reduzierung der Überziehgeschwindigkeit durch erhöhten Auftrieb.

2. Widerstandsanstieg, der vom Piloten zu seinem Vorteil genutzt werden kann.

Die Klappentypen unterscheiden sich zwar, aber im allgemeinen kann man sagen, daß der größte Auftriebszuwachs mit den ersten 15 bis 25 Grad Ausschlag eintritt. Fährt man die Klappen weiter aus, erhöht sich der Auftrieb nur noch geringfügig, aber der Widerstand steigt erheblich an, wie in Abb. 9 dargestellt. Der am meisten verbreitete Typ sind die Schlitzklappen, bei denen sich beim Ausfahren ein schmaler Spalt zwischen ihrer eigenen Vorderkante und dem Hauptflügel bildet. Diese Art von Klappen steigert den Auftriebsbeiwert ganz ordentlich, aber der Widerstandszuwachs ist nicht so gut. In früheren Zeiten waren die Spreizklappen sehr weit verbreitet. Sie waren bezüglich des Auftriebsanstiegs fast genauso wirkungsvoll wie Schlitzklappen, erzeugten aber viel mehr Widerstand und waren zudem etwas einfacher in der Produktion. Selbst die besten Klappen, wie die flächenvergrößernde Fowlerklappe, können die Überziehgeschwindigkeit nur in einem bestimmten Prozentsatz relativ zum Flügel mit eingefahrenen Klappen reduzieren. Und wenn dieser Wert schon ziemlich gering ist, wie bei den meisten leichten Einmots der Fall, dann kann die Verringerung auch nur recht klein ausfallen. Einige Klappentypen sind in Abb. 10 dargestellt. Bei den meisten (nicht allen) Leichtflugzeugen können die Klappen also nur eine bescheidene Reduzierung der Überziehgeschwindigkeit bewirken. Infolgedessen besteht ihre Hauptaufgabe darin, beim Anflug Widerstand zu produzieren, so daß der Pilot seinen Gleitpfad genau bestimmen und den angepeilten Aufsetzpunkt erreichen kann. Das ist die wahre Stärke von Klappen, die von vielen Piloten nur widerstrebend genutzt wird.

Falsche Klappenbedienung

Außer der Abneigung gegen die Benutzung des vollen Klappenausschlags, gibt es aber noch einen weiteren, weitverbreiteten Fehler bei deren Bedienung: Sie werden oft auf einmal voll gefahren, meist im Queranflug. Richtig ist es aber, im Queranflug zunächst die Klappen nur teilweise, vielleicht bis zum halben Ausschlag zu setzen und erst im Endteil voll auszufahren. Auf diese Weise vermeidet man Probleme, falls im Anflug starker Gegenwind herrschen sollte. Aber ob starker Wind oder nicht, im letzten Endteil muß man die Klappen voll setzen, denn nur in dieser Konfiguration ist das Aufsetzen am besten durchzuführen. Die einzige Ausnahme gibt es bei Seitenwind, denn unter dieser Bedingung läßt sich ein Flugzeug mit halben Klappen besser beherrschen als mit vollen.

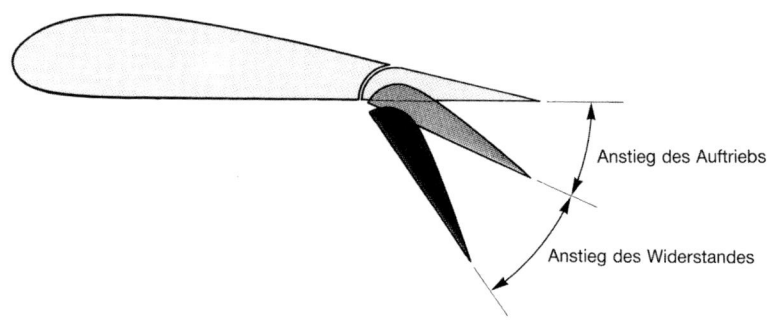

Abb. 9: Bei den meisten Klappensystemen erfolgt der größte Auftriebs-Anstieg bei den ersten 15 bis 25 Grad Ausschlag. Jeder weitere Ausschlag vergrößert den Auftrieb nur noch geringfügig, während der Widerstand sehr stark anwächst.

Die falsche Bedienung der Klappen wird manchmal noch dadurch verschlimmert, daß eine zu hohe Anfluggeschwindigkeit gewählt wird. In der Tat tendieren viele Piloten dazu, die beste Gleitgeschwindigkeit (d.h. die Geschwindigkeit mit dem besten Verhältnis von Auftrieb zu Widerstand) zu wählen, und daraus entsteht ein ziemlich flacher Anflug mit wenig Spielraum, um die Sinkrate mit dem Gashebel zu kontrollieren. Ein Blick auf die Abb. 11 macht dies deutlich: Der Pilot in Flugzeug A fliegt ohne Klappen mit der besten Gleitgeschwindigkeit von 70 Knoten an. Die Nase ist hoch, behindert die Sicht, und da der Gleitpfad selbst bei Leerlaufdrehzahl flach verläuft, ist der Hindernisabstand sehr schlecht. Es besteht die Gefahr, daß die Maschine in den Bäumen hängt, bevor die Landebahn erreicht ist.

Pilot B jedoch kommt mit 60 Knoten herein, einer Geschwindigkeit, die etwas unter der besten Gleitgeschwindigkeit liegt, so daß er seine Sinkrate (und damit

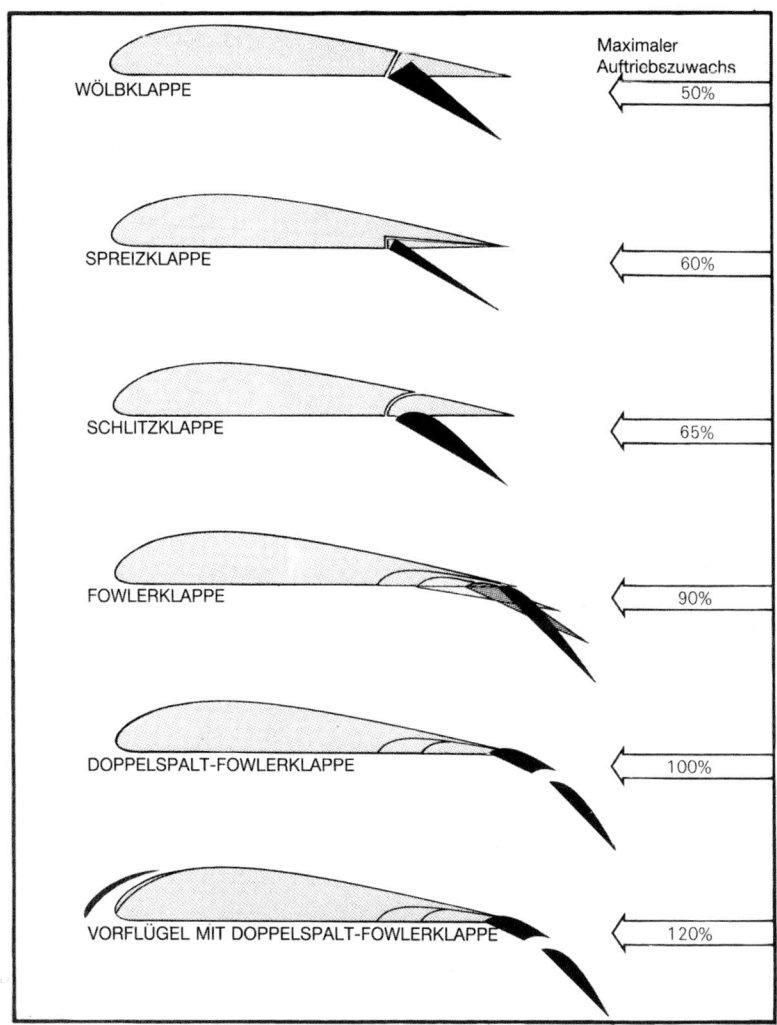

Abb. 10: Die heute üblichen Klappentypen.

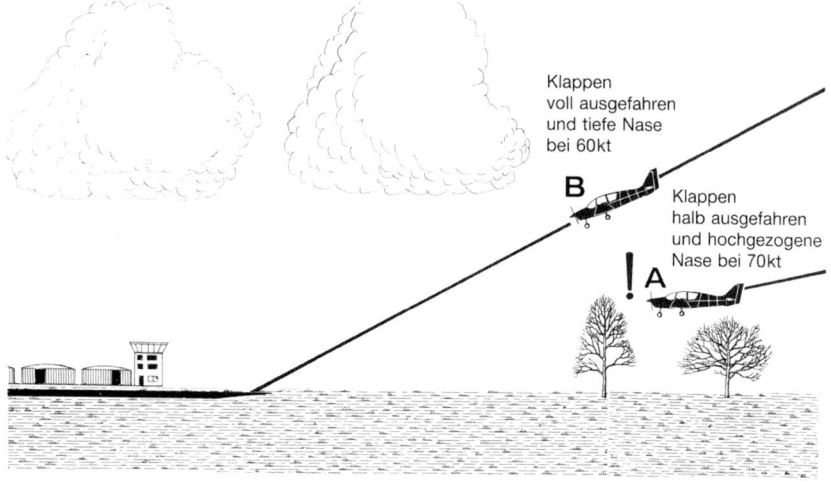

Klappen
voll ausgefahren
und tiefe Nase
bei 60 kt

B

Klappen
halb ausgefahren
und hochgezogene
Nase bei 70 kt

! A

Abb. 11: Gefahren eines flachen Anflugs bei nur teilweise ausgefahrenen Klappen.

den Gleitpfad) gut mit dem Gas regulieren kann. Auch hat er die Klappen ausgefahren, und obwohl seine Fahrt um 10 Knoten unter der des Piloten A liegt, zeigt die Nase deutlich nach unten, so daß er eine hervorragende Sicht hat. Wegen des steileren und besser kontrollierbaren Gleitpfads ist auch der Hindernisabstand wesentlich besser. Und der von den Klappen erzeugte zusätzliche Widerstand bedeutet, daß man mehr Gas geben muß, um den gewünschten Gleitpfad einzuhalten, dabei wird das Leitwerk vom Propellerstrahl beaufschlagt und wirkt dadurch besser.

Die Wahl der Landerichtung

Wenn man einen Verkehrslandeplatz anfliegt, hat man genügend Informationen darüber, so daß Anflug und Landung keine besonderen Probleme aufwerfen.

Aber bei kleinen, ländlichen Privatplätzen muß man doch einige Vorsichtsmaßregeln beachten, auch wenn die Daten des Platzes veröffentlicht sind. Gibt es dagegen überhaupt keine verfügbaren Angaben über den Platz, dann muß man folgende Punkte berücksichtigen:

1. Windrichtung

2. Seitenwind-Limits des Flugzeugs

3. Hindernisse im Anflugsektor

4. Hindernisse im Durchstartfall

5. Verfügbare Landerollstrecke

6. Bei einer geneigten Bahn ist zu entscheiden, ob man lieber mit Rückenwind hangwärts landen will oder besser umgekehrt.

Um einigermaßen sicher zu gehen, ist es zu empfehlen, vor der Landung einen tiefen Überflug zu machen, und zwar rechts vom angepeilten Landestreifen, so daß man die Örtlichkeiten links aus dem Fenster überprüfen kann. Dabei ist aber eine ausreichende Sicherheitshöhe einzuhalten und auf Bäume und Hochspannungsleitungen zu achten. Beim Überflug kann man die Windrichtung, die Böigkeit und die Größe des Platzes abschätzen.

Anflug-Methoden

Beim Gegenanflug sollte man etwas weiter ausholen, als bei einem normalen Anflug, so daß man einen ausreichend langen Endanflug hat, bei dem man den korrekten Gleitpfad und die richtige Fahrt in Ruhe stabilisieren kann.
Im Queranflug fährt man die Klappen halb aus, reduziert die Fahrt etwas, kontrolliert die Sinkrate mit dem Gas und trimmt aus. Dann dreht man in den Endteil, richtet die Maschine genau aus und fährt bei Annäherung an den Platz die Klappen voll aus (außer bei Seitenwind). Die Fahrt wird jetzt, je nach Flugzeugtyp um weitere 5 bis 10 Knoten reduziert, und man wählt einen Aufsetzpunkt, der knapp hinter der Platzgrenze liegt.

Beim Anflug sollte man einen stabilen Sinkflug einhalten und den Aufsetzpunkt relativ zum Blickfeld durch die Frontscheibe genau anpeilen, wobei man folgendes Verfahren anwendet:

a) *Der Aufsetzpunkt wandert zum unteren Rand der Frontscheibe.*
   Korrektur: Gas wegnehmen und leicht drücken.

b) *Der Aufsetzpunkt wandert nach oben.*
   Korrektur: Gas geben und leicht ziehen.

Obwohl Schlepplandungen recht beliebt sind, ist eine Gleitlandung vorzuziehen, wenn man Gebüsch oder andere Platzbegrenzungen überfliegen muß. In Abb. 12 sind beide Methoden dargestellt. Welche Technik man auch immer anwendet, wichtig bleibt, daß das Flugzeug mit geringerer Fahrt als üblicherweise anfliegt, so daß man die Sinkrate gut mit dem Gas beherrschen kann.
Man achte darauf, daß man nicht mit großer Motorleistung und hochgezogener Nase anfliegt, denn dabei wird die Sicht sehr beschränkt. Meistens gerät man dabei auch viel zu weit, so daß die Ausrollstrecke knapp werden kann, wie im oberen Teil der Abb. 12 dargestellt.

Die Landung

Hat man die Platzgrenze mit geringer Geschwindigkeit überflogen, läßt man die Maschine zunächst ruhig weitersinken. Dann fängt man kurz vor Erreichen des gewählten Aufsetzpunktes ab und nimmt das Gas heraus. Wegen seiner geringen Geschwindigkeit wird sich das Flugzeug ziemlich schnell hinsetzen. Man achte darauf, daß die Haupträder auf jeden Fall zuerst aufsetzen. Unter keinen Umständen darf das Gas früher als kurz vor dem Aufsetzen weggenommen werden, sonst fällt die Maschine wie ein Klavier durch.
Eine solche Kurzlandung mit geringer Fahrt erfordert einiges Geschick, und wie in anderen Fällen auch, kann man sich dies nur durch lange Übung aneignen.
Man fängt am besten in großer Höhe an, setzt volle Klappen, gibt etwas Gas und beobachtet, wie langsam man fliegen kann. Mit steigender Erfahrung kann man erstaunlich kurze Landungen schaffen. Aber die Anfluggeschwindigkeit sollte man erst dann reduzieren, wenn die Klappen voll gesetzt sind und man sich im kurzen Endanflug befindet.

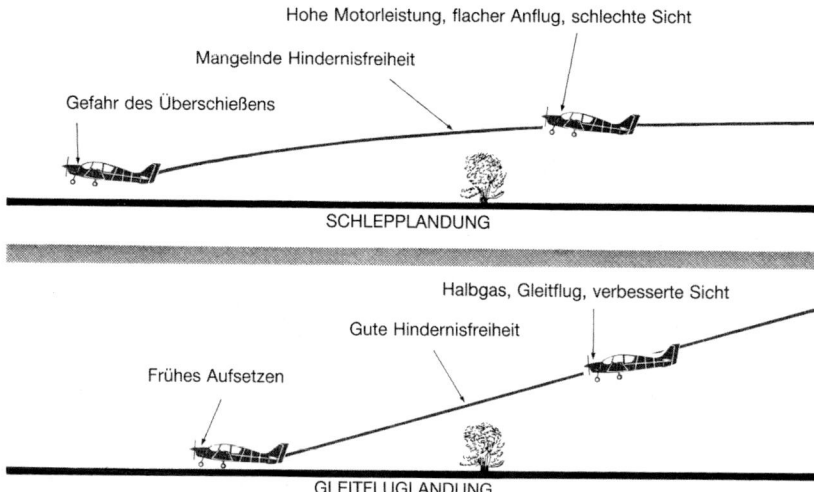

Abb. 12: Anflug auf kurze Landebahn. Die Nachteile einer Schlepplandung sind deutlich zu erkennen.

Der Einsatz der Bremsen

Unter normalen Umständen kann man ziemlich kräftig bremsen, sobald das Bugrad Bodenkontakt hat. Aber Vorsicht bei feuchtem Gras, denn die Räder können blockieren und die Maschine rutscht dann über das Ende der Landebahn. Während des Rollens ist es empfehlenswert, das Höhenruder voll zu ziehen, um das Bugrad zu schonen. Das Starten und Landen auf kurzen Plätzen ist eine anspruchsvolle Angelegenheit, aber wenn man sich an die in diesem Kapitel beschriebenen Regeln hält, muß daraus kein Problem entstehen.

4. Das Fliegen nach Instrumenten

»Ich fliege mit dem üblichen Kompaß-Kurs, halte einen über den Daumen gepeilten Winkel gegen die Abdrift vor, den ich an einem bekannten Bodenmerkmal zehn Meilen voraus korrigieren werde. Aber nach sechs Meilen habe ich auf einmal bewaldete Hügel vor mir, eingehüllt in tiefreichende Wolkenfetzen. Der Grund steigt langsam zu den Hügeln südlich von Beauvais an, und die Wolken hängen immer tiefer. Die Sicht ging auf ganze 500 Meter zurück, ich fliege 150 Fuß über Grund und bin gezwungen, mich wie ein Auto an eine Landstraße zu halten, denn wenn ich sie aus den Augen verliere, bin ich verloren.« So beschrieb Frank Courtney, ein britischer Verkehrspilot der Pionierzeit seine Erfahrungen von der Linienfliegerei London-Paris im Jahr 1924.

Der Morse-Funkverkehr war mehr oder weniger Glückssache, und das einzige Kreiselinstrument an Bord war eine recht primitive Angelegenheit, getrieben von einem kleinen Windrad. Aber diese Anlage war für die Piloten der damaligen Zeit genauso fortschrittlich wie heute die modernen Flight Director Systeme.

»Das Fliegen nach Instrumenten,« fuhr Courtney fort, »über Entfernungen von etwa 200 Meilen ist eine neue Art des Fliegens, und ich möchte sehr empfehlen, daß alle Verkehrspiloten viel Gelegenheit bekommen, sich im Blindflug zu üben,« – das Instrument-Rating warf seine Schatten voraus!

Eine Situation, in der von den zahlenden Passagieren erwartet wurde, daß sie sich in ihren Korbgeflecht-Stühlen entspannt zurücklehnten, während der geplagte

Zwei gut ausgerüstete Cockpits: Oben Cessna Citation 1, unten British Aerospace 125/700. Die Möglichkeiten dieser perfekten Ausrüstung können nur dann voll genutzt werden, wenn der Pilot richtig damit umgehen kann.

Pilot sich unter tiefhängenden Wolken durchkämpfte, konnte einfach nicht länger hingenommen werden. So wurden in den dreißiger Jahren denn auch in großem Umfang Kreiselinstrumente eingeführt, wie Wendezeiger, Kurskreisel und Fluglage-Anzeige-Instrumente, die schließlich zum standardisierten künstlichen Horizont führten. Und später wurden auch kleine Flugzeuge mit diesen Instrumenten ausgestattet, die es dem Piloten erlaubten, die Fluglage, den Kurs und mit den Druckanzeigegeräten auch die Flughöhe und Geschwindigkeit ohne Bodensicht zu überwachen und zu kontrollieren. Sie konnten aber dem Piloten, und das blieb bis heute so, nicht angeben, wo er sich, bezogen auf einen bestimmten Punkt am Boden, befindet. Diese Möglichkeit ergab sich erst, als die Funknavigation entwickelt wurde.

Die meisten Leser dieses Buches werden im Laufe ihrer Ausbildung gewisse Grundzüge des Instrumentenfluges mitbekommen haben, Piloten mit Instrumentenflugberechtigung wissen einiges mehr. Für letztere mag dieses Kapitel Schnee von gestern sein. Aber es soll im wesentlichen solchen Piloten eine Hilfe sein, die vor langer Zeit zwar etwas über das Fliegen nach Instrumenten mitbekommen, sich ihre Kenntnisse aber überwiegend selbst zusammengeholt haben.

Grundsätzlich ist das Instrumentenfliegen nach der do-it-yourself-Methode genausowenig empfehlenswert, als ob ein Amateur eine Gehirnoperation durchführen würde. Die Einzelheiten über Unfälle, bei denen VFR-Piloten ihren Flug unter verschlechterten Wetterverhältnissen durchgeführt haben, würden Bände füllen. Daß Piloten ohne Instrumentenflugpraxis in Wetterlagen einfliegen, die nicht nur ihre eingenen Fähigkeiten, sondern auch die ihres Flugzeugs überschreiten, ist leider eine Tatsache. Warum sie das tun, ist weniger klar. Die auf den Seiten 14 und 16 angeführten menschlichen Faktoren tragen zweifellos dazu bei, aber die folgenden Punkte sind von besonderer Bedeutung, wenn es um Schlechtwetterunfälle geht:

1. Mangelndes Verständnis, wie man die Fluginstrumente optimal benutzt.

2. Mangelnde Kenntnis, wie man die Funknavigationshilfen in Beziehung setzt zu den Fluginstrumenten.

3. Mangelnde Übung im Instrumentenfliegen.

Funktion und Technik des Instrumentenfliegens

Bevor er den Versuch zur ernsthaften Anwendung der Funknavigation unternimmt, muß sich der Pilot über die Funktion der Ausrüstung seines Flugzeugs im klaren sein, und auch darüber, wie die verschiedenen Instrumente zueinander in Beziehung stehen. Wenn sich das Wetter verschlechtert und die Bodensicht verlorengeht, steht der Pilot vor folgenden Aufgaben:

1. Er muß das Flugzeug sicher in einer bestimmten Höhe oder Flugfläche auf einem vorgeschriebenen Kurs halten. Das geschieht mit den Kreisel- und Druckanzeigegeräten im Instrumentenbrett.

2. Er muß das Flugzeug so dirigieren, daß es Geländeerhebungen, den sonstigen Verkehr, und Sperrgebiete vermeidet, und am Ziel muß er auf einem Gleitpfad genau in Richtung Landebahn sinken. Während die verschiedenen Kurse, Höhen, Steig- und Sinkraten und Geschwindigkeiten von den Geräten im Panel abzulesen sind, bekommt man die Informationen über den korrekten Flugweg vom Radar-Controller oder über die Funknavigationsinstrumente (VOR, ILS, ADF etc.)

Das klingt zwar alles ganz selbstverständlich, aber es schadet nicht, darauf hinzuweisen, denn sehr oft steuern die Piloten nur nach dem Radiokompaß, manche versuchen es mit dem VOR. Aber diese beiden Funknavigationsinstrumente sagen dem Piloten nur, wo er sich, bezogen auf ein Bodenfunkfeuer, befindet; sie bieten keine Kursinformation. Ein Pilot muß in der Lage sein, viele Dinge gleichzeitig zu tun: Frequenzen wechseln, Instrumente bedienen, die richtigen Anflugkarten finden und den ATC-Anweisungen Folge leisten – und das alles während er das Flugzeug nach Instrumenten fliegt.
Wichtig ist zuallererst – entspannen. Ein Pilot, der das Steuer mit klammen Fäusten wie einen Schraubstock umklammert, kann nicht präzise fliegen, schon gar nicht in einem Leichtflugzeug. Natürlich kann man sich nur dann entspannen, wenn man keine Angst vor den Dingen hat, die auf einen zukommen. Denn der Instrumentenflug ist schließlich kein Notfall. Für Piloten, die im Cockpit ihr Geld verdienen, ist diese Art der Fliegerei die natürlichste Sache der Welt.

Das Ablesen der Instrumente

Es gab Zeiten, als die Instrumente ganz beliebig angeordnet waren, so, als ob man einfach nur jedes Loch im Panel füllen wollte. Man flog an einem Tag ein Flugzeug, in dem der Wendezeiger unter dem künstlichen Horizont installiert war, am nächsten Tag saß man in einer anderen Maschine, und fand dieses Instrument an ganz verschiedener Position. Der erste ernsthafte Versuch, ein standardisiertes Panel einzuführen, das weite Verbreitung finden sollte, war vermutlich das von der britischen Royal Air Force. Es wurde kurz nach dem 2. Weltkrieg modifiziert, und daraus entstand die international anerkannte »T«-Anordnung. Die Vorteile eines Standardpanels könnte man vergleichen mit denen der standardisierten Tastatur von Schreibmaschinen. Man stelle sich das Chaos vor, wenn jeder Schreibmaschinenhersteller die Buchstaben anders anordnen würde. So macht es die »T«-Anordnung einem Piloten möglich, auswendig zu lernen, wie eine Linkskurve auf den Instrumenten aussieht, so daß ihm beim Wechseln des Flugzeugtyps seine bisherige Erfahrung weiterhin zugute kommt. Es wurden verschiedene Methoden propagiert, wie man das Panel abliest, darunter das Konzept, das ganze Panel auf einmal zu erfassen, und die selektive Methode. Ich selbst habe zwar in der Vergangenheit das erstere Verfahren bevorzugt, aber das selektive Ablesen hat sich allgemein durchgesetzt. Und da es von den meisten Behörden unterstützt wird, soll es hier beschrieben werden.

Es basiert auf der Idee, daß man für jedes Instrumentenflug-Manöver zunächst die Fluglage auf dem künstlichen Horizont abschätzt, und dann dessen Anzeige schrittweise überprüft, indem man die Augen zu jedem einzelnen Gerät und wieder zurück zum Horizont wandern läßt, wie in Abb. 13 dargestellt. Bei einem Sinkflug beispielsweise würde dieses Verfahren folgendermaßen ablaufen:

1. Gas wegnehmen, um die gewünschte Sinkrate zu erzielen.

2. Auf dem künstlichen Horizont überprüfen, ob die Flügel waagerecht liegen, und die Sinkfluglage einnehmen. Nachtrimmen.

3. Fahrtmesser auf korrekte Geschwindigkeit überprüfen, dann wieder künstlichen Horizont beobachten.

4. Auf Kurskreisel Heading überprüfen, dann wieder künstlichen Horizont checken.

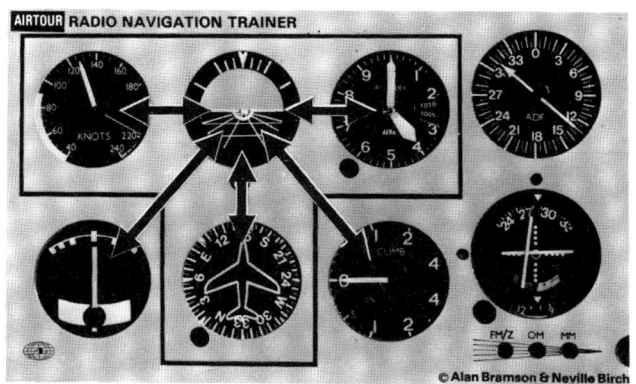

Abb. 13: Selektive Methode der Instrumenten-Ablesung.

5. Auf Variometer die Sinkrate checken. Falls sie bei korrekter Fahrt zu gering ist, Gas wegnehmen und die Nase leicht senken, oder bei zu großer Sinkrate umgekehrt verfahren. Wieder zurück zum künstlichen Horizont.

6. Auf Höhenmesser den Fortschritt des Sinkflugs überprüfen, wieder zurück zum künstlichen Horizont.

7. Weiterhin den Blick wandern lassen zwischen künstlichem Horizont, Vario, Kurskreisel und gelegentlich zur Libelle im Wendezeiger. Wenn der Höhenmesser 50 ft vor der gewünschten Höhe angekommen ist, Gas geben, auf dem künstlichen Horizont die Reisefluglage einnehmen und Nachtrimmen.

Man beachte, daß der Blick immer radial zwischen dem künstlichen Horizont und den anderen Instrumenten wandert. In unserem Beispiel spielt der Wendezeiger nur eine geringe Rolle. Je nach Art des Manövers sind die verschiedenen

Instrumente mehr oder weniger wichtig, und die Beobachtung wechselt entsprechend.

Das Fliegen der wichtigsten Manöver nach Instrumenten

Der Sinkflug wurde als Beispiel gewählt, um das selektive, radiale Ablesen des Panels zu demonstrieren, und beim Steigflug sieht die Sache ganz ähnlich aus – mit zwei Vorbehalten:

1. Dem Kurs und dem Wendezeiger sind bei Steigleistung mehr Aufmerksamkeit zu widmen.

2. Bei Erreichen der gewünschten Flugfläche sollte die Steigleistung so lange beibehalten werden, bis die Reisefluglage stabilisiert ist. Erst wenn der Fahrtmesser sich der Reisegeschwindigkeit nähert, kann die Motorleistung entsprechend reduziert werden.

Der Horizontalflug

Hat man mit Hilfe des künstlichen Horizonts die Reisefluglage stabilisiert und entsprechend nachgetrimmt, sollte man zur Feineinstellung der Propeller übergehen, unter Benutzung des Fahrtmessers. Beim selektiven radialen Ablesen spielt nun das Variometer und der Höhenmesser eine Rolle, denn es muß sichergestellt werden, daß das Flugzeug bei der vorgegebenen Fahrt weder steigt noch sinkt. Will man mit einem ganz bestimmten Power setting beispielsweise mit 65 Prozent fliegen, dann läßt man die Fahrt auf einen Wert einpendeln, mit dem eine konstante Flugfläche eingehalten werden kann. Wünscht man dagegen eine bestimmte Geschwindigkeit einzuhalten, dann muß man die Leistung entsprechend nachregeln, um ein Steigen oder Sinken zu verhindern.

Von unerfahrenen Instrumentenpiloten wird oft der Fehler gemacht, daß sie nicht den korrekten Kurs genau einhalten. Der Grund ist wohl darin zu suchen, daß oft unterschätzt wird, ein wie geringer Hängewinkel genügt, um eine Kurve zu provozieren. Nur wenige Grade an Rollbewegung nach links oder rechts, und schon beginnt der Kurskreisel zu wandern.

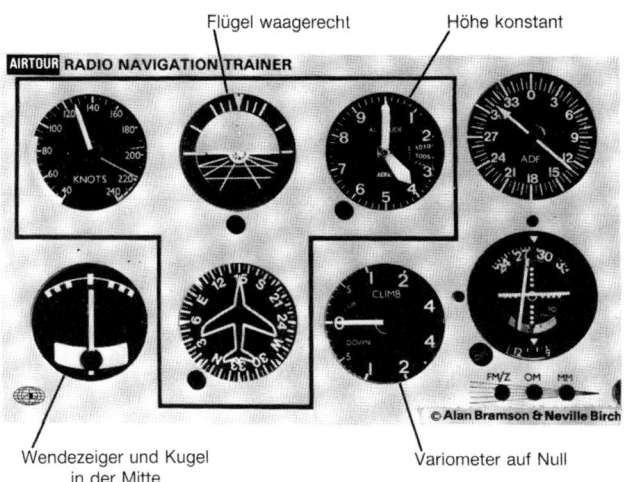

Flügel waagerecht · Höhe konstant · Wendezeiger und Kugel in der Mitte · Variometer auf Null

Abb. 14: Horizontaler Geradeausflug.

Zuletzt ist, wie bei allen stabilen Flugzuständen, das genaue Austrimmen besonders wichtig, wenn man einem Horizontalflug nach Instrumenten durchführt.

Was den Steig-, Sink- oder Horizontalflug betrifft, sollte man nie die Regel vergessen:

$$\text{Motorleistung} + \text{Fluglage} = \text{Flugleistung}$$

Die meisten Piloten beachten dies beim VFR-Flug zwar ganz automatisch, vergessen es aber dann im Instrumentenflug. Mit anderen Worten: Will man eine ganz bestimmte Steig- bzw. Sinkrate oder Reisegeschwindigkeit, muß die korrekte Fluglage mit Hilfe des künstlichen Horizonts und der entsprechenden Motorleistung eingenommen und gehalten werden. Man richte sich also nicht in erster Linie nach dem Fahrtmesser und dem Vario.

10% von 140kt + 7 = 21 Grad Hängewinkel

Konstante Höhe

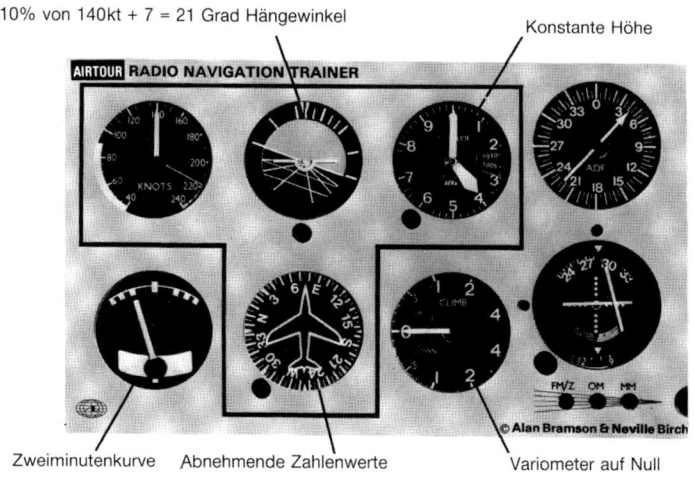

Zweiminutenkurve   Abnehmende Zahlenwerte

Variometer auf Null

Abb. 15: Zweiminutenkurve (nach links).

Der Kurvenflug (Abb. 15)

Da die Wenderate von der Fahrt und dem Hängewinkel abhängt, ist es vorteilhaft zu wissen, welchen Winkel man am künstlichen Horizont einnehmen soll. Der 2-Minuten-Turn wird beim IFR-Fliegen als Standardmanöver benutzt, und man kann den entsprechenden Hängewinkel sehr leicht ermitteln:

10% der IAS in Knoten + 7

oder

10% der IAS in MPH + 5

So ergibt sich bei 130 Knoten ein Hängewinkel von 13 + 7 = 20 Grad und so weiter. Wenn dieser Hängewinkel erreicht ist, müßte der Kurvenflug nach Standard ablaufen. Ist eine höhere Genauigkeit gefragt, muß man die Borduhr benutzen, wobei für alle 30 Grad Kursänderung genau zehn Sekunden vergehen dürfen.

Leichte Querneigung über dem Horizont

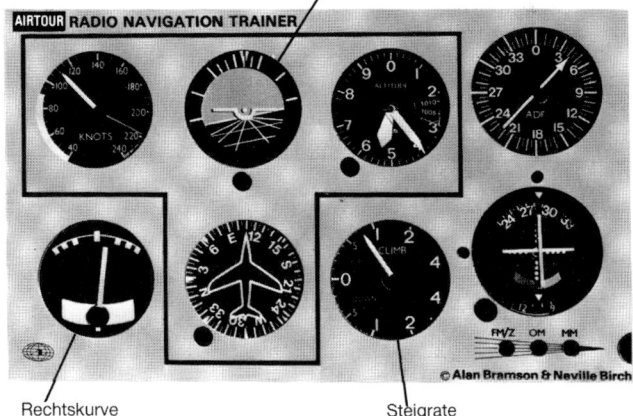

Rechtskurve   Steigrate

Leichte Querneigung unter dem Horizont

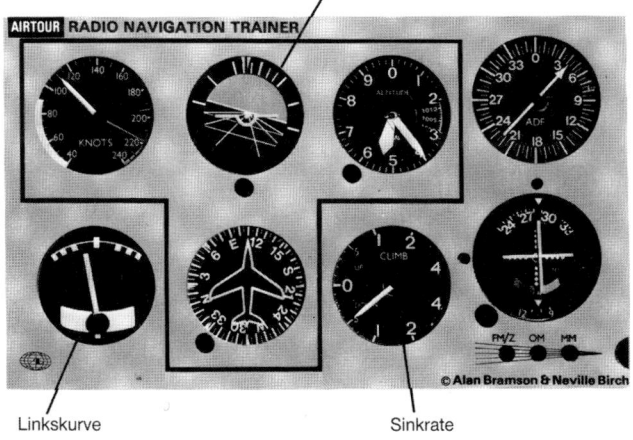

Linkskurve   Sinkrate

Abb. 16: Steig- und Sinkflugkurven.

Während des Kurvens sollte man das Vario und den Höhenmesser in die Beobachtung mit einbeziehen, sowie den Kurskreisel überwachen (etwa 10 Grad vor Erreichen des neuen Kurses die Kurve ausleiten) und die Libelle in der Mitte halten. Beim Kurven wird die Fahrt etwas abfallen, aber dieser Effekt hängt mit den Gesetzen der Aerodynamik zusammen und kann vernachlässigt werden.

Steig- und Sinkflugkurven (Abb. 16)

Will man im Steigflug eine Kurve einleiten, sollte man die maximale Steigleistung des Triebwerks wählen und die entsprechende Steiggeschwindigkeit einhalten. Da die Flächenbelastung und damit die erforderliche Motorleistung mit dem Hängewinkel ansteigen, folgt daraus, daß der Hängewinkel beschränkt werden muß, wenn eine hohe Steigrate erzielt werden soll – bis zu dem Punkt, an dem der Standard-2-Minuten-Turn erreicht wird, und nicht weiter.

Üblicherweise wird die Technik der besten Steigrate vernachlässigt, um so bald wie möglich in einen Steigflug mit Reisegeschwindigkeit überzugehen. Bei dieser Methode opfert man zwar einiges an Steigrate, hat aber den Vorteil, daß man mehr Kilometer macht, während man steigt. Beim Instrumentenflug ist dabei allerdings zu berücksichtigen, daß ein Flugzeug bei Steigflugkurven leicht zu großen Hängewinkeln neigt. Umgekehrt gibt es bei Sinkflugkurven eine Tendenz zu etwas geringen Hängewinkeln. In beiden Fällen muß man also mit Hilfe des künstlichen Horizonts auf einen konstanten Hängewinkel achten.

Da die Steig- und Sinkraten bei jeder Geschwindigkeit mit der Motorleistung zusammenhängen, ist es nützlich, für diese Flugzustände den Ladedruck und die Drehzahl im Kopf zu haben, wobei man den Ladedruck mit dem Gashebel immer nachregeln sollte.

Der Flug mit beschränktem Panel

Es beruhigt zwar zu wissen, daß künstliche Horizonte heutzutage kaum noch zu Störungen neigen, aber irgendwann kann es doch einmal passieren. Deshalb wird üblicherweise ein Wendezeiger eingebaut, der unabhängig von den anderen Kreiselinstrumenten angetrieben wird. Was passiert, wenn bei Nacht oder in den

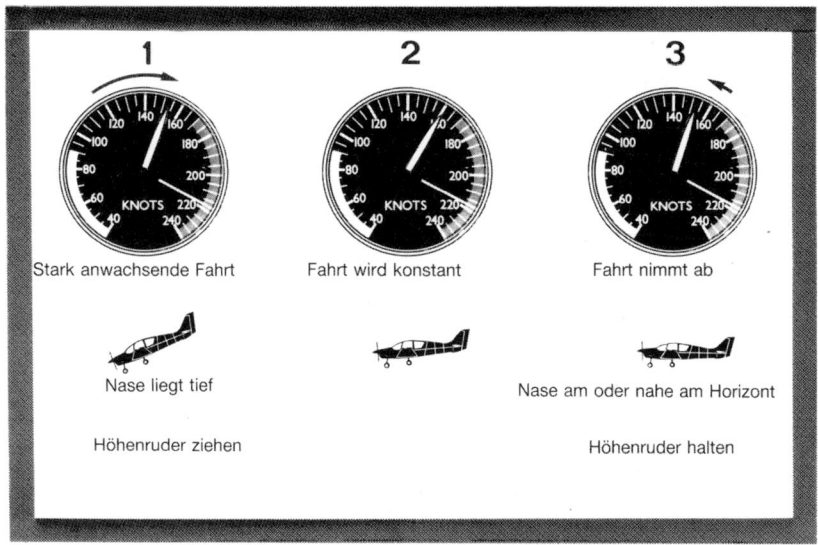

Abb. 17: Abfangen aus einer Gleitfluglage mit Hilfe einer beschränkten Instrumentierung.

Wolken der künstliche Horizont ausfällt? Kann man mit den restlichen Instrumenten zurechtkommen, ohne daß der Blutdruck steigt? Und falls man ins Überziehen oder gar Trudeln gerät – wie kommt man aus dieser Situation heraus? Nach meiner Erfahrung wissen nur wenige Piloten, wie man eine unnormale Fluglage nur mit Hilfe der Grundinstrumentierung beendet, geschweige denn das Überziehen oder das Trudeln. Meistens geht es darum, aus einem steilen Gleitflug oder aus einer fast überzogenen Lage wieder herauszukommen. Es werden manche Methoden empfohlen, bei denen ein Pilot zwei linke und mehrere rechte Hände braucht, dabei ist das korrekte Verfahren sehr einfach.

Ausleiten eines Gleitflugs (Abb. 17)

Wenn ohne irgendwelche Warnzeichen die Fahrt sehr schnell ansteigt und der Wendezeiger schön in der Mitte bleibt, dann sollte man ganz schnell folgende Korrekturmaßnahmen einleiten:

1. Hände weg vom Gas und Höhenruder ziehen.

2. Weiter gefühlvoll ziehen, bis die Fahrt nicht mehr weiter ansteigt.

3. Fahrtmesser beobachten. Der Zeiger wird jetzt allmählich zur normalen Reisegeschwindigkeit zurückwandern. Die Nase ist jetzt wieder einigermaßen am Horizont.

4. Höhensteuer in dieser Lage halten, Fahrt langsam ansteigen lassen und diesen Vorgang, wenn nötig, durch leichten Druck auf das Steuer unterstützen.

5. Trimmung überprüfen und gegebenenfalls korrigieren, wenn das Flugzeug die korrekte Fahrt nicht erreicht hat.

Beim Abfangen aus dem Gleitflug benützt man die Querruder, um die Nadel des Wendezeigers in der Mitte zu halten, und das Seitenruder, um die Libelle zu kontrollieren (d.h. Kugel steht links – Seitenruderkorrektur nach links, und umgekehrt).

Ausleiten einer gezogenen Fluglage (Abb. 18)

Diese Situation gleicht in etwa dem beschriebenen Abfangen aus dem Gleitflug, nur die Fahrtanzeige geht natürlich zurück. Das Ausleiten wird ganz einfach durch Drücken des Höhenruders bewerkstelligt, bis der Fahrtverlust gebremst ist. Wenn dann der Fahrtmesser allmählich wieder zur ursprünglichen Geschwindigkeit zurückwandert, kann man das Ausleiten genauso beenden wie beim Gleitflug.

Trudeln und Spiralsturz (Abb. 19)

Der Unterschied in den Instrumentenanzeigen zwischen diesen beiden ungemütlichen Flugzuständen ist in Abb. 19 gezeigt. Obwohl sie vom Boden aus oder nach den Instrumenten ähnlich aussehen, gibt es zwischen diesen zwei Manövern grundsätzliche Unterschiede. Beim Trudeln ist die Fahrt gering, üblicherweise schwankt sie in der Gegend der Überziehgeschwindigkeit, und meist wandert dabei die Kugel ab. Beim Spiralsturz dagegen steigt die Fahrt sehr schnell an und wandert in gefährliche Nähe der roten Linie.

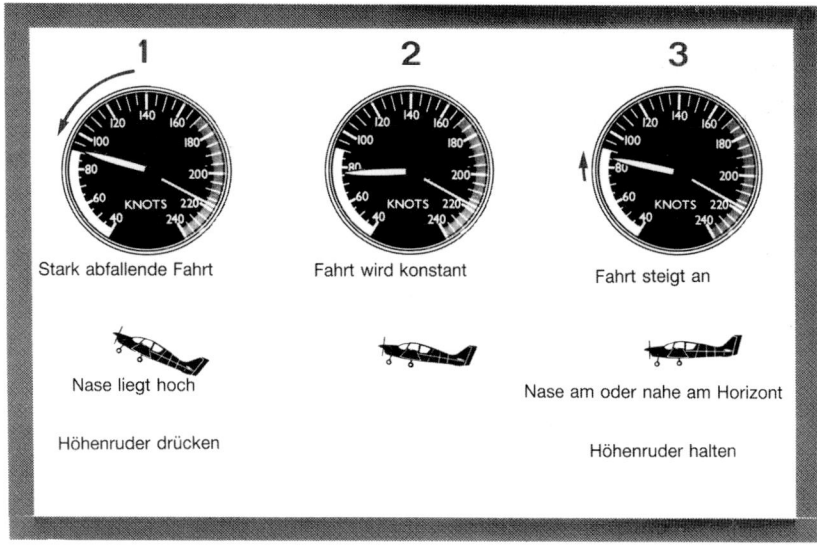

Abb. 18: Ausleiten einer stark gezogenen Fluglage mit Hilfe einer beschränkten Instrumentierung.

Ausleiten des Trudelns

Um im Instrumentenflug aus dem Trudeln zu kommen, verfahre man nach folgenden Punkten:

1. Gas wegnehmen

2. Den Wendezeiger beobachten und entgegen dem Zeigerausschlag volles Seitenruder geben.

3. Etwas abwarten, bis Seitenruder wirkt.

4. Höhensteuer nach vorne, bis der Wendezeiger in der Mitte steht, er kann dabei kurzzeitig in Gegenrichtung ausschlagen. Jetzt ist das Trudeln beendet.

5. Sofort das Seitenruder normal stellen.

Geringe Fahrt   Künstlicher Horizont gekippt   Rapider Höhenverlust

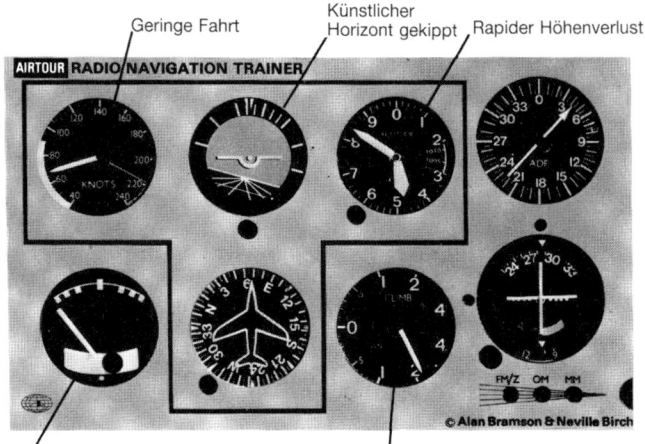

Gieren nach links, Schieben nach rechts   Hohe Sinkrate

TRUDELN NACH LINKS

Hohe Fahrt   Künstlicher Horizont gekippt   Rapider Höhenverlust

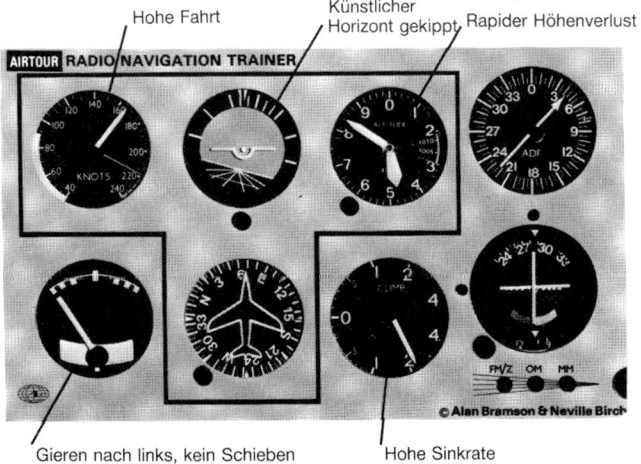

Gieren nach links, kein Schieben   Hohe Sinkrate

SPIRALSTURZ NACH LINKS

Abb. 19: Vergleich des Trudelns und des Spiralsturzes aufgrund der Instrumentenanzeigen.

6. Das Flugzeug ruhig ausschießen lassen und den Gleitflug beenden, wie auf Seite 69/70 beschrieben.

7. Gas geben für Reise- oder Steigflug.

Ausleiten aus dem Spiralsturz

1. Gas wegnehmen.

2. Anhand des Wendezeigers die Drehrichtung feststellen.

3. Querruder geben entgegen dem Ausschlag des Wendezeigers.

4. Seitenruder in Richtung der Kugel geben, bis sie zentriert ist.

5. Sobald der Wendezeiger in der Mitte steht, Querruderausschlag beenden, Gleitflug beenden wie auf Seite 70 beschrieben, und wenn der Fahrtmesser die gewünschte Reise- oder Steiggeschwindigkeit anzeigt, entsprechend wieder Gas geben.

Die Grenzen der Instrumente

Während der Fahrtmesser verzögerungsfreie Anzeigen liefert, sind die Höhenmesser, wie sie in den meisten Leichtflugzeugen eingebaut sind, nicht in der Lage, sehr schnellen Höhenänderungen sofort zu folgen. Bei einem schnellen Sinkflug beispielsweise kann die Anzeige um 300 Fuß und mehr hinter der tatsächlichen Höhe des Flugzeugs nachhinken. Man vermeide also in Wolken rapide Sinkflüge, vor allem wenn die neue Höhe nur wenig über den höchsten Bodenhindernissen liegt.

Verzögerungsfreie Varios sind zwar heute auf Wunsch in vielen leichten Einmots und Twins erhältlich, aber sie sind noch lange nicht in allen Flugzeugen zu finden, und man sollte also nichts Unmögliches von diesen Instrumenten verlangen. Wenn man sie wohlüberlegt benutzt, können diese Varios trotzdem gute Dienste leisten, um die Flugfläche und bestimmte Steig- oder Sinkraten einzuhalten.

Die meisten, wenn auch nicht alle modernen Kreiselinstrumente sind um alle Achsen frei in ihren Bewegungen, aber falls sie bestimmte Kippgrenzen haben, darf man nicht überrascht sein, wenn sich beispielsweise ein Kurskreisel nach einem Manöver, das diese Limits überschreitet, wie eine Roulettekugel benimmt. Man kann den Kreisel per Knopfdruck sofort wieder aufrichten, aber die heutigen künstlichen Horizonte haben keine solche manuelle Einrichtung, und es kann zehn und mehr Minuten dauern, bis sich der Horizont wieder stabilisiert hat.

Defekte an den Druck-Instrumenten

Falls aus irgendeinem Grund die Drucksonde, die die Druck-Instrumente versorgt, blockiert ist (beispielsweise durch Eis), und wenn keine zweite statische Druckentnahme vorhanden ist, kann man im Notfall das Glas des Variometers zerbrechen. Es gibt dann allerdings umgekehrte Anzeigen (z.B. zeigt es Steigen an, wenn man sinkt), und der Höhenmesser liefert einigermaßen genaue Anzeigen. Diese Methode funktioniert nur in Flugzeugen ohne Druckbelüftung. Aber druckbelüftete Flugzeuge haben ohnehin auf jeden Fall mehr als ein Druckentnahmesystem.

Die Bedeutung des Übens

In diesem Kapitel wurde schon gesagt, daß die grundlegenden Kenntnisse des Instrumentenfluges die Basis darstellen für die Funknavigation. Aber natürlich kann kein Instrument besser sein als der Mensch, der damit umgeht. Auch wenn ein Pilot nach Instrumenten fliegen kann, als ob VMC herrschen würde, kann er deshalb noch lange nicht IMC fliegen, wenn er gleichzeitig nach Karten kramen, Frequenzen einstellen und mit den Controllern reden muß. Die einzige Möglichkeit, sich die notwendigen Fähigkeiten der Grundlagen des Instrumentenfliegens anzueignen, ist Üben, Üben und nochmals Üben. Es gibt keine Schnellkurse dafür, auch wenn einige Trainingshilfen dazu beitragen können, die Kosten zu reduzieren.

Funknavigation

Während es die Instrumente der »T«-Anordnung einem Piloten ermöglichen, sein Flugzeug mit vorbestimmter Höhe, Geschwindigkeit und Kurs zu fliegen, geben ihm die COM/NAV-Geräte die notwendigen Kommandos, welche Zahlen auf seinem Panel auftauchen sollen. Was die Aktionen des Piloten betrifft, so kann man die Funk- und Navigationsgeräte in zwei Kategorien einteilen:

a) Vom Piloten zu interpretierende Geräte: Der Pilot steuert mit den Flugüberwachungsinstrumenten, um den Kommandos der Funknavigationsgeräte zu entsprechen (d.h. VOR, ILS, ADF, DME etc).

b) Am Boden überwachte Systeme: Ein oder mehrere Funksprechgeräte sind installiert, und auf diesem Wege erhält der Pilot seine Informationen vom Radar- oder VDF-Controller. Das einzige Bordgerät, das die Funktion des Radars unterstützt, ist der Transponder.

Das Prinzip aller Arten von Funknavigationsgeräten ist dasselbe. Ein Zeiger oder eine Digitalanzeige sagen dem Piloten, ob er sich auf dem korrekten Flugweg befindet, oder ob er davon abgewichen ist. Bei den vom Boden überwachten Systemen erfüllt die Simme des Controllers die gleiche Funktion, wenn sie beispielsweise sagt:»Sie befinden sich links von der Centreline, Entfernung fünf Meilen, Ihre Höhe Eins-Fünnef-Fünnef-Null Fuß.«

Anwendung der Kommandos auf die Instrumente

Zu den weitverbreiteten Fehlern von unerfahrenen Instrumentenpiloten bei der Funknavigation gehören:

1. Vernachlässigung des Windes.

2. Unfähigkeit, die von den Funknavigationsinstrumenten angezeigte Situation zu interpretieren.

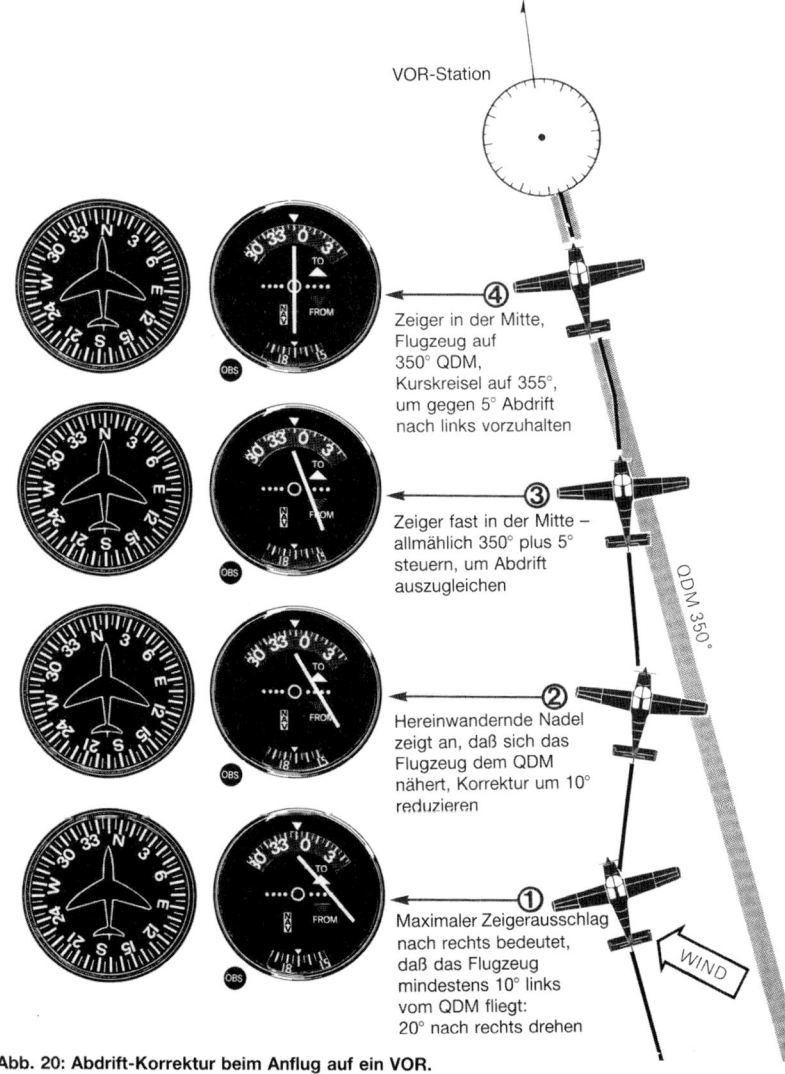

VOR-Station

④ Zeiger in der Mitte,
Flugzeug auf
350° QDM,
Kurskreisel auf 355°,
um gegen 5° Abdrift
nach links vorzuhalten

③ Zeiger fast in der Mitte –
allmählich 350° plus 5°
steuern, um Abdrift
auszugleichen

② Hereinwandernde Nadel
zeigt an, daß sich das
Flugzeug dem QDM
nähert, Korrektur um 10°
reduzieren

① Maximaler Zeigerausschlag
nach rechts bedeutet,
daß das Flugzeug
mindestens 10° links
vom QDM fliegt:
20° nach rechts drehen

QDM 350°

WIND

Abb. 20: Abdrift-Korrektur beim Anflug auf ein VOR.

3. Die Neigung, den Kurs nach dem ADF oder VOR zu steuern und nicht nach dem Kurskreisel.

4. Unfähigkeit zu Korrekturen, wenn sich die Anzeigen schnell verändern.

Nachfolgend einige nützliche Tricks, die in der Praxis wertvolle Dienste leisten.

Das Korrigieren von Windeinflüssen

VOR

Fliegt man zu oder von einer Station, und wandert die Nadel nach links oder rechts aus, dann korrigiert man um 10 Grad mit dem Kurskreisel und wartet ab, bis eine Reaktion eintritt. Das neue Heading halten und nach Bedarf die Korrektur variieren (Abb. 20).

ADF

Wenn man zu oder von einer Station fliegt, sollte man daran denken, daß die Nadel stets zum NDB zeigt. Fliegt man das NDB beispielsweise mit einem QDM von 270 Grad an und bewegt sich die Nadel nach einigen Augenblicken von 0 auf 350 Grad, dann heißt das, daß die Station etwas links von der Nase des Flugzeugs liegt. Man wird also nach rechts abgetrieben, der Wind kommt von links (Abb. 21). Dann dreht man 25 Grad nach links und hält am Kurskreisel 245 Grad. Das ADF zeigt nun 015 Grad, und wenn der Wind nicht sehr stark ist, wird die Nadel langsam noch etwas weiter auswandern, bis die Maschine zum QDM zurückkehrt. Das wird der Fall sein, wenn vom ADF 025 Grad angezeigt werden, weil dann bei einer Drehung des Flugzeugs um 25 Grad das ADF wieder auf 0 Grad und der Kurskreisel 270 Grad anzeigen würde. An diesem Punkt kurvt man nach rechts, bis der Kurskreisel 260 Grad und das ADF 010 Grad zeigen. In diesem Beispiel würden 10 Grad Abdrift korrigiert, und im Laufe des Fluges können weitere Korrekturen notwendig sein, aber wichtig ist immer, daß man nach dem Kurskreisel steuert, und nicht nach dem ADF.

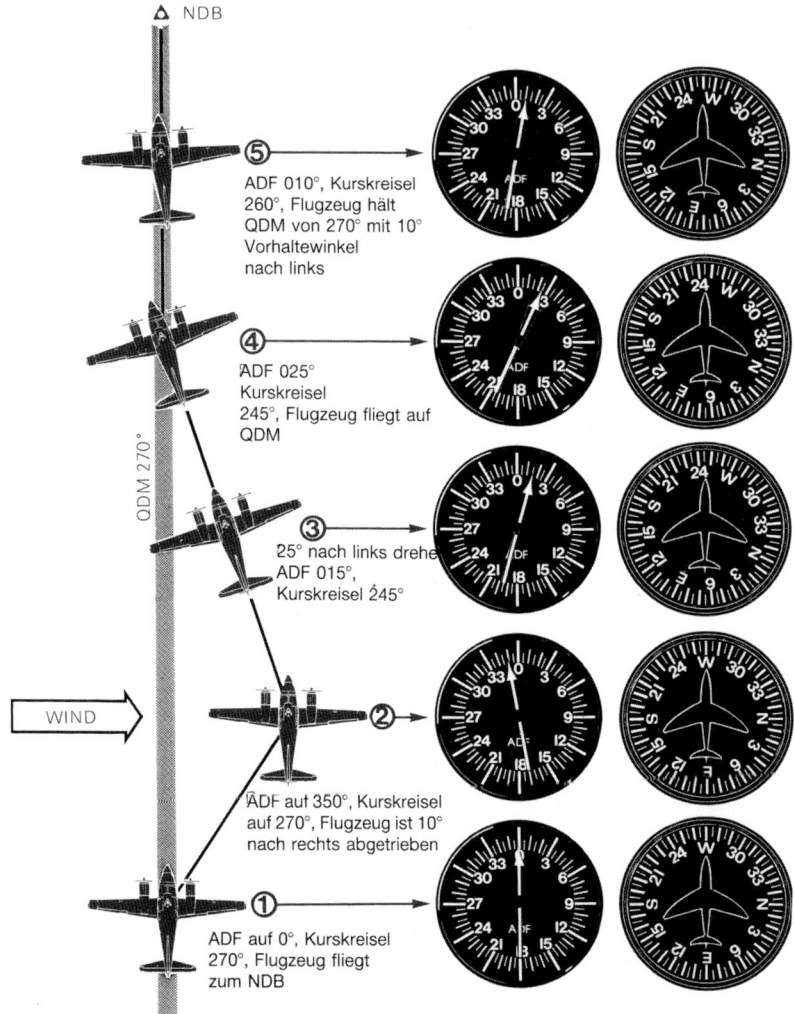

Abb. 21: Abdrift-Korrektur beim Anflug auf ein NDB.

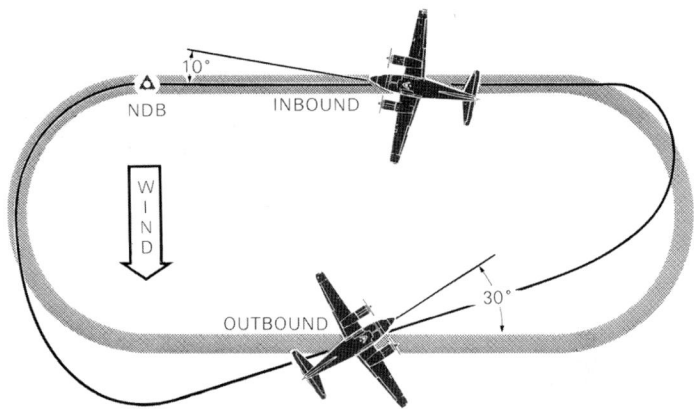

Abb. 22: ADF-Warteschleife bei Seitenwind.

Warteschleife bei Seitenwind mit ADF (Abb. 22)

Bei diesem Manöver erweist sich, wer Könner und wer Anfänger ist. Es gibt dafür zwei relativ einfache Regeln:

1. Man ermittle den Abdriftwinkel beim Anfliegen der Station und notiere ihn.

2. Man verdreifache diesen Wert und halte mit diesem Winkel vor, wenn man von der Station wegfliegt.

Das ILS

Es sei daran erinnert, daß beim VOR ein voller Nadelausschlag etwa 10 Grad bedeutet, während beim Anfliegen eines ILS-Landekurssenders die gleiche Anzeige nur eine Ablage von 2,5 Grad zur Centerline bedeutet. Und der Maximalausschlag der Gleitpfadanzeige bedeutet nur ganze 1,2 Grad. Die Kreuz-

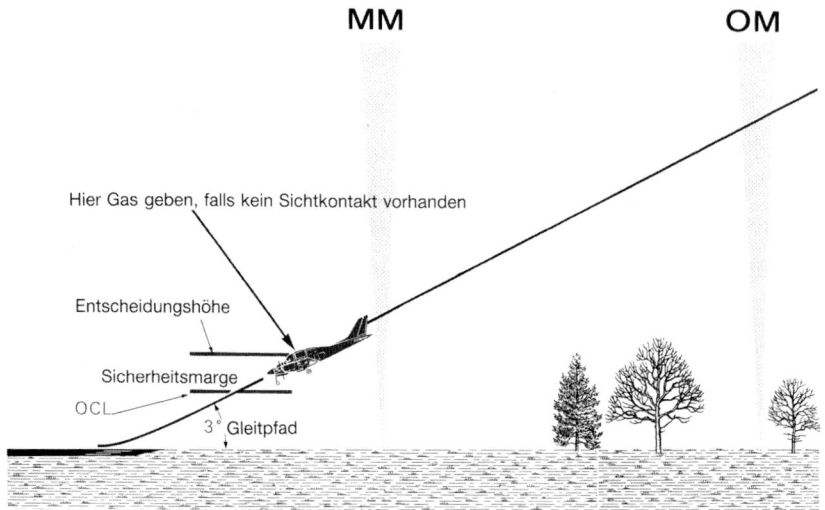

MM   **OM**

Hier Gas geben, falls kein Sichtkontakt vorhanden

Entscheidungshöhe

Sicherheitsmarge

OCL

3° Gleitpfad

Abb. 23: Gasgeben bei Erreichen der Entscheidungshöhe.

zeiger des ILS-Geräts zeigen also sehr empfindlich an und verlangen ziemlich präzises Fliegen.

Sobald also eine Nadel auch nur den geringsten Ausschlag macht, sollte man sofort reagieren. Es bleibt wenig Zeit zu verlieren, sonst gerät die Situation außer Kontrolle. Ist die Gleitpfadabweichung nur gering, kann man kleine Korrekturen mit dem Höhensteuer durchführen. Ein deutlicheres Auswandern der Nadel erfordert aber zusätzlich auch kleinere Veränderungen der Triebwerksleistung. Wenn das Flugzeug um beispielsweise zwei Striche nach links abdriftet, korrigiert man das Heading auf dem Kurskreisel um 5 Grad. Jeder Strich bedeutet etwa 0,5 Grad, so daß die Heading-Korrekturen nur sehr klein sein dürfen.

Entscheidungshöhen

Falls man es nicht mit den festen Regelungen einer Airline zu tun hat, berechnet man die Entscheidungshöhe, indem man die veröffentlichte OCL (Obstacle Clearance Limit) heranzieht, und im Fall von Leichtflugzeugen etwa 60 Fuß

Sicherheitsreserve hinzuzählt. Hat man bei einem Instrumentenanflug in der Entscheidungshöhe keinen Sichtkontakt, muß man Gas geben und sofort das Fehlanflugverfahren einleiten (Abb. 23). Es wäre der Gipfel an Dummheit, dann noch unter die OCL zu sinken.

Das Fliegen nach Instrumenten verlangt dem Piloten einiges ab, und zu Beginn des Trainings kann es sehr anstrengend sein. Aber wenn mit der Übung allmählich die Gewandtheit wächst, verliert sich die Aufregung, und der Instrumentenflug wird zu Routine. Trotzdem, es bleiben viele Fehlerquellen (falsche Einstellung des Höhenmessers oder der Frequenzen etc), und diese Art von Fliegerei ist nichts für bornierte Dummköpfe.

5. Starts und Landungen bei Seitenwind

In den vergangenen Jahrzehnten stiegen die Landegeschwindigkeiten, und damit sind die Aufsetzgeschwindigkeiten gemeint, auf das Doppelte der Reiseleistung der ersten Passagierflugzeuge an, und etwa das Dreifache der Reisegeschwindigkeiten von Leichtflugzeugen in den zwanziger Jahren. Diese Tatsache und das bemerkenswerte Anwachsen der Gewichte gingen Hand in Hand mit Fortschritten, wie beispielsweise die Einführung befestigter Pisten, zumindest für die Verkehrsluftfahrt.

Aber einer der großen Vorteile der früheren Grasplätze lag darin, daß man eine Vielzahl von Start- und Landerichtungen zur Verfügung hatte – zumindest solange, bis irgendjemand auf die Idee kam, Pisten zu markieren, mit denen der ganze Verkehr auf einen schmalen Streifen des Geländes konzentriert wurde. Damit verschwand der früher vorhandene Vorteil. Und diese Pisten, ob Gras oder Beton, brachten auch eine Begrenzung der Start- und Landerichtungen mit sich. Moderne Flugzeuge, sowohl große wie kleine, werden zwar besser mit dieser Situation fertig als die alten Typen, aber trotzdem muß heutzutage ein Pilot mehr darüber wissen, wie er mit Seitenwind fertig wird als in früheren Tagen, als er entsprechend dem Windsack einfach seine Start- und Landerichtung selbst aussuchen konnte. Heute gibt es auf der Welt nur noch ganz wenige dieser Grasplätze alten Stils.

Um das Seitenwindproblem zu lösen, kam man auf die seltsamsten Ideen. So entwickelte Goodyear einmal ein drehbares Spezialfahrwerk: Die Nase des Flugzeugs zeigte bei einem Tritt ins Seitenruder ganz woanders hin als die Maschine tatsächlich rollte. Zweck dieser Vorrichtung war natürlich, daß die Piloten bei Seitenwind ohne große Geschicklichkeit starten und landen konnten. Ich gehöre zwar nicht zu den Leuten, die sich das Leben freiwillig schwermachen, aber wenn ein Pilot solche Hilfsmittel wie ein drehbares Fahrwerk braucht, um bei Seitenwind keine Probleme zu haben, dann sollte er lieber ganz die Finger von der Fliegerei lassen. Tatsache bleibt allerdings leider, daß die Tage, an denen der Wind genau entlang der Centreline bläst, an den Fingern einer Hand abgezählt werden können.

Die Auswirkungen des Seitenwindes

Abdrift und das Fahrwerk

Die meisten Fahrwerke sind ziemlich robuste Gebilde, aber in der Hauptsache sind sie dazu da, um das Gewicht des Flugzeugs zu tragen und senkrecht wirkende Landestöße aufzufangen. Die Streben des Hauptfahrwerks müssen zudem die Verzögerungskräfte in horizontaler Richtung aufnehmen, die beim Betätigen der Bremsen auftreten. Mit den seitlich wirkenden Kräften dagegen ist es eine andere Sache, und natürlich gibt es hier Grenzen für die Belastbarkeit des Fahrwerks. Räder sind nun einmal nicht für seitliche Bewegungen gebaut, und selbst eine relativ kleine Abdrift von 5 bis 10 Knoten kann verheerende Folgen für die Struktur des Fahrwerks haben.

Abb. 24 zeigt die Versetzung von der Centreline, die eintritt, wenn beim Ausschweben ein Seitenwind von mäßigen 5 Knoten nicht korrigiert wird. Zwei Probleme treten dabei zutage:

1. Man hat die Piste verlassen, bevor die Maschine aufsetzt.

2. Das Aufsetzen erfolgt mit 5 Knoten Abdrift und das führt höchstwahrscheinlich zur Zerstörung des Fahrwerks.

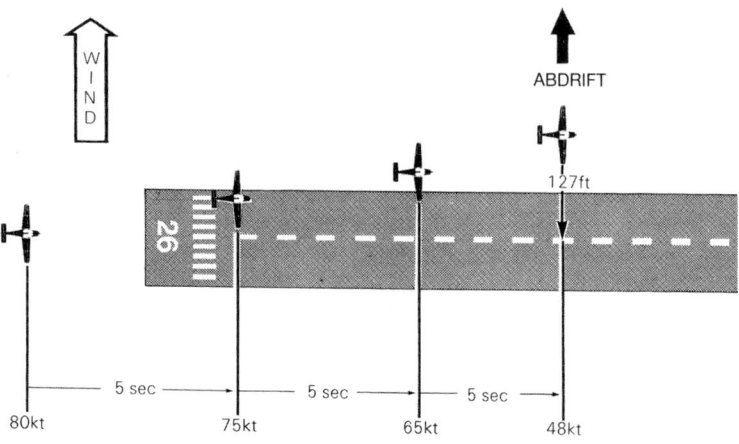

Abb. 24: Abdrift-Effekt, falls bei der Landung ein Seitenwind von 5 Knoten nicht korrigiert wird. Das Fahrwerk wird beim Aufsetzen sehr stark beansprucht.

Seitenwind-Limits

Bevor wir uns mit den korrekten Start- und Landetechniken bei Seitenwind befassen, sollte von den Limits die Rede sein. Nicht alle Flugzeuge haben dieselben Grenzwerte. Einige kommen mit relativ starken Seitenwindkomponenten zurecht, während andere unter ähnlichen Umständen damit drohen, auszubrechen und sich in den eigenen Schwanz zu beißen. Erstaunlich ist, daß die Flugzeuggröße dabei gar nicht die entscheidende Rolle spielt. Es gibt manche leichte Einmots mit höheren Seitenwind-Limits als viel größere und schwerere Twins. Um unter ganz bestimmten Umständen das Limit zu berechnen, muß man zwei Faktoren berücksichtigen:

1. Die Windgeschwindigkeit

2. Die Windrichtung bezogen auf die Start- oder Landerichtung.

Die Windgeschwindigkeit allein gibt keine ausreichende Information darüber, ob ein Start- oder Landeversuch angebracht ist. Offensichtlich hat der Wind den größten Abdrift-Effekt, wenn er 90 Grad zur Start- oder Landerichtung bläst, und diese Wirkung wird immer geringer, je mehr sich die Windrichtung der Ausrichtung der Centreline annähert.

Die Informationen in Flughandbüchern zu diesem Thema reichen von der simplen Feststellung, daß die maximale demonstrierte Seitenwindgeschwindigkeit x Knoten beträgt (bei 90 Grad zum Flugzeug), bis zu Diagrammen wie in Abb. 26 dargestellt. Letztere Darstellung macht es dem Piloten relativ einfach, die Windkomponente, die mit 90 Grad auf das Flugzeug wirkt, zu ermitteln. Wenn man also auf der Startbahn 27 steht und eine Bodenwindinformation von 310/40 Knoten bekommt, weiß man, daß ein 40 Knoten-Wind in einem Winkel von 40 Grad zur Startrichtung bläst. Ein Blick auf das Diagramm zeigt, daß die Windkomponente in 90 Grad zum Flugzeug 26 Knoten beträgt. Und die Entscheidung, ob man startet oder zum Hangar zurückrollt, hängt davon ab, ob diese 26 Knoten Seitenwindkomponente noch innerhalb der Limits des Flugzeugs liegt oder nicht.

Der Seitenwind-Start (Abb. 27)

Liegen die Windverhältnisse innerhalb der Limits des Flugzeugs und hat man sich zum Start entschlossen, muß man nun darauf achten, daß der dem Wind zugekehrte Flügel nicht angehoben wird, daß man die Startrichtung einhält und das Flugzeug am seitlichen Versetzen hindert.

Solange die Räder festen Kontakt mit dem Boden haben, ist die Gefahr des Versetzens gering, es sei denn bei Regen, Schnee oder Eis. Es kann allerdings passieren, daß das Flugzeug kurzzeitig etwas abhebt, versetzt wird, und wieder aufsetzt. Das muß man unter allen Umständen vermeiden, denn sonst kann es teure Reparaturen geben. Hier ein Verfahren, wie man Seitenwindstarts durchführt:

1. Das Flugzeug auf der Startbahn ausrichten und sich absolute Klarheit verschaffen, woher der Seitenwind kommt, von links oder rechts.

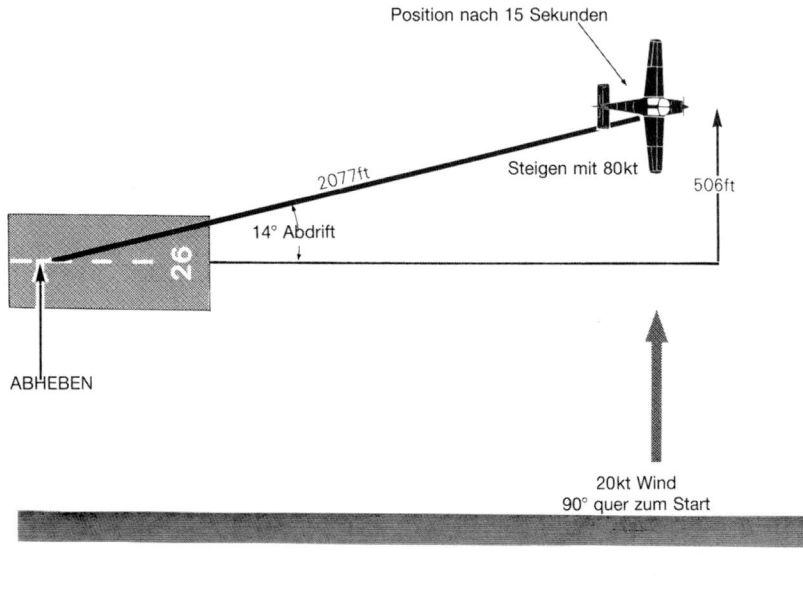

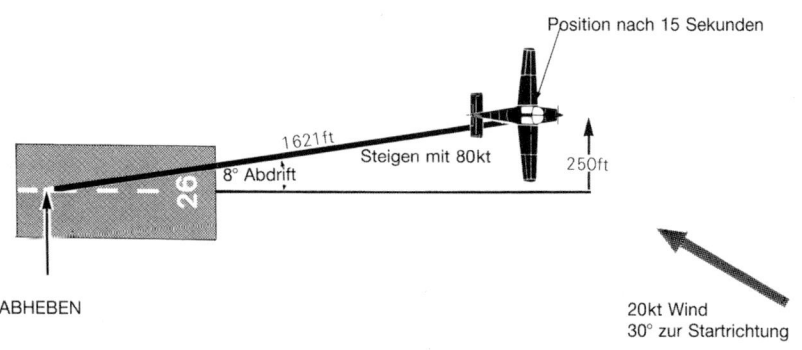

Abb. 25: Einfluß der Windrichtung auf den Steigweg, unter der Annahme, daß der Pilot nach dem Abheben das QDM der Startbahn einhält.

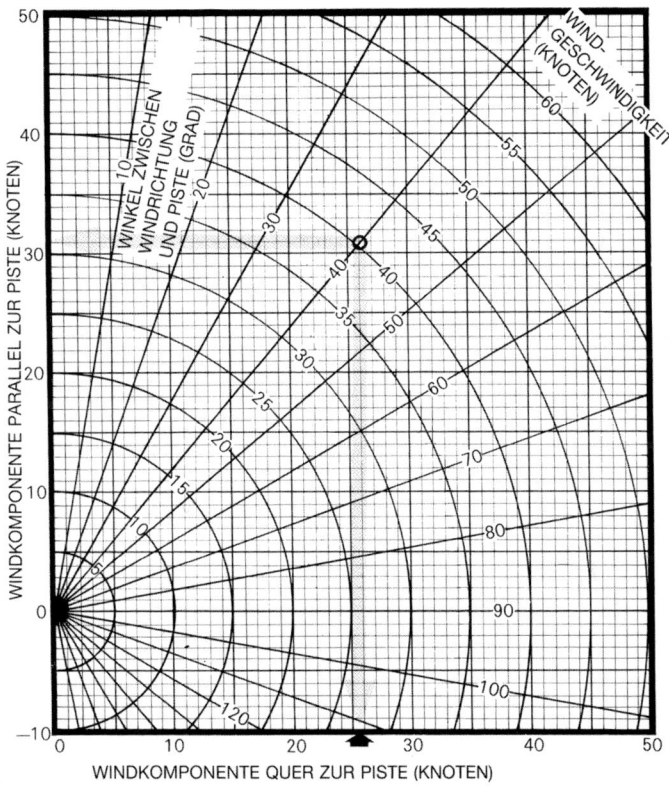

WINDKOMPONENTE QUER ZUR PISTE (KNOTEN)

Abb. 26: Typisches Windkomponenten-Diagramm. Das Beispiel (blaue Pfeile) zeigt, daß wenn ein 40 kt Wind mit 40° zur Start- oder Landerichtung bläst, die Seitenwindkomponente 90° zum Flugzeug 26 kt beträgt. Das Handbuch gibt an, ob dieser Wert noch innerhalb der Betriebsgrenzen liegt.

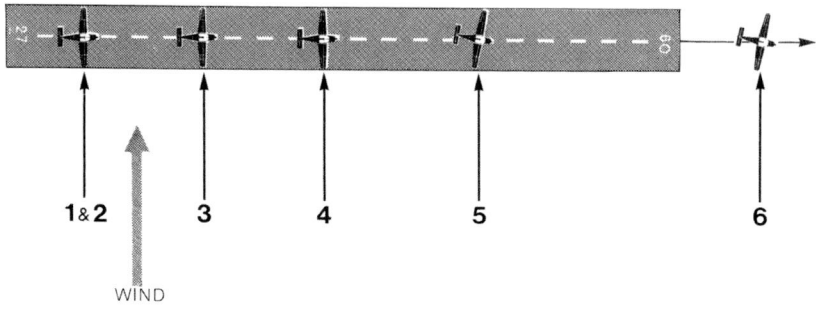

Abb. 27: Seitenwind-Start, Erklärungen zu den Ziffern siehe Text.

2. Querruder in den Wind geben, d.h. wenn der Wind von links kommt, Querruder links und umgekehrt. Damit hindert man den im Wind liegenden Flügel daran, beim Beschleunigen hochzugehen.

3. Wenn dem Start nichts mehr entgegensteht, Gas geben und darauf achten, daß die Maschine geradeaus läuft. Bei den meisten modernen Flugzeugen ist die Bugradsteuerung zum Einhalten der exakten Startrichtung wirksam, aber je nach Windverhältnissen muß man (neben dem Querruder entsprechend Punkt 2.) auf der dem Wind abgewandten Seite zusätzlich Seitenruder einsetzen. Wenn der Wind von links kommt wird der Windstärke angepaßt Seitenruder rechts getreten, wenn der Wind von rechts kommt, entsprechend Seitenruder links. Bei manchen Zweimots kann man dem Versetzen auch dadurch begegnen, indem man die Leistung des im Wind liegenden Triebwerks etwas erhöht (d.h. bei Wind von rechts, gibt man rechts mehr Gas als links).

4. Bewußt das Flugzeug am Boden halten bis etwa 5 Knoten über der normalen

Rotationsgeschwindigkeit, dann sauber abheben. Auf keinen Fall zulassen, daß das Flugzeug nochmals zurückfällt, denn die Abdrift beginnt sofort zu wirken, wenn die Räder den Boden verlassen haben.

5. Nach dem Abheben auf der Centreline bleiben, indem man leicht in den Wind dreht, um die Abdrift auszugleichen.

6. Normal weitersteigen und alle Aktionen ausführen, die nach dem Start notwendig sind.

Seitenwind-Landung

Eine Landung bei Seitenwind stellt den Piloten vor ähnliche Probleme, wie sie auch beim Start auftreten, denn man muß auch hier darauf achten, daß das Fahrwerk davor bewahrt werden muß, bei Versetzung den Boden zu berühren. Aber Seitenwindlandungen bereiten zusätzliche Schwierigkeiten, und damit werden wir uns noch befassen.

Zwei Methoden können bei Seitenwindlandungen angewendet werden:

1. Die Schiebemethode

2. Das Hängenlassen eines Flügels in den Wind.

Jede Technik hat ihre Befürworter, und man kann nicht endgültig sagen, welche davon eindeutig zu bevorzugen wäre. Manche Piloten haben sich angewöhnt, beide Methoden zu kombinieren. Ich persönlich glaube, daß dies die Sache unnötig kompliziert, und deshalb sollen nachfolgend diese Techniken getrennt beschrieben werden. Aber zunächst muß man sich mit dem Einkurven in den Endteil befassen, was gleichermaßen für beide Methoden wichtig ist.

Einkurven in den Endteil

Wenn man voraussetzt, daß ein guter Anflug die Grundlage einer guten Landung ist, dann ist es wichtig, daß der Pilot nicht zuviel Zeit dafür aufwenden muß, um mit viel Mühe die Anfluglinie zu erwischen. Unter Seitenwindverhältnissen

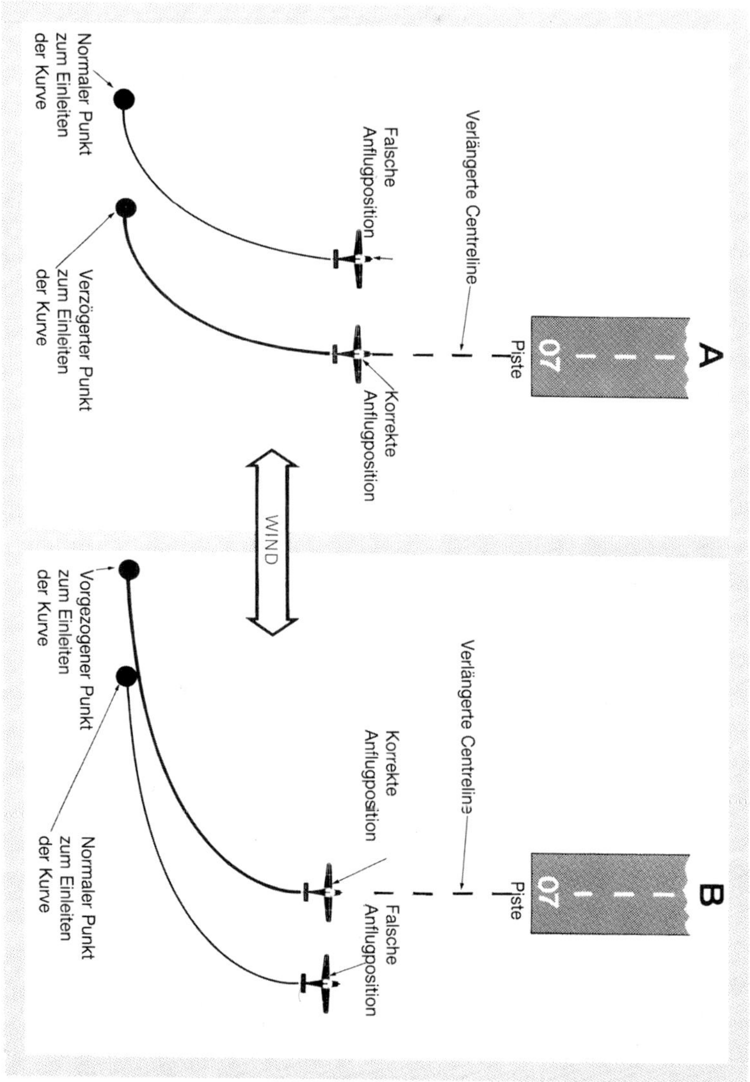

Abb. 28: Die Kurve zum Endanflug bei Seitenwind. Das die die Piste A anfliegende Flugzeug wird nach links versetzt, deshalb sollte man die Kurve später einleiten. Beim Anflug auf Piste B muß dagegen früher eingekurvt werden, um ein Überschießen der verlängerten Centreline zu vermeiden.

neigen manche Piloten dazu, tangential anzufliegen und ihre Maschine weit versetzt von der Centreline in den Endteil zu dirigieren. Das führt aber sehr leicht dazu, daß man im Gras landet und dabei vielleicht auch noch Pistenmarkierungen oder -befeuerungslampen mitnimmt.

Um dies zu vermeiden, sollte man etwas vorausdenken. Kurvt man aus einer Links-Platzrunde in den Endteil ein, und bläst der Wind von rechts, wird diese Kurve automatisch enger und man kommt links von der Anfluglinie (verlängerte Centreline) heraus (Abb. 28A).

Korrektur: Kurve in den Endteil später ansetzen und nötigenfalls den Radius vergrößern, indem man die Querneigung reduziert.

Bläst der Wind bei einer Links-Platzrunde von links, wird der Kurvenradius größer, so daß die Maschine nach rechts von der Centreline abgetrieben wird.

Korrektur: Die Kurve zum Endteil früher einleiten und nötigenfalls den Radius durch größere Querlage verkleinern.

Hat man die Maschine korrekt auf der Anfluggrundlinie ausgerichtet, kommt als nächste Hürde die Seitenwindlandung selbst, und jetzt hat man die Wahl zwischen den zwei nachfolgend beschriebenen Methoden.

Die Schiebemethode (Abb. 29)

1. Gleitflug auf der verlängerten Centreline fortsetzen und dabei die Nase in den Wind drehen. Korrekturen werden folgendermaßen durchgeführt:
   – bei Rechtsabdrift nach links drehen.
   – bei Linksabdrift nach rechts drehen.

2. Beim Überfliegen der Schwelle darf die Maschine nicht abdriften und muß über der Centreline schweben. In der gewohnten Höhe das Abfangen einleiten und das Gas wegnehmen.

3. Die Maschine halten, wobei die Nase immer noch in den Wind gerichtet bleibt. Erst kurz vor dem Aufsetzen bei horizontal gehaltenen Flügeln die Flugzeuglängsachse mit dem Seitenruder zur Centreline ausrichten.

4. Die Maschine jetzt aufsetzen lassen, dann Querruder in Richtung Seitenwind geben, um das Hochgehen des Flügels zu verhindern.

5. Mit dem Bugrad und nötigenfalls durch Einsatz der Bremsen die Maschine

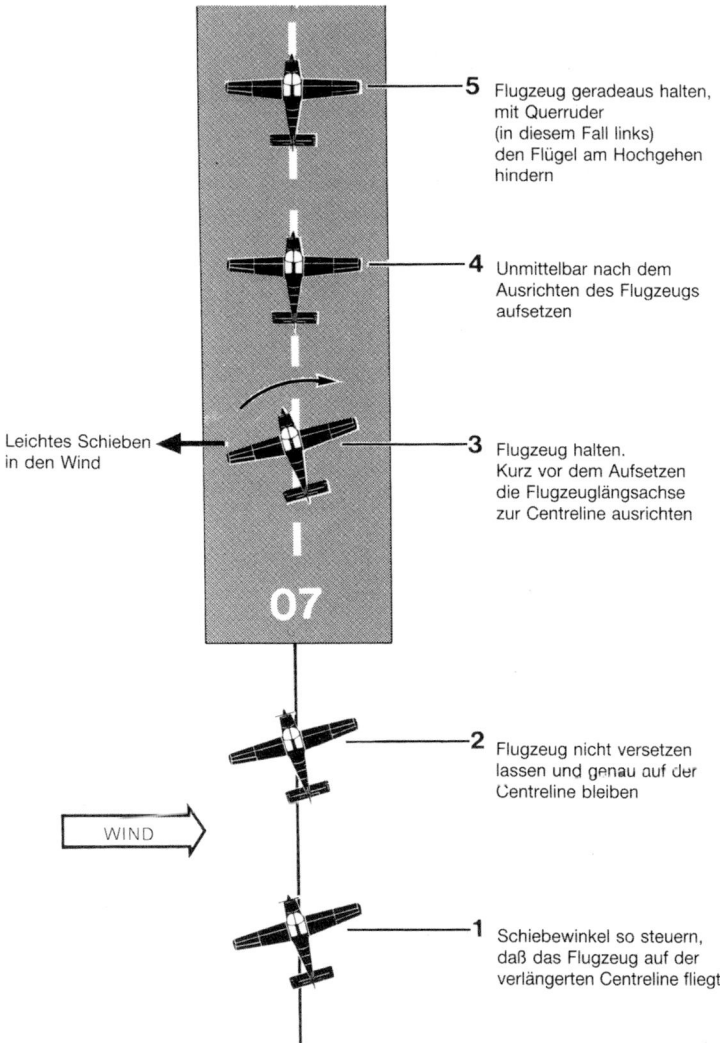

5 Flugzeug geradeaus halten, mit Querruder (in diesem Fall links) den Flügel am Hochgehen hindern

4 Unmittelbar nach dem Ausrichten des Flugzeugs aufsetzen

Leichtes Schieben in den Wind

3 Flugzeug halten. Kurz vor dem Aufsetzen die Flugzeuglängsachse zur Centreline ausrichten

2 Flugzeug nicht versetzen lassen und genau auf der Centreline bleiben

WIND

1 Schiebewinkel so steuern, daß das Flugzeug auf der verlängerten Centreline fliegt

Abb. 29: Seitenwind-Landung mit Schiebemethode.

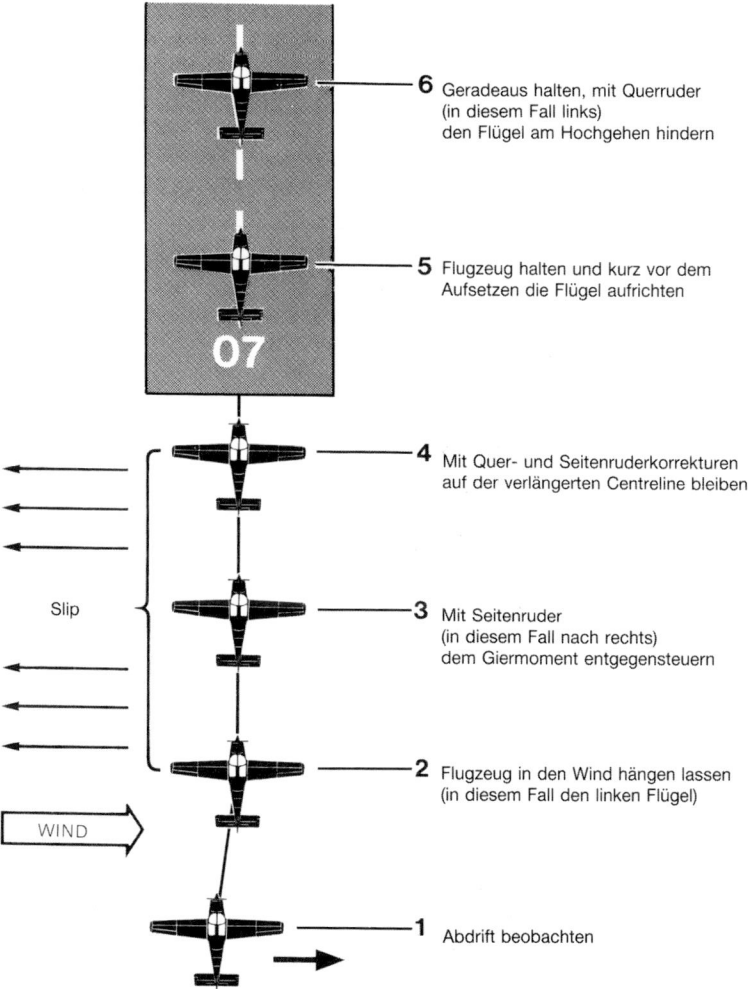

6 Geradeaus halten, mit Querruder
(in diesem Fall links)
den Flügel am Hochgehen hindern

5 Flugzeug halten und kurz vor dem
Aufsetzen die Flügel aufrichten

4 Mit Quer- und Seitenruderkorrekturen
auf der verlängerten Centreline bleiben

Slip

3 Mit Seitenruder
(in diesem Fall nach rechts)
dem Giermoment entgegensteuern

2 Flugzeug in den Wind hängen lassen
(in diesem Fall den linken Flügel)

WIND

1 Abdrift beobachten

Abb. 30: Seitenwindlandung mit hängendem Flügel.

beim Ausrollen geradeaus halten. In Twins muß bei starkem Seitenwind eventuell mit asymmetrischer Triebwerksleistung korrigiert werden.

6. Das Flugzeug zum Stehen bringen, die Landebahn verlassen, alle verbleibenden Checks durchführen und dann zum Vorfeld rollen.

Der kritische Teil dieses Verfahrens sind zweifellos die wenigen Sekunden unmittelbar vor dem Aufsetzen. Der Pilot steht dabei vor einem Dilemma. Entweder er landet, gegen den Seitenwind kämpfend, noch im Schiebezustand – und läuft dabei Gefahr, von der Bahn zu geraten –, oder er riskiert ein zu frühes Ausrichten auf die Centreline mit der Gefahr, beim Halten der Maschine zu sehr versetzt zu werden.

Dieser Teil der Landung erfordert also ein schnelles, zeitgerechtes Reagieren, aber wenn es klappt, führt die kurze Drehung (kurz vor dem Aufsetzen beim Ausrichten zur Centreline) zu einem leichten Versetzen in den Wind, so daß für einige Sekunden die Abdrift ausgeglichen wird. Selbst eine nicht ganz perfekte Landung sollte zumindest so aussehen, daß beim Aufsetzen nur ein sehr geringes Versetzen auftritt. Wirklich gute Landungen nach dieser Methode erfordern, wie alles im Leben, viel Übung.

Das Hängenlassen des Flügels in den Wind (Abb. 30)

Alle Überlegungen zum Eindrehen in den Endteil (Seite 89) treffen auch hier zu, und die folgenden Erklärungen beginnen bei dem Punkt, wenn sich das Flugzeug bereits im Endanflug befindet. Bei dieser Methode wird die Abdrift durch ein Manöver verhindert, das so alt ist wie die Fliegerei selbst – durch den Slip.

1. Nach dem Eindrehen zum Endanflug darauf achten, daß die Maschine auf die Anfluggrundlinie ausgerichtet ist. Abdrift beobachten.

2. Sobald die Abdriftrichtung festgestellt ist, das Flugzeug in den Wind hängen lassen.

3. Um zu verhindern, daß das Flugzeug um die Hochachse mitdreht (wegen des entsprechenden aerodynamischen Effekts der Querruder), etwas Gegenseitenruder geben. Die Maschine slipt jetzt in den Wind.

4. Durch Korrigieren des Hängewinkels die Maschine auf der Anfluggrundlinie halten. Mehr Gegenseitenruder geben, wenn eine stärkere Querlage dies erfordert, und umgekehrt.

5. In diesem Zustand bis zum Punkt des Abfangens weiterfliegen, Gas wegnehmen, und kurz vor dem Aufsetzen die Maschine aufrichten.

6. Nach der Landung auf Geradeauslauf achten, mit Bugrad und nötigenfalls auch mit den Bremsen korrigieren, bei Twins in starkem Seitenwind zusätzlich mit asymmetrischer Triebwerksleistung. Mit Querruder das Hochkommen des in den Wind gerichteten Flügels verhindern.

7. Landebahn verlassen, alle restlichen Checks durchführen und zum Vorfeld rollen.

In der Ära der Doppeldecker war es üblich, auf einem Rad zu landen und so lange mit in den Wind hängenden Flächen auszurollen, bis die Querruderwirkung nachließ. Heute sind solche akrobatischen Methoden nicht mehr in Mode, und man läßt den windwärts gerichteten Flügel nur bis kurz vor dem Aufsetzen hängen. Ähnlich wie bei der Schiebemethode ist auch bei dieser Technik eine perfekte Zeiteinteilung wichtig. Nimmt man den Hängewinkel zu früh zurück, versetzt die Maschine, bevor die Räder den Boden berühren. Hält man die Sliplage zu lange ein, landet man auf einem Rad. (Aber meistens passiert das ohnehin. Mein Freund hat die Angewohnheit, »mein Rad ist gelandet« zu rufen, wenn ich mit einer Seite etwas früher aufsetze als mit der anderen). Viel Übung macht auch hier den Meister.

Besondere Warnung

Die Benutzung der Klappen

Die meisten Flugzeuge benehmen sich bei Seitenwind besser, wenn der Klappenausschlag limitiert ist. Für Seitenwindstarts empfehlen die Handbücher von Flugzeugen, bei denen normalerweise 10 bis 15 Grad Klappen gesetzt werden, entweder den geringstmöglichen oder gar keinen Klappenausschlag. Gibt das

Handbuch keine speziellen Anweisungen, sollte man bei Seitenwindlandungen höchstens die Hälfte des maximalen Klappenausschlags wählen.

Schubkarrenfahren

Will man das Flugzeug länger auf der Startbahn halten als zur normalen Abhebegeschwindigkeit nötig wäre, muß man auf einen wichtigen Punkt achten. Es ist dabei unter allen Umständen zu vermeiden, zu stark mit dem Höhenruder zu drücken, denn manche Flugzeuge, vor allem solche mit Pendelruder, neigen dazu, mit dem Hauptfahrwerk schon abzuheben, während das Bugrad noch Bodenkontakt hat. Die kombinierten Effekte von Propellerdrall und Seitenwind können nun das Flugzeug sehr leicht um das Bugrad herumdrehen – wie bei einem Schubkarren. Das kann sehr schnell gehen, und nur die Zuschauer in sicherer Distanz finden das Resultat erheiternd.

Das ist selbst bei viermotorigen Passagierflugzeugen schon passiert, der Schubkarren-Effekt tritt also nicht nur bei kleinen Maschinen auf. Falls man in diese Situation gerät (das kann sowohl bei Starts als auch bei Landungen vorkommen), muß man sofort versuchen, das Hauptfahrwerk wieder auf den Boden zu bringen. Das erreicht man durch leichtes Ziehen am Höhenruder, womit das Gewicht wieder vom Bugrad zu den Hauptfahrwerksrädern verlagert wird.

Alle Starts und Landungen erfordern Geschicklichkeit und Urteilsvermögen – besonders aber dann, wenn der Wind nicht mitspielt und nicht entlang der Piste bläst. Aber daß Seitenwindstarts und -landungen etwas mehr Geschick verlangen, sollte man nicht als Entschuldigung vorschieben, wenn man ein Fahrwerk zertrümmert, einen Flügel in den Grund bohrt oder andere Fehler macht. Man sollte sich von den Unfallstatistiken warnen lassen. Und für das Ansehen als guter Pilot kann es nur von Vorteil sein, wenn man trotz widriger Winde eine perfekte Landung hinlegen kann.

6. Was mit zwei Triebwerken an Sicherheit gewonnen wird

Lassen Sie mich eine wahre Geschichte erzählen: Vor langer, langer Zeit gab es ausschließlich kleine Flugzeuge. Das ging auch gar nicht anders, denn die Motoren waren damals noch sehr schwer und hatten recht magere Leistungen. Dann kam der Erste Weltkrieg, man brauchte größere und leistungsfähigere Flugzeuge, um höhere Bombenladungen zu befördern. Die Lösung des Problems lag darin, daß man mehrere Motoren einbaute, und daraus entstanden dann enorme Flugmaschinen. Die Sicherheit spielte dabei keine Rolle, und die gestiegene Komplexität der Mehrmotorigkeit mußte man in Kauf nehmen, denn es war der einzige Weg, um die Leistung zu erhöhen. Mit beiden Motoren hatten diese frühen Twins eine Steigrate von ganzen 250 Fuß pro Minute, und mit einem Motor benahmen sie sich eher wie ein fliegendes Klavier.

Im Laufe der Jahre führte der Weg zu leistungsfähigeren Flugzeugen von zwei – über drei – und viermotorige Maschinen bis zur Dornier Do X, einem Riesenflugboot mit zwölf Triebwerken. Erst Mitte der dreißiger Jahre entstanden Flugzeuge, die auch bei Triebwerksausfall noch einen gewissen Grad an Sicherheit boten. Und dann brach der Zweite Weltkrieg aus. Man entwickelte zweimotorige Jäger und Bomber, die in ihrer ursprünglichen Ausführung auch einmotorig noch wie Raketen stiegen. Aber wirklich nur in ihrer ursprünglichen Form, denn als man immer mehr Reichweite (das bedeutete größere Tankkapazitäten) und immer höhere Waffenzuladungen verlangte, stieg das Gewicht dieser

Maschinen so sehr an, daß sie im Einmotorenflug kaum besser waren als die uralten Geräte des Ersten Weltkriegs. Eine Dakota beispielsweise konnte sich mit ihrem ursprünglichen Gewicht von 25 200 lb (11 500 kg) auch im Einmotorenflug sehen lassen, aber später mit 31 000 lb (14 000 kg) war sie kaum mehr zu halten. Mit der de Havilland Mosquito konnte man einmotorig sogar Rollen drehen, bis die Bombenzuladung fast so hoch geschraubt wurde, wie bei der B17 Flying Fortress. Wer damals eine Mosquito mit 4000 lb (1800 kg) Bombenzuladung starten mußte, war nicht gerade begeistert.

Nach dem Kriegsende war man sich allerdings darüber im klaren, daß Verkehrs-flugzeuge, die zahlende Passagiere beförderten, unbedingt in der Lage sein mußten, vollbeladen auch dann zu steigen, wenn beim Start ein Triebwerk ausfiel. Dann konnte der Reiseflug selbst kein Problem mehr sein, außer daß die Dienstgipfelhöhe natürlich geringer war. Aber die Leser dieses Buches fliegen keine Verkehrsmaschinen, sondern haben es mit leichten Kolben- oder Turbo-prop-Twins zu tun. Turboprops unterliegen gewöhnlich strengeren Zulassungs-forderungen, während leichte Kolben-Twins nur dann bei maximalem Gewicht einmotorig steigen müssen, wenn sie für den öffentlichen Transport benutzt werden.

Viele Piloten, einschließlich mir selbst, sind der Meinung, daß die Zulassungsvor-schriften für leichte Twins an der Grenze des Zumutbaren liegen. Aber glückli-cherweise sind die Flugzeughersteller etwas vernünftiger als die Behörden: Es gibt keine moderne leichte Zweimot, die nicht in der Lage wäre, auch mit einem Triebwerk zu steigen. Solange die Vorschriften so sind, kann man allerdings von den Flugzeugfirmen der General Aviation, die in hartem Wettbewerb stehen, kaum erwarten, daß sie auf Kosten der Zuladung oder Reichweite ungewöhnliche Steigleistungen offerieren.

Die Mehrzahl der Kolben-Twins mit weniger als 12 500 lb (5700 kg) maximalem Startgewicht haben eine Einmotoren-Steigrate von 200 bis 300 Fuß pro Minute. Wenn der Flugplatz und die Temperatur hoch liegen, und wenn zudem Turbu-lenz vorherrscht, können unerfahrene Piloten böse davon überrascht werden, daß bei Triebwerkausfall im Start die Steigrate erheblich schrumpft und vielleicht sogar zu einem fatalen Sinkflug wird. Man kann weder die Platzhöhe, noch das Wetter beeinflussen, aber man kann auf jeden Fall versuchen, seine fliegerischen Kenntnisse und Fähigkeiten zu verbessern.

Prinzipien der Asymmetrie

Ein sarkastischer alter Jägerpilot, der auf Twins umgestiegen war, bemäkelte einmal, daß er keinen Vorteil darin sehen könne, denn bei zwei Motoren könne auch zweimal soviel kaputtgehen. Aber im Ernst: Wenn man richtig damit umgeht, bieten selbst leichte Twins mit ihrer mageren Einmotorenleistung einen hohen Grad an Sicherheit bei Flügen über Berge, Wasser oder andere Gebiete, wo ein Triebwerksausfall bei Einmots natürlich fatale Folgen hat. Man muß allerdings einräumen, daß auch ein Triebwerksausfall in einem Twin allzuoft zu einem Unfall führt, aber das ist normalerweise nicht so sehr der Technik selbst anzulasten als vielmehr dem Unvermögen der Piloten.

Bevor die verschiedenen Verfahren beschrieben werden, soll kurz auf die aerodynamischen Verhältnisse bei Triebwerksausfällen von Twins und auf die Asymmetrie-Effekte eingegangen werden. Unter normalen Verhältnissen stellt sich die Situation so dar, wie in Abb. 31 gezeigt. Der Schub wird in zwei gleich großen Hälften erzeugt, daraus resultiert der Gesamtvortrieb, dem der Gesamtwiderstand entgegenwirkt, wobei beide Kräfte an der Flugzeug-Längsachse angreifen. Nun nehmen wir an, daß das rechte Triebwerk ausfällt. Sofort wandert der Angriffspunkt des Vortriebs aus der Längsachse zum linken Triebwerk. Außerdem ist zu beachten, daß nicht nur der Vortrieb des rechten Triebwerks ausfällt, sondern dort der Widerstand plötzlich solange ansteigt, bis der Propeller auf Segelstellung gebracht ist. Da also der Vortrieb links von der Längsachse angreift, der Widerstand jedoch rechts davon, erzeugen diese beiden entgegengerichteten Kräfte ein Giermoment in Richtung des stehenden Triebwerks (Abb. 32). Dieses Gieren führt zu einem Rollen in dieselbe Richtung, und das bedeutet den Beginn eines Spiralsturzes. Es ist genauso, als ob man kräftig ins rechte Seitenruder steigen und ohne Eingreifen abwarten würde, was die Maschine macht.

Mindeststeuergeschwindigkeit

Jeder, der schon eine Einweisung auf Twins erhalten hat weiß, daß man auf einen Triebwerksausfall mit Gegenseitenruder reagiert, um die beschriebene Gier-, Roll-, Spiralsturz-Neigung abzufangen. Aber das Seitenruder kann, wie jedes andere Ruder, nur so wirkungsvoll sein wie die darüber hinwegströmende Luft, und darin liegt das Problem. Läßt man die Geschwindigkeit zu stark absinken,

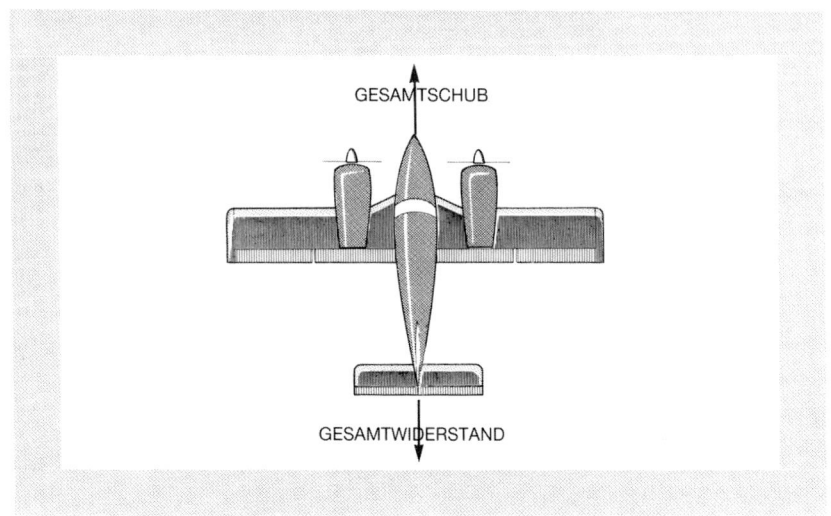

Abb. 31: Gesamtschub und -widerstand im Normalflug.

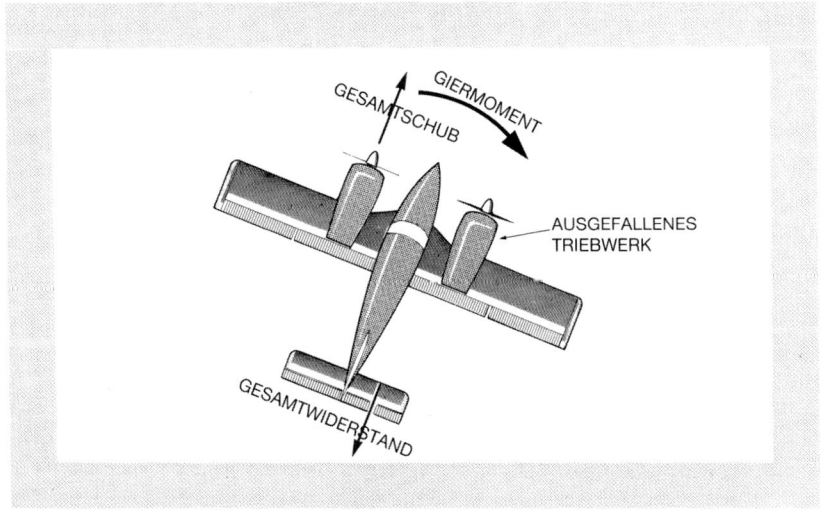

Abb. 32: Gesamtschub und -widerstand bei Ausfall des rechten Triebwerks.

verliert das Seitenruder an Wirkung, und man kann selbst bei vollem Ausschlag das vom laufenden Triebwerk verursachte Giermoment, das noch durch den Widerstand des stehenden Triebwerks verstärkt wird, nicht mehr ausgleichen. Es gab Zeiten, als man in diesem Zusammenhang ganz allgemein von »kritischer Geschwindigkeit« und »Sicherheitsgeschwindigkeit« sprach. Unglücklicherweise kann man die Mindestgeschwindigkeit, bei der man bei Triebwerksausfall noch die Richtung halten kann, die sogenannte »Mindeststeuergeschwindigkeit«, bei einem bestimmten Flugzeug nicht mit einer einzigen Zahl festlegen, denn sie variiert entsprechend den Umständen. Folgende Faktoren nehmen darauf Einfluß:

1. *Flughöhe:* Höhere Motorleistung bedeutet größeren asymmetrischen Vortrieb (und damit höheres Giermoment), und daraus folgt, daß die Mindestkontrollgeschwindigkeit in derjenigen Höhe am größten ist, in der die Motoren ihre höchste Leistung entfalten.

2. *Beladung:* Ein vollbeladenes Flugzeug muß in jedem Geschwindigkeitsbereich mit höherem Anstellwinkel fliegen, als ein fast leeres desselben Typs. Ein höherer Anstellwinkel bedeutet aber mehr Wiederstand und höhere Motorleistung. Und das führt wieder zu der Kettenreaktion: mehr Leistung, höheres Giermoment und damit höhere Mindeststeuergeschwindigkeit.

3. *Widerstand:* Dies führt uns zunächst zu Punkt 2, denn höherer Widerstand bedeutet mehr Leistung, größeres Giermoment etc. Man sollte darüber hinaus aber nicht vergessen, daß offene Kühlluftklappen und ausgefahrenes Fahrwerk mehr Leistung vom funktionierenden Triebwerk verlangen, und auch das bedeutet wieder eine höhere Mindeststeuergeschwindigkeit.

4. *Klappen:* Dies ist ein komplizierter Punkt, denn manche Klappentypen erzeugen bei den ersten 10 bis 15 Grad Ausschlag nur wenig Widerstandszuwachs. Man könnte diesen Punkt also auch unter der Überschrift »Widerstand« einreihen. Bei Einmotorenlandungen wird man auf jeden Fall die Klappen benutzen, dazu später mehr.

5. *Propeller-Widerstand:* Manche der früheren leichten Twins hatten feste Propeller, während heute durchweg Constant-Speed-Propeller mit Segelstellung eingebaut werden. Der Widerstand einer frei durchdrehenden Luftschraube

ist beträchtlich, und die Mindeststeuergeschwindigkeit wird dadurch beträchtlich erhöht, zumindest so lange, bis die Segelstellung erreicht ist. Der Widerstand eines durchdrehenden Propellers erhöht den asymmetrischen Widerstand, und das erschwert die Situation natürlich noch mehr.

6. *Grenzen des Piloten:* Heutzutage haben Flugzeuge meist eine ausreichende Trimmung, so daß der Pilot kein Problem haben dürfte, um genügend Seitenruderwirkung zu erzeugen. Aber das Können des Piloten ist ein ganz anderes Thema, und wer gut Bescheid darüber weiß, wie man bei Motorausfall reagiert, wird eine geringere Mindeststeuergeschwindigkeit erzielen als ein anderer, der von der Situation überrascht wird.

7. *Kritisches Triebwerk:* Wenn beide Propeller in derselben Richtung drehen, haben der Propellerstrahl und der Drall die natürliche Tendenz, ein Giermoment zu erzeugen. Im Falle der modernen Kolbenmotoren, bei denen die Propeller von hinten gesehen im Uhrzeigersinn drehen, entsteht ein Giermoment nach links.

Der Ausfall eines Motors bedeutet natürlich einen Verlust an Leistung und einen Geschwindigkeitsverlust. Um die Höhe zu halten, muß der Anstellwinkel erhöht werden, so daß das Flugzeug mit relativ großer Längsneigung (Leitwerk hängt nach unten) fliegt. In dieser Situation sind die Propellerachsen etwas nach oben gerichtet und die Propellerebene leicht nach hinten geneigt. Das bedeutet, daß das abwärtsdrehende Propellerblatt (d.h. dasjenige in der rechten Hälfte des Propellerkreises bei Drehung im Uhrzeigersinn von hinten betrachtet) einen größeren Anstellwinkel hat als das aufwärtsdrehende auf der anderen Seite. Man nennt dies den asymmetrischen Blatteffekt.

Wenn man die Abb. 33 betrachtet, sollte man daran denken, daß die Maschine in dieser Situation bei verringerter Antriebsleistung und in schwanzlastiger Fluglage die Höhe zu halten versucht. Da das jeweils abwärts drehende Blatt einen höheren Anstellwinkel hat, wird in der rechten Hälfte der Propellerebene ein höherer Schubanteil erzeugt als in der linken. Die Schubmittellinie des linken Triebwerks wandert deshalb in Richtung Flugzeuglängsachse, während auf der rechten Seite der stehende Motor überhaupt keinen Schub erzeugt. Die Größe des Giermoments, das von einem Triebwerk hervorgerufen wird, hängt von der Höhe des Propellerschubs und dessen Hebelarm ab. Da der Hebelarm B größer

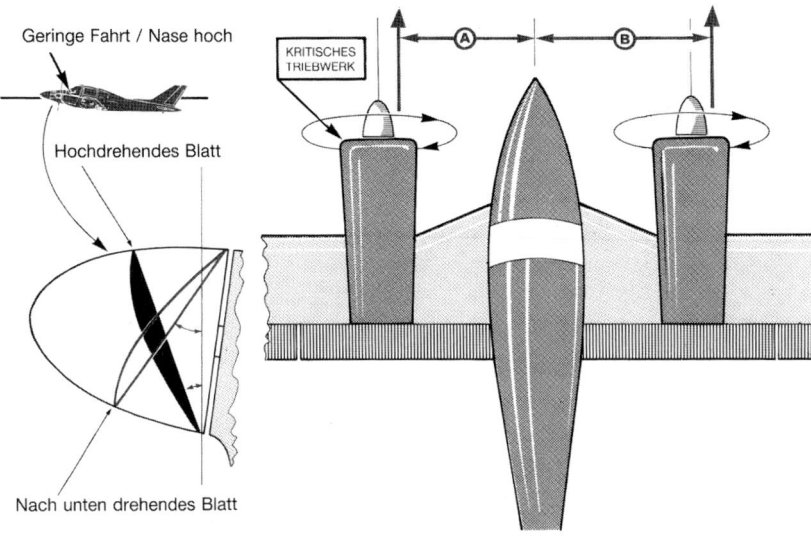

Abb. 33: Kritisches Triebwerk. Die kleinen Zeichnungen links zeigen, wie ein geneigter Propeller-kreis beim nach unten gehenden Blatt einen höheren Anstellwinkel verursacht als beim hoch-drehenden. Deshalb verlagert sich der Angriffspunkt des Schubs im Langsamflug bei hochgezoge-ner Nase nach rechts. Der Hebelarm A ist dann kürzer als Hebelarm B, so daß bei Ausfall des linken Triebwerks der asymmetrische Schub größer ist als bei Ausfall des rechten Triebwerks.

ist als der Hebelarm A, wird das rechte Triebwerk bei Triebwerksausfall ein größeres Giermoment erzeugen als das linke. Folglich wird bei Ausfall des linken Motors ein größeres Giermoment (und damit eine höhere Mindeststeuerge-schwindigkeit) zu erwarten sein als bei Ausfall des rechten Motors. Mit anderen Worten: Bei im Uhrzeigersinn drehenden Propellern ist links das »kritische« Triebwerk.

Es ist nicht immer leicht, eine aussagekräftige Differenz der Mindeststeuerge-schwindigkeit zwischen dem linken und rechten Triebwerk aufzuzeigen, aber über dieses Thema wird auf jeden Fall sehr viel diskutiert. Einige der neueren, populären Twins haben jetzt gegenläufige Propeller, der linke dreht im Uhrzeigersinn, der rechte entgegengesetzt, so daß die Mindeststeuergeschwindigkeit dieselbe ist, egal ob das linke oder das rechte Triebwerk ausfällt.

Die verschiedenen »V«-Definitionen

Das Thema der Mindeststeuergeschwindigkeit wurde seit der Einführung der Jet-Flugzeuge noch komplizierter. Verglichen mit Kolbentriebwerken verbraucht selbst ein relativ wirtschaftliches Fantriebwerk so viel Sprit, daß man glauben könnte, es wäre ein Loch im Tank. Infolgedessen entfällt ein erheblicher Anteil, manchmal mehr als 50 Prozent des Startgewichts einer großen Passagiermaschine auf den Treibstoff. Beispielsweise hatte die vierstrahlige VC 10 beim Start zu einem Langstreckenflug ein Gewicht von 350 000 lb (152 000 kg). Bei der Landung am Zielort dagegen wog die Maschine nur noch 159 000 lb (72 000 kg). Aus der Sicht des Piloten sind dies zwei verschiedene Flugzeuge, und ganz offensichtlich wirken sich solche enormen Gewichtsvariationen erheblich auf die Mindeststeuergeschwindigkeit, aber auch auf alle anderen Geschwindigkeiten sehr stark aus. Um diesen Variablen gerecht zu werden, hat man eine Reihe von Geschwindigkeitsdefinitionen festgelegt, die mehr oder weniger international anerkannt sind.

Viele dieser Geschwindigkeiten sind nur für Flugzeugkonstrukteure und Testpiloten interessant und betreffen den Betrieb von Leichtflugzeugen der General Aviation kaum. Die für die Praxis der Leser dieses Buches wichtigen »V«-Definitionen sind nachfolgend aufgelistet:

V_1 *Entscheidungsgeschwindigkeit beim Start:* Bis zu dieser Geschwindigkeit soll noch genügend Pistenlänge zur Verfügung stehen, um das Flugzeug zum Stehen zu bringen, falls aus irgendeinem Grund der Start abgebrochen werden muß. Ist V_1 überschritten, muß der Start selbst bei Triebwerksausfall fortgesetzt werden.

V_r *Rotationsgeschwindigkeit:* An diesem Punkt soll die Nase angehoben werden, um die richtige Fluglage zum Abheben zu erreichen.

V_2 *Sicherheits-Startgeschwindigkeit:* Das ist im Grunde genommen die Mindeststeuergeschwindigkeit plus einem Sicherheitszuschlag, um folgende

Faktoren zu berücksichtigen, die ein Rolle spielen, wenn während oder
kurz nach dem Start ein Triebwerk ausfällt:

a) Überraschungseffekt;
b) Ausfall des »kritischen« Triebwerks;
c) Fahrwerk ausgefahren, Klappen in Startstellung, Propeller noch im
   Fahrtwind durchdrehend;
d) Pilot mit durchschnittlichem Leistungsvermögen.

Wenn ein Flugzeug V_2 erreicht hat, sollte es möglich sein, Richtung und
Höhe zu halten, während entsprechende Gegenmaßnahmen eingeleitet
werden.

V_{mcg} *Mindeststeuergeschwindigkeit, Boden:* Sollte ein Triebwerk beim Start ausfallen, wenn das Flugzeug noch am Boden rollt, ist dies die Mindestgeschwindigkeit, bei der die Richtung noch gehalten werden kann. Manche
Flugzeuge mit guter Bugradsteuerung können bei jeder Geschwindigkeit
mit dieser Situation fertig werden, vorausgesetzt, das Bugrad hat noch
Bodenkontakt.

V_{mca} *Mindeststeuergeschwindigkeit, Luft:* Dies ist die Mindestgeschwindigkeit,
bei der es möglich ist, nach dem Ausfall des »kritischen« Triebwerks die
Flugrichtung einzuhalten. Es ist allerdings keine Sicherheitsreserve wie bei
V_2 enthalten, so daß diese Geschwindigkeit für die Praxis wenig aussage-
kräftig ist, außer für Demonstrationen bei der Ausbildung auf zweimotorigen Maschinen.

V_{mcl} *Mindeststeuergeschwindigkeit, Landung:* Dies ist die geringste Geschwindigkeit, bei der man die Flugrichtung einhalten kann, wenn nach Ausfall
des »kritischen« Triebwerks in Landekonfiguration Vollgas gegeben wird.
Diese Geschwindigkeit ist auch deshalb wichtig, weil sie in Zusammenhang
steht mit dem einmotorigen Durchstarten (siehe Seite 115).

V_{ne} *Höchstzulässige Geschwindigkeit:* Der Fahrtmesser ist bei dieser Geschwindigkeit mit einer roten Markierung versehen.

V_{no} *Normale Betriebsgeschwindigkeit:* Dies ist die am oberen Ende des am
Fahrtmesser markierten grünen Bereiches. Darüber beginnt der gelbe
Bereich, der beim Durchfliegen von Turbulenzen vermieden werden muß.

V_y *Geschwindigkeit für die beste Steigrate.*

V_{yse} *Geschwindigkeit für die beste Steigrate bei Triebwerksausfall:* Diese Geschwindigkeit sollte auf dem Fahrtmesser mit einer blauen Linie markiert sein.

V_{fe} *Höchstgeschwindigkeit für das Klappenausfahren.*

V_{le} *Höchstgeschwindigkeit für das Fahrwerkausfahren.*

Überladung

Viele Unfälle, in die Zweimot-Piloten verwickelt werden, sind das Ergebnis von Überladung. Die einfachste Lösung für dieses Problem heißt ganz einfach, das Maximalgewicht nicht zu überschreiten, denn die ohnehin recht magere Einmotorensteigrate von leichten Zweimots wird durch Überladung restlos vernichtet.

Nullschub

In früheren Zeiten wurde beim Training von Triebwerksausfällen und Einmotorenlandungen ein Motor völlig gestoppt. Dabei passierten aber leider zu oft Unfälle, so daß heute von den meisten Luftfahrtbehörden vom Stillegen eines Motors unter einer Mindesthöhe beim Training abgeraten wird. Die Mindesthöhe über Grund für das Stillegen eines Motors liegt für die meisten Twins bei 3000 ft. Unter dieser Höhe sollte man zur Simulation eines Triebwerksausfalls nur den Nullschub benutzen, und in den Handbüchern ist für diese Motoreinstellung oft der entsprechende Ladedruck angegeben. Normalerweise liegt dieser Wert bei etwa 11 bis 12 inches, aber man kann die Nullschubeinstellung mit folgender Methode auch leicht selbst ermitteln:

1. Oberhalb der Mindesthöhe für den Triebwerksstop wird der Motor stillgelegt und der Propeller in Segelstellung gebracht.

2. Das Seitenruder wird so ausgetrimmt, daß bei losgelassenen Pedalen die Kugel in der Mitte bleibt.

3. Mit dieser Trimmstellung das stillgelegte Triebwerk wieder anlassen.

4. Die Leistung dieses Triebwerks langsam nachregeln, bis die Kugel wieder in der Mitte steht, wobei die Pedale nicht berührt werden.

5. Den Ladedruck des »toten« Triebwerks für künftige Fälle notieren, denn das ist die korrekte Nullschub-Einstellung.

Das Beherrschen des Triebwerksausfalls

Es gibt natürlich bestimmte Flugzustände, in denen ein Triebwerksausfall kritischer ist als in anderen. Wenn beispielsweise ein Motor in sicherer Reiseflughöhe seinen Dienst quittiert, hat man normalerweise Zeit genug, um alle Möglichkeiten durchzuspielen und zu versuchen, den Motor wieder anzulassen. Aber wenn ein Triebwerk mit unangenehmen Geräuschen kurz nach dem Abheben stehenbleibt, ist das eine andere Sache, und man ist zu höchster Konzentration gezwungen.

Natürlich wäre es besser, wenn solche dramatischen Augenblicke ganz vermieden werden könnten, und hier sind wir wieder beim Thema Vorflugkontrolle und Triebwerkchecks (Seiten 32 bis 38). Eine zunehmend zu beobachtende Fehlerquelle ist das unkorrekte Nachtanken, vor allem seitdem die Turbinenflugzeuge immer häufiger werden und Avgas in bestimmten Gebieten nur schwer erhältlich ist. Es hat schon viel zu viele Fälle gegeben, als Kolbenmotorenflugzeuge irrtümlich mit Turbinentreibstoff (Avtur) betankt wurden, und in jedem dieser Fälle hat das Flugzeug beim Start mit totalem Motorausfall reagiert. Wer auch immer den falschen Kraftstoff getankt hat, war ein sträflich leichtsinniger Idiot, aber trotzdem bleibt der Pilot selbst verantwortlich dafür, daß der richtige Kraftstoff in ausreichender Menge in die richtigen Tanks gefüllt wird. Bei manchen Flugzeugtypen sind die Tiptanks die Zusatztanks, bei anderen aber sind sie die Haupttanks, also heißt es genau aufpassen: Sagen Sie dem Tankwart ganz exakt, was Sie wollen, wieviel Sie wollen und welche Tanks gefüllt werden sollen. Wenn Sie nicht persönlich den Tankvorgang überwachen können, dann checken Sie auf jeden Fall die Tanks, wenn Sie wieder zum Flugzeug zurückkommen.

Vor dem Abheben

Angenommen, Sie haben alle lebenswichtigen Vorflugkontrollen und Triebwerkchecks sorgfältig durchgeführt, rollen los und plötzlich bleibt unterhalb V_{mca} ein Motor stehen. Dann wenden Sie folgende Verfahren an:

1. Richtung halten, wenn nötig mit den Bremsen die Bugradsteuerung unterstützen.

2. Beide Gashebel zurücknehmen.

3. Beide Gemischhebel auf »Abstellen«, Zündung ausschalten, Brandhahn schließen.

4. Falls die Gefahr besteht, daß die Maschine die Piste überrollt, am besten absichtlich seitwärts ins Gras rollen, Kollisionen mit Hindernissen wie Befeuerungen etc. vermeiden.

Nach dem Abheben

Für große Flugzeuge findet man die Werte für V_1, V_r und V_2 in den Leistungsdiagrammen, die auch die Startbahnlänge, die Platzhöhe, den Pistenbelag, die Bahnneigung, die Temperatur, den Wind und das Flugzeuggewicht berücksichtigen. Flugzeuge mit 12500 lb (5700 kg) oder weniger Gewicht müssen diese Verfahren nicht einhalten, aber das Handbuch empfiehlt auf jeden Fall eine bestimmte Abhebegeschwindigkeit. Das wird zumindest der V_{mca} entsprechen, und anschließend folgt dann die Anfangssteiggeschwindigkeit. Damit ist sichergestellt, daß das Flugzeug steuerbar bleibt, wenn in diesem ungünstigen Moment ein Triebwerk ausfällt.

Hat man nun auf mindestens V_{mca} (vielleicht mit einem Sicherheitszuschlag von 5 Knoten) beschleunigt, abgehoben und die blaue Linie am Fahrtmesser erreicht (bestes Steigen bei Motorausfall) und es bleibt jetzt ein Triebwerk stehen, dann verfährt man wie folgt (Abb. 34):

1. Sofort dem Gieren mit dem Seitenruder entgegenwirken, und wenn nötig mit dem Querruder etwas nachhelfen.

2. Gleichzeitig die Maschine in horizontale Fluglage drücken. Es ist ein sehr häufiger Fehler, zu lange in Steigfluglage zu bleiben, während das ausgefallene Triebwerk noch im Fahrtwind durchdreht und der Fahrtmesser in den Keller

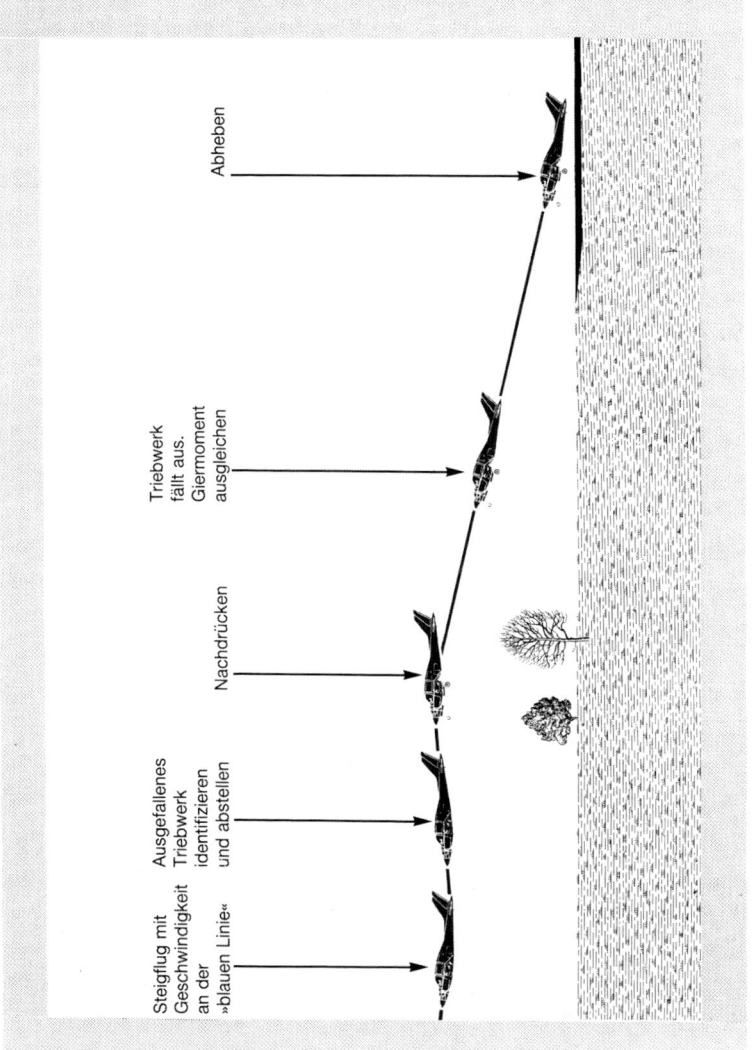

Abb. 34: Triebwerksausfall nach dem Start bei einem zweimotorigen Flugzeug.

fällt. Selbst wenn man etwas an Höhe verliert, ist es lebenswichtig, die Fahrt zu halten und das Seitenruder wirksam bleiben zu lassen.

3. Das ausgefallene Triebwerk identifizieren: Es ist auf derjenigen Seite, auf der Sie nicht im Ruder stehen. Bewußt den Gashebel dieses Motors bewegen, um nochmal sicherzugehen, daß es sich um das ausgefallene Triebwerk handelt, dann das Gas herausnehmen: Der andere Motor muß dabei weiterlaufen, stellen Sie sicher, daß Sie nicht den falschen Hebel erwischt haben. Dann wird der Propeller in Segelstellung gefahren. Wenn man in dieser Reihenfolge vorgeht, verhindert man, daß das laufende Triebwerk irrtümlich abgestellt wird. Zuletzt wird der Gemischhebel auf Abstellen gezogen.

4. Mit der Geschwindigkeit für bestes Einmot-Steigen (blaue Linie am Fahrtmesser) weiterfliegen, soviel wie nötig trimmen und der Flugsicherung mitteilen, daß Sie ein Problem haben und zur Landung zurückkehren.

Während der anschließenden Platzrunde sollte man die Temperaturen und Drücke des laufenden Motors genau überwachen. Behandeln Sie diesen Motor jetzt sehr sorgsam, er muß Sie heil zur Landebahn zurückbringen. Überhitzung kann man durch Öffnen der Kühlluftklappen (falls vorhanden) vermeiden.

Während des Reiseflugs

In früheren Zeiten, als nur sehr wenige Twins mit einem Motor zufriedenstellend fliegen konnten, war keine Zeit zu verlieren, wenn die halbe Leistung nicht mehr verfügbar war. Heutige leichte Twins mit relativ geringer Motorleistung halten unter normalen Umständen auch mit einem Triebwerk die Höhe, wobei natürlich die Einmotoren-Gipfelhöhe niedriger ist als bei zwei laufenden Motoren. Wenn also in einem modernen Twin im Reiseflug ein Triebwerk stehenbleibt, hat man ausreichend Zeit zum Überlegen und zur Fehlersuche. Es kann durchaus möglich sein, daß man den widerspenstigen Motor wieder zum Laufen bringt. Der Notfall sollte unter zwei Gesichtspunkten angegangen werden: Erstens die Sofortmaßnahmen, um die Kontrolle über die Maschine zu behalten und die Situation zu überblicken, und erst dann die Folgeaktionen, die darauf abzielen, das Flugzeug sicher zum nächstmöglichen Flugplatz zu fliegen. Ähnlich wie bei Triebwerksausfall im Start, gehört ein Triebwerksausfall im

Reiseflug zu denjenigen Situationen, wo Checklisten zunächst wenig Sinn haben. Man ist zu sehr damit beschäftigt, die Situation unter Kontrolle zu bringen, als daß man langwierig herumblättern könnte. Auf jeden Fall sollte man die Liste als Sicherheitscheck benutzen, nachdem man das Problem im Griff hat, aber die ersten Reaktionen auf einen plötzlichen Motorausfall müssen ganz automatisch sitzen. Das muß man immer wieder üben und rekapitulieren, und eine der besten Methoden wird nachfolgend beschrieben:

1. Mit dem Seitenruder dem Giermoment entgegenwirken, nötigenfalls mit Querruderunterstützung.

2. Korrekte Geschwindigkeit für Einmotorenflug einhalten.

3. Das ausgefallene Triebwerk identifizieren (immer auf der Seite, die dem Seitenruderausschlag entgegengesetzt ist).

4. Entscheiden, ob der Propeller auf Segelstellung gefahren wird oder nicht. Wenn der Motor häßliche Geräusche von sich gibt, oder Öl verliert, oder eine Rauchfahne nachzieht, dann wird man ihn nicht mehr starten können, er muß sofort völlig abgestellt werden. Wenn jedoch der Propeller geräuschlos im Fahrtwind durchdreht, kann man versuchen, den Motor wieder anzulassen.

5. Leistung des aktiven Motors erhöhen, um keine Höhe zu verlieren.

6. Ursachen des Motorausfalls suchen:
   – Zündung ein
   – Vergaservorwärmung ein
   – Gemischhebel auf »reich«
   – Kraftstoffdruck normal, wenn nein –
   – elektrische Hilfspumpe ein (die mechanische Pumpe könnte defekt sein).
   Gas zunächst zurücknehmen und dann langsam wieder nach vorne schieben, um zu prüfen, ob der Motor eventuell doch wieder Gas annimmt. Falls dies nicht der Fall sein sollte, folgt –

7. Segelstellung. Absichtlich zunächst den Gashebel des ausgefallenen Triebwerks etwas drücken, dann langsam zurücknehmen (dabei nochmals checken, ob das aktive Triebwerk weiterläuft). Propeller in Segelstellung fahren, Gemisch auf Abstellen und Zündung abschalten.

Diese Sofortmaßnahmen erfordern weniger als 30 Sekunden.
Und jetzt zum zweiten Teil des Verfahrens:

1. Funktion von Vakuumanlage und Elektrik absichern. Alle nicht unbedingt nötigen elektrischen Verbraucher abschalten, um den verbleibenden Generator nicht zu überlasten.

2. Tanks entsprechend umschalten. Liegt ein Flugplatz in der Nähe, dann sollte man alles beim alten belassen. Auf Crossfeed sollte man nur dann umschalten, wenn man genau weiß, wie das geht – für Herumprobieren ist keine Zeit.

3. Alle Fenster und – soweit vorhanden – Kühlluftklappen schließen; Überprüfen, ob die Klappen voll eingefahren sind. Es darf keinen überflüssigen Widerstand geben. Falls eine Klimaanlage installiert ist, muß man auf diesen Luxus jetzt verzichten, denn bei Betrieb der Anlage hängt der Wärmetauscher mit viel Widerstand im Luftstrom, und das noch laufende Triebwerk hat ohnedies schon Schwerarbeit zu leisten. Auch die Trimmung sollte möglichst korrekt eingestellt werden, weil man sonst mit Steuerkorrekturen zuviel Widerstand erzeugt.

4. Flugplan ändern und Flugsicherung über die Situation unterrichten.

Wenn alle diese Punkte abgehakt sind, ist ein sicherer Einmotorenflug eingeleitet, und man braucht jetzt nur noch in die Platzrunde einzufliegen und die Landung vorzubereiten.

Die asymmetrische Landung

Während des Anflugs zum Flugplatz checkt man immer wieder die Temperaturen und Drücke des laufenden Motors. Auf keinen Fall darf man die Ablesewerte zu hoch wandern lassen. Unterrichten Sie den Flugplatz darüber, daß Sie einen Motorausfall haben, so daß andere Piloten gewarnt und aus der Platzrunde geschickt werden können.
Jetzt plant man bereits die Platzrunde vor, denn man muß in Gedanken dem Flugzeug immer ein Stück voraus sein. Alle Checks sollten sehr frühzeitig

durchgeführt und die Platzrunde so groß angelegt werden, daß genügend Zeit für Überlegung und Reaktion bleibt. Unter dem Druck, möglichst schnell festen Boden unter den Füßen zu haben, neigen viele Piloten zur Übereilung, sie überschießen im Einkurven zum Endteil die verlängerte Centreline und erreichen dann keinen stabilisierten Anflug. Man sollte also die Platzrunde etwas weiter ausfliegen als normal. Dabei verfährt man wie folgt (Abb. 35):

1. Platzrunde vorausplanen und an geeigneter Stelle anfliegen (in unserem Beispiel im Gegenanflugteil).

2. Checks durchführen; falls der Flugzeugtyp jedoch bei ausgefahrenem Fahrwerk eine schwache Einmot-Leistung hat, sollte man diesen Punkt hinauszögern bis kurz vor dem Eindrehen zum Queranflug. Die Checks darf man nicht halb durchführen (»Fahrwerk – das hole ich später 'raus«), denn später vergißt man dies leicht.

3. Temperaturen und Drücke des laufenden Motors überprüfen. Falls auch der Ausfall des zweiten Triebwerks droht, informieren Sie den Tower und bereiten Sie einen verkürzten Anflug aus der Kurve vor. Es können dabei viele Variable auftreten, so daß man in diesem Buch keine exakten Empfehlungen geben kann, aber es handelt sich hier um eine derjenigen Situationen, bei denen sich die Spreu vom Weizen trennt.

4. Eindrehen in den Queranflugteil, dann die Klappen halb ausfahren.

5. Vorsichtig in den Endteil eindrehen.

6. Abdrift korrigieren und Gleitpfad stabilisieren. Der Endanflug sollte etwas höher als üblich erfolgen, so daß man nicht zuviel Motorleistung braucht. Fahrt überprüfen und entsprechend nachtrimmen.

7. In Entscheidungshöhe (500ft. bei den meisten leichten Twins, genaue Angaben aus Handbuch entnehmen).

8. Nach dem Abfangen darauf gefaßt sein, daß das Flugzeug beim Gaswegnehmen in Richtung des laufenden Triebwerks wegdrehen will.

Nach einer geglückten Landung überprüfen, ob das Flugzeug mit einem Motor

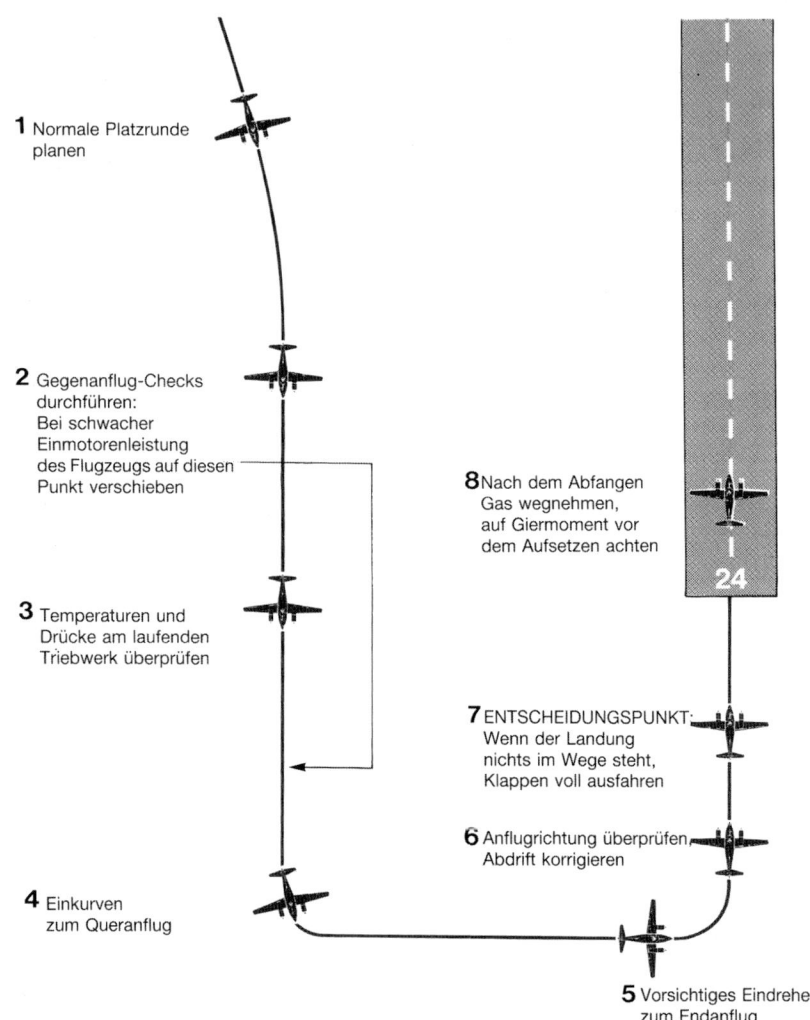

1 Normale Platzrunde
planen

2 Gegenanflug-Checks
durchführen:
Bei schwacher
Einmotorenleistung
des Flugzeugs auf diesen
Punkt verschieben

8 Nach dem Abfangen
Gas wegnehmen,
auf Giermoment vor
dem Aufsetzen achten

3 Temperaturen und
Drücke am laufenden
Triebwerk überprüfen

7 ENTSCHEIDUNGSPUNKT:
Wenn der Landung
nichts im Wege steht,
Klappen voll ausfahren

6 Anflugrichtung überprüfen,
Abdrift korrigieren

4 Einkurven
zum Queranflug

5 Vorsichtiges Eindrehen
zum Endanflug

Abb. 35: Platzrunde und Landung mit ausgefallenem Triebwerk.

gerollt werden kann, um nicht manövrierunfähig zu sein. Es wäre schade, wenn die Maschine zuletzt noch am Boden einen Schaden davontragen würde.

Asymmetrisches Durchstarten

Ein Durchstartmanöver mit ausgefallenem Triebwerk ist natürlich nicht das Ende der Welt, aber man sollte dies, wann immer möglich, zu vermeiden suchen. Wenn man im Anflug – mit Klappen und Fahrwerk ausgefahren – feststellen muß, daß eine Landung nicht möglich ist, muß Vollgas gegeben, Klappen und Fahrwerk eingefahren und der Übergang vom Sink- zum Steigflug eingeleitet werden. All dies braucht seine Zeit, und in der beschriebenen Situation bedeutet dies einen Höhenverlust – daher die Festlegung einer Entscheidungshöhe, unter der man unbedingt die Landung fortsetzen muß.

Die Gefahren eines Anflugs bei einer Geschwindigkeit unter V_{mcl} sind offensichtlich. Gibt man Vollgas, kann man das daraus resultierende Giermoment nicht mehr aussteuern. In den meisten Flugzeugen entspricht die blaue Linie am Fahrtmesser der V_{mcl} plus einem kleinen Sicherheitszuschlag, und deshalb darf man bei einer Einmotlandung keinesfalls unter dieser Geschwindigkeit fliegen.

Die Gründe für ein Einmot-Durchstartmanöver können sowohl beim Piloten liegen (zu hoher oder zu schneller Anflug, oder Verfehlen der Centreline), oder irgendein Superpilot da unten ist auf die Bahn gerollt in der irrigen Annahme, er könnte schnell genug herausstarten. Wie auch immer, wenn ein Durchstartmanöver unvermeidlich ist, sollte man wie folgt verfahren:

1. Überprüfen, ob man nicht schon unterhalb der Entscheidungshöhe fliegt.

2. Fahrtmesser überprüfen. Sackt man unter die blaue Linie, sofort etwas nachdrücken, selbst wenn damit ein gewisser Höhenverlust verbunden ist.

3. Triebwerk auf Vollgasleistung.

4. Giermoment mit Seitenruder ausgleichen, wenn nötig mit Unterstützung des Querruders.

5. Fahrwerk einfahren.

6. Klappen einfahren. In Flugzeugen mit ungünstigen Lastigkeitsveränderungen

sollte man dies schrittweise tun und immer wieder entsprechend nachtrimmen.

7. Vorsichtig in den Steigflug übergehen, aber unbedingt darauf achten, daß die
   blaue Linie nicht überschritten wird.

8. Steigflug geradeaus fortsetzen und dabei die Temperaturen und Drücke des
   laufenden Triebwerks sorgfältig beobachten. Man sollte sich in dieser Situation nicht darauf verlassen, daß der Motor Vollgasleistung verträgt.

9. In sicherer Höhe in Horizontalflug übergehen und Platzrunde für neuen
   Landeversuch abfliegen.

Es gibt unterschiedliche Meinungen darüber, was man bei Motorausfall im Start
oder im Landeanflug zuerst tun soll. Der im Fahrtwind drehende Propeller
erzeugt Widerstand, und der asymmetrische Schub drängt das Flugzeug in den
Spiralsturz – also muß zuallererst der Propeller auf Segelstellung gefahren
werden. Das Fahrwerk und die Klappen sind erst nachher dran.
Nach all diesen Ausführungen darf man jedoch nicht vergessen, daß die modernen leichten Twins grundsätzlich sichere Flugzeuge sind, und die Gefahren
entstehen meist nur durch unfähige Piloten.

7. Das Vermeiden von Schlechtwetter-Unfällen

Wettereinflüsse wurden zur häufigsten Ursache schwerer Unfälle in der Luftfahrt. Bemerkenswert ist die Tatsache, daß der Anstieg der Schlechtwetterunfälle nicht auf bestimmte Länder mit ungünstigen Wetterbedingungen oder mit mangelnden Radionavigationshilfen beschränkt ist. Das Phänomen betrifft Deutschland genauso wie Südafrika, Großbritannien, Australien oder die USA.

Eigentlich sollte man annehmen, daß heutzutage weniger Piloten durch Schlechtwetterlagen zu Tode kommen dürften als früher, denn selbst die kleinsten Leichtflugzeuge sind mit Funknavigationshilfen ausgestattet, manche entsprechen gar dem Airline-Standard. Natürlich ist weltweit auch die Anzahl von Piloten erheblich gewachsen, aber es bleibt doch die alarmierende Tatsache, daß der Anteil der Schlechtwetterunfälle in vielen Ländern deutlich gestiegen ist. Wir stehen also vor einem Widerspruch: Einerseits sind die Leichtflugzeuge heute besser ausgerüstet und zuverlässiger als je zuvor, während andererseits die Unfallrate, bezogen auf die Flugstunden, höher liegt als in den Zeiten, als die Funknavigation nur eine Sache der Airline-Piloten war, ein Luxus außerhalb der Möglichkeiten von Einmot-Piloten, und selbst viele Zweimots waren damals kaum so komplett instrumentiert wie heute.

Ein Teil der Problematik ist wohl in der Perfektion moderner Avioniksysteme zu suchen. Im Laufe der Zeit, als die Schlechtwetterunfälle auf die heutigen alarmierenden Proportionen anstiegen, wurden die Piloten immer nachlässiger bezüglich niedriger Wolken, reduzierter Sicht und auch sogar gegenüber Vereisungsrisiken. Sollten sie nicht die Instrumente gegen all dies schützen? Sicher, die Geräte sind nützlich, zuverlässig und leicht zu bedienen. Aber hier kommen wir wieder zu den harten Tatsachen des Lebens: Ein Flugzeug kann noch so vollgepackt sein mit Navigationsgeräten und Vereisungsschutzanlagen – wenn der Pilot nicht richtig damit umgehen kann, sollte er besser mit der Eisenbahn fahren.

Manche Leute erwarten einfach zu viel von ihrem Flugzeug. Bei Nebel und Sturm mögen der Land- und Seeverkehr zusammenbrechen, von Flugzeugen dagegen, ob groß oder klein, erwartet man, daß sie bei jedem Sauwetter fliegen sollen. In vielen Punkten ist ein Flugzeug aber anfälliger gegen schlechtes Wetter als andere Transportmittel. Es ist schnell, kann nicht anhalten, und seine freie Beweglichkeit im Raum, unter normalen Umständen ein Vorteil, wird zur Belastung, wenn die Sichtreferenzen so lange verschwinden, bis der Pilot sehr nahe am Boden fliegt. Und in diesem Moment könnte der erste Sichtkontakt zur bösen Überraschung werden – es ist dann viel zu spät für Korrekturmaßnahmen. Die verschiedenen, auf Seite 16 aufgeführten menschlichen Problemfaktoren tragen zu diesen Schlechtwetterunfällen bei, aber die tiefste Ursache liegt meist in Selbstüberschätzung und im Unvermögen, entstanden aus mangelndem Wissen.

In Großbritannien wurde bei einer Untersuchung festgestellt, daß im Laufe von zehn Jahren mehr als 33 % aller tödlichen Unfälle auf Wettereinflüsse zurückzuführen waren, und dieser Anteil steigt noch weiter an. Nur einer dieser Unfälle geschah beim Start und einige wenige bei der Landung. Die Mehrzahl (nämlich 67 %) ereigneten sich auf dem Streckenflug. In mehr als der Hälfte dieser Fälle stürzten die Flugzeuge auf Terrain ab, das höher lag als die Umgebung. Die Unfallberichte sprechen durchweg davon, daß die Wetterbedingungen unter den VFR-Minima lagen. Da nur ein Pilot in der Startphase verunglückte, scheint es so, daß die meisten wohl nicht freiwillig bei ungünstigen Wetterlagen aufbrechen. Vielmehr geht daraus klar hervor, daß die Piloten von den Ereignissen überrollt wurden und dann bei verschlechterten Wetterbedingungen weiterflogen, obwohl ihnen der gesunde Menschenverstand zum Ausweichen oder Umkehren hätte raten müssen. Wenn man diese Unfallberichte, die wohl in den meisten Ländern sehr ähnlich aussehen, genauer unter die Lupe nimmt, stellen sich folgende Faktoren heraus:

1. Keine Wettervorhersagen für die Strecke und den Zielflugplatz eingeholt.

2. Keine Flugvorbereitung durchgeführt.

3. Unfähigkeit, sich aus Wetterberichten ein Bild der zu erwartenden Flugbedingungen zu machen.

4. Wenig Verständnis des Begriffs der Mindestsicherheitshöhe.

5. Abneigung zum Umkehren, wenn die Sichtverhältnisse schlechter werden und der Pilot keine IFR-Qualifikation hat.

6. Versuche durch die Wolken zu steigen von Piloten ohne IFR-Qualifikation.

7. Wenig Kenntnisse über die Hilfsmittel, die zur Vermeidung von Schlechtwettergebieten zur Verfügung stehen.

8. Der Zwang, zum Ziel durchzukommen, der angesichts offensichtlicher Gefahren alle Vorsichtsregeln überspielt.

9. Ungenügende Kenntnis der Vereisungsgefahren und ihrer Risiken für Zelle, Triebwerk, Funkanlage und Instrumente.

10. Falsche Anwendung der Funknavigationsgeräte.

11. Mißachtung der Abwindeffekte in bergigen Regionen.

12. Ungenügender Sicherheitsabstand von Gewittern.

Manche dieser Faktoren wurden bereits in vorangegangenen Kapiteln erwähnt, andere sind selbstverständlich, aber über einige sollte man sich doch etwas ausführlichere Gedanken machen.

Wie man einen Wetterbericht interpretiert

Über Meteorologie gibt es einige sehr gute Bücher, so daß hier nicht auf die Grundlagen der Wetterkunde eingegangen werden soll. Vielmehr soll es darum gehen, wie die Piloten ihre Navigationsgeräte und andere Hilfen zu ihrer eigenen Sicherheit nutzen können. Zunächst also ein Wort über die Bewertung eines Wetterberichtes. Die meisten Staaten haben einen eigenen Wetterdienst, und die entsprechenden Informationen sind, mit geringen Abweichungen, weltweit ein-

Über den Wolken: Der Blick auf die Wolkenformationen vermittelt dem Piloten eine wertvolle Voraus-Information über eventuelle Wetteränderungen.

heitlich. Man bekommt dieselbe Art der Karten und Ausdrücke, ganz gleich ob in Deutschland, Frankreich und Belgien, oder in Detroit und London. An diesem Punkt könnten beim Leser folgende Fragen auftauchen:

1. Kann ich eine Übersichtskarte lesen und verstehen?

2. Teleprinter spucken eine Zeile nach der anderen mit Buchstaben und Ziffern aus, – wie kann ich diese lebenswichtigen Informationen interpretieren?

3. Was ist der Unterschied zwischen Flughafen-Wettervorhersagen, Gebietswettervorhersagen, Streckenwettervorhersagen, Wetterfunksendungen (Volmets) und der Wetterberatung über automatische Anrufbeantworter (GAFOR)?

4. Kann ich die Bedeutung der Temperatur und ihrer Beziehung zum Taupunkt richtig einschätzen?

5. Verstehe ich, was es mit den Frostgrenzen auf sich hat?

6. Weiß ich, wie man Wetterinformationen bekommt?

7. Wenn ich die Teleprinter-Ausdrücke entziffert habe, was kann ich dann mit diesen Informationen anfangen?

Wenn Sie nicht in der Lage sind, die Fragen 1 bis 6 zu beantworten, dann sollten Sie schleunigst ein gutes Fachbuch zu Rate ziehen. Die Frage 7 wird allerdings nicht in allen Meteorologiebüchern behandelt, so daß nachfolgend einige Ausführungen dazu gemacht werden sollen.

Wolkenuntergrenze

Auf Flugplätzen mit guten ILS-Anlagen setzen die Fluggesellschaften für ihre Piloten ein Limit von 200 ft. Liegt die Wolkenuntergrenze tiefer, müssen sie einen Ausweichflughafen anfliegen, es sei denn, das Flugzeug ist mit automatischen Landehilfen ausgestattet. Piloten von Leichtflugzeugen der Allgemeinen Luftfahrt, die keine IFR-Qualifikation haben, müssen allerdings eine wesentlich höhere Wolkenuntergrenze beachten. Der genaue Wert allerdings variiert von einem Land zum anderen. In Großbritannien beispielsweise dürfen Piloten mit einfachem PPL nicht mehr starten, wenn die Wolkenuntergrenze tiefer als 1000 ft liegt. Aber angenommen, während des Fluges verschlechtert sich das Wetter am geplanten Zielflugplatz, und man erhält von dort eine Wolkenuntergrenze von 600 ft, was bedeutet dies? Offensichtlich ist der Himmel dort bedeckt, aber was hat es mit diesen 600 ft auf sich? Es bedeutet, daß man in der Platzrunde bestenfalls 500 ft über Grund fliegen kann, wenn man Sichtkontakt zum Boden behalten will. Der leichteste Zug am Höhensteuer bringt die Maschine in wenigen Sekunden in die Wolken, und die Höhe über dem Platz verliert an Bedeutung, wenn in der Umgebung auch nur niedrige Hügel, Hochspannungsleitungen oder Industrieschornsteine stehen. Bei guten Sichtverhältnissen kann ein erfahrener Pilot mit dieser Situation fertig werden. Sobald Dunst oder Nebel zu einer niedrigen Wolkenuntergrenze kommen, wird es wichtig, daß man nach Radar- oder Sprechfunkführung mit Instrumenten fliegen kann. In 500 ft über Grund hat man nur ganze 350 ft Hindernisfreiheit, wenn ein 150 ft hoher Schornstein im Wege steht. Man stelle sich einen Piloten vor, der in schwierigem Wetter nicht genau seine Höhe halten kann und halte sich – bei einer Ausgangshöhe von 350 ft – folgende Zahlen vor Augen:

Sinkrate	*Sinkflugdauer durch 350 ft*
500 ft/min	42 s
750 ft/min	28 s
1000 ft/min	21 s
1250 ft/min	16,8 s
1500 ft/min	14 s
2000 ft/min	10,5 s

Man mag einwenden, daß eine Sinkrate von 2000 ft/min unrealistisch ist. Aber wenn unerfahrene Piloten ohne die nötigen Fähigkeiten versuchen, nach Instrumenten zu fliegen, dann können solche Sinkraten ohne weiteres auftreten. Und zehn Sekunden vergehen sehr schnell (Abb. 36 verdeutlicht diese Situation).

Man kann grundsätzlich eine Wolkenuntergrenze akzeptieren, die unter den normalen Werten liegt, wenn man entsprechende Fähigkeiten hat. Aber dabei muß man folgende Faktoren im Auge behalten:

1. Die Sicht, denn davon hängt es ab, ob man nach optischen Bezugspunkten

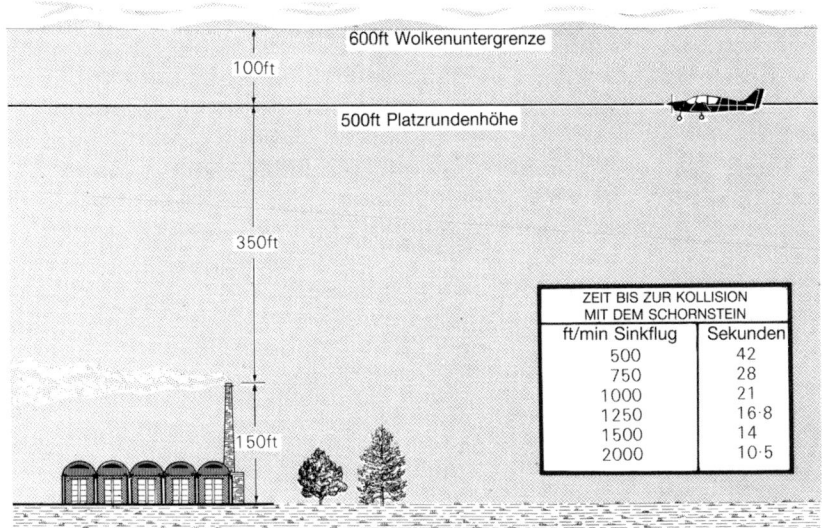

Abb. 36: Kollisionsgefahren beim Fliegen unter einer niedrigen Wolkendecke. Die Zahlen in der Tabelle geben die Anzahl an Sekunden an, die bis zur Kollision mit dem Schornstein vergehen. Diese Zeit hängt natürlich von der Sinkrate ab.

fliegen kann. Und auch die Fähigkeit, Hinternissen auszuweichen, wird durch die Sichtverhältnisse bestimmt.

2. Die Hindernisse in oder in der Nähe der Platzrunde.

3. Die verfügbaren Funknavigationshilfen und die Fähigkeit zu deren Anwendung.

Die Sicht

In diesem Buch wird viel von professionellem Fliegen gesprochen, aber man muß zugeben, daß die Profis der Luftfahrt für eine reichlich unordentliche Situation gesorgt haben. Denn wir schlagen uns leider mit verschiedensten Dimensionen herum: Die Geschwindigkeit wird in Knoten angegeben, die Höhe in Fuß, das

Gewicht in Kilogramm und die Sicht in Kilometern. Wenn also die Wetterberatung eine Sicht von zwei Kilometern verspricht, dann gibt es dafür keinerlei
Beziehung zum Fahrtmesser. Ein amerikanischer, kanadischer oder britischer
Pilot hilft sich damit, daß dieser Wert »etwas mehr« als 2000 yards sind. In der
Tat entsprechen zwei Kilometer der Länge einer guten, wenn auch nicht gerade
üppigen Landebahn. Die meisten Airline-Piloten werden von ihrer Gesellschaft
limitiert auf eine Landebahnsicht von nicht unter 600 m (abgesehen von Flugzeugen mit automatischem Landesystem). Aber bevor man anfliegen und landen
kann, muß man den Zielflugplatz erst gefunden haben, und Piloten ohne IFR-
Qualifikation müssen ihren Weg mit Sichtreferenzen finden. Natürlich werden
die Sichtlimits beeinflußt von der Flughöhe, so daß man in Wirklichkeit an der
Schrägsicht interessiert ist. Mit anderen Worten: In 5000 ft Höhe kann man bei
2 km Sicht nur wenig mehr als die Hälfte dieser Distanz vor dem Flugzeug
erkennen (Abb. 37), Bodenmerkmale sind also erst etwa 1295 m vorauszusehen.
Wieviel Zeit vergeht, bevor dieses Bodenmerkmal überflogen wird und damit
nicht mehr zu sehen ist?

Geschwindigkeit über Grund	*Flugzeit über 1295 m*
110 kt	22,87 s
130 kt	19,35 s
150 kt	16,77 s
170 kt	14,8 s
190 kt	13,24 s

Liegt die Sicht bei nur 1 km, verbleibt mir die Hälfte dieser Zeit, um Bodenmerkmale zu sehen und zu identifizieren. Bei reduzierten Sichtverhältnissen ist es also
zu empfehlen, die Fahrt zu vermindern – es sei denn, man ist in der Lage, nach
Instrumenten zu fliegen und die Funknavigationshilfen zu nutzen. Die Sicht nach
vorne läßt sich verbessern, wenn man bei reduzierter Fahrt die Klappen etwas
ausfährt. Dann liegt die Nase tiefer, und die zum Überwinden des Widerstands
nötige zusätzliche Motorleistung erhöht die Wirksamkeit der Leitwerks-Steuer-
flächen.

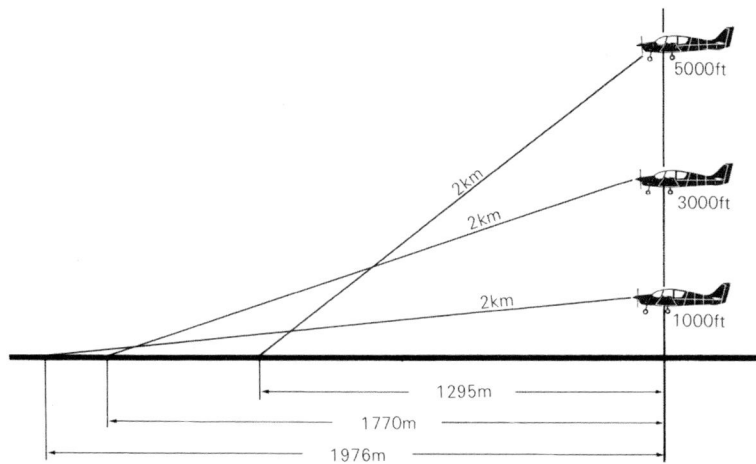

Abb. 37: Auswirkung der Flughöhe auf die Sicht zum Boden (um die Situation zu verdeutlichen, sind die Flughöhe und die Horizontalsicht nicht im gleichen Maßstab gezeichnet.)

Beurteilung der Wetterberichte

Es ist zunächst sehr wichtig, daß man Übersichtskarten lesen und die verschiedenen Symbole verstehen kann. Bei der Flugvorbereitung sind folgende Punkte besonders wichtig:

1. Windgeschwindigkeit und -richtung, denn davon hängen Reichweite und Flugzeit ab.

2. Besondere Wettersituationen, wie Gewitter, Schnee, Hagel etc.

3. Lage und Bewegung von Frontensystemen. Wolken in Warmfronten sinken ab und steigern ihre vertikale Ausdehnung, wenn sie sich der auf der Karte eingezeichneten Linie nähern. Außerdem erstrecken sich die Nimbostratuswolken, die entlang der Front eine Linie bilden, oft von Bodennähe bis in Höhen von 12000 bis 14000 ft, so daß man beim Durchqueren einer Warmfront unbedingt IFR fliegen muß. Bei Kaltfronten ist dies anders. Sie bestehen

aus einzelnen Cumuluswolken, die sich etwa 50 nautische Meilen hinter der Front ausbreiten. Meist kann man durch die Lücken hindurchfliegen, aber unter allen Umständen muß man Gewitterzonen vermeiden.

4. Temperatur und Taupunkt. Für Seeleute ist die Wetterkunde sehr wichtig – für Piloten aber lebensentscheidend, selbst für Amateurpiloten (in Punkt 6 auf Seite 23 war bereits vom Strahlungsnebel die Rede).

5. Frostgrenze und Vereisungsgefahr. Diesem Thema muß ein besonderer Abschnitt gewidmet werden.

Vereisung an Zelle und Triebwerk

Man kann ein Flugzeug mit allen erdenklichen Funknavigationshilfen vollpacken und als Pilot die besten Qualifikationen haben, aber wenn das Flugzeug keine Enteisungsanlage hat, wäre es der Gipfel an Dummheit, in Gebiete mit bekannten Vereisungsbedingungen zu fliegen. Wenn die Strecke unter dem Regengebiet einer Warmfront hindurchführt und die Temperatur an oder unter der Frostgrenze liegt, dann sollte man sehr vorsichtig sein – diese Umgebungsbedingungen sind ideal für die Eisbildung an der Zelle. Und wenn man Cumuluswolken durchfliegen muß, sollte man sorgfältig auf die Außentemperatur achten. Große Regentropfen können in flüssigem Zustand selbst dann existieren, wenn die Temperatur einige Grade unter dem Nullpunkt liegt. Beim Aufschlag auf die Vorderkanten von Flügel und Leitwerk allerdings gefrieren diese unterkühlten Tropfen sofort. Das Anwachsen dieses Klareises geschieht gefährlich schnell, denn es vergeht nur wenig mehr Zeit als beim Lesen dieser Zeilen, bis das Flügelprofil so stark verändert wird, daß die Aerodynamik völlig gestört wird. Und das führt sehr schnell zum überzogenen Flugzustand. Es lassen sich im wesentlichen drei Vereisungstypen feststellen:

1. *Rauhreif:* Das ist ein dünner Film von Eiskristallen, der sich oft an Flugzeugen ansammelt, die nachts im Freien geparkt werden. Man muß das Flugzeug davon befreien, bevor man den Motor anläßt, denn Rauhreif stört die Luftströmung so sehr, daß ein Start unmöglich wird.

2. *Rauheis* (Abb. 38): Eine weiße, relativ langsam anwachsende Eisschicht, die

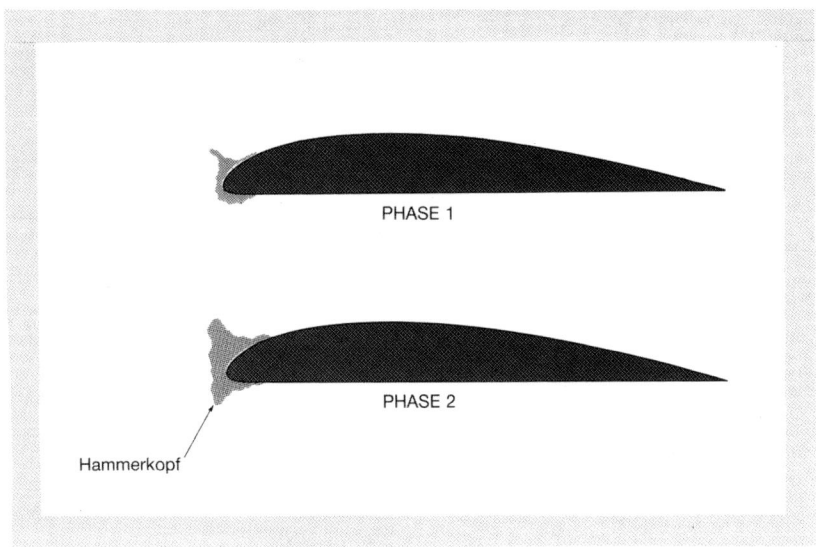

PHASE 1

PHASE 2

Hammerkopf

Abb. 38: Die Bildung von Rauheis. Ein starkes Anwachsen des Eises kann die Luftströmung über Flügeln und Leitwerk erheblich beeinträchtigen.

beim Durchfliegen von Schichtwolken auftreten kann. Da in diesem Eis Luft eingeschlossen ist, sieht es wie Zuckerguß auf einer Geburtstagstorte aus. Wenn man nicht sofort aus dem Vereisungsgebiet herausfliegt, wächst das Rauheis so stark an, daß sich an Flügel- und Leitwerksvorderkanten ein hammerförmiges Gebilde ansetzt. Die Strömung wird dadurch so sehr gestört, daß die Kontrolle über das Flugzeug verlorengeht.

3. *Klareis* (Abb. 39): Wie bereits erwähnt, ist dies das Produkt aus unterkühlten Wassertropfen, die beim Aufschlag sofort gefrieren. Dabei verschmiert das Eis entlang der Flügel- und Leitwerksvorderkanten nach hinten, und dieser Vereisungstyp ist für Flugzeuge ohne Vereisungsschutz besonders gefährlich.

Arten des Vereisungsschutzes

Die verbreitetste Methode zum Schutz der Zelle vor Vereisung sind Gummimat-

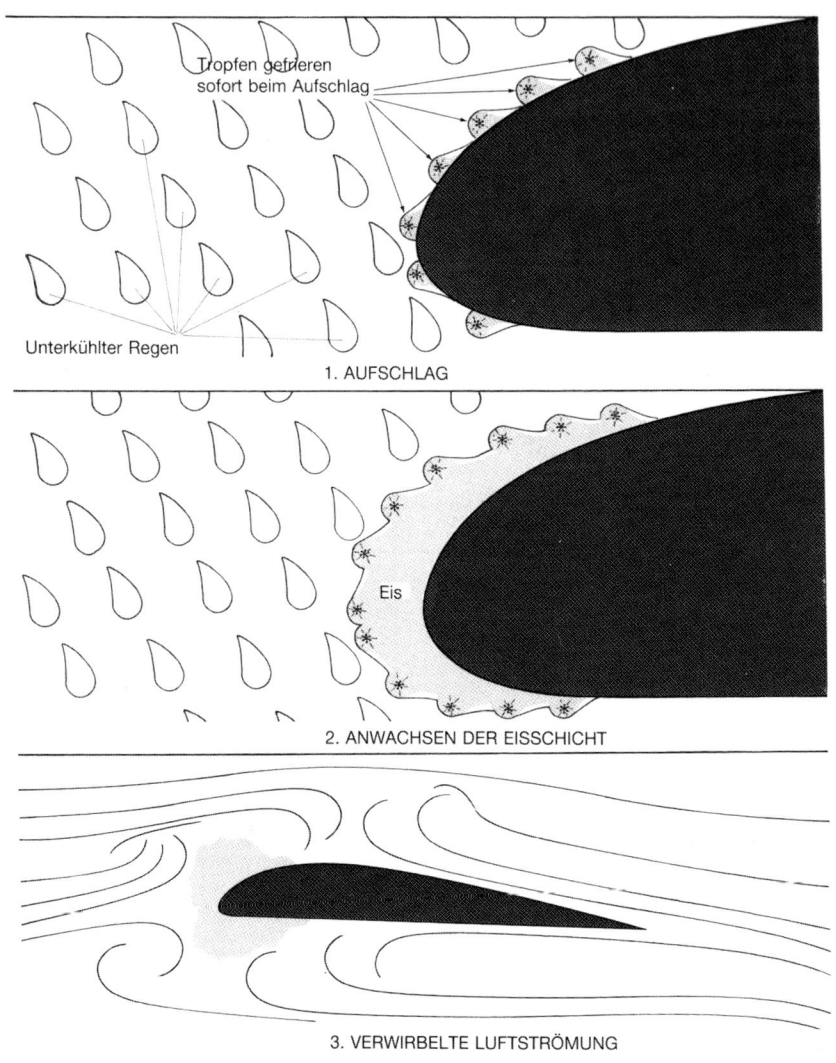

Tropfen gefrieren
sofort beim Aufschlag

Unterkühlter Regen

1. AUFSCHLAG

Eis

2. ANWACHSEN DER EISSCHICHT

3. VERWIRBELTE LUFTSTRÖMUNG

Abb. 39: Die Bildung von Klareis. Man beachte die »verschmierende« Wirkung der unterkühlten Regentropfen beim Aufschlag.

ten an den Vorderkanten von Flügeln und Leitwerksflächen. Ein Zeitschaltventil sorgt dafür, daß diese Gummiwülste mit Preßluft aufgeblasen und dann wieder entleert werden, so daß das Eis zerbricht. Der Nachteil der Gummienteisung liegt darin, daß die Reisegeschwindigkeit und damit auch die Reichweite reduziert werden.

Manche Flugzeuge sind entlang der Vorderkanten mit einem porösen Metallstreifen ausgerüstet, durch den eine Antifrost-Flüssigkeit gepumpt wird. Das System arbeitet recht gut, ist aber in seiner Einsatzfähigkeit begrenzt durch limitierten Vorrat an Antifrost-Flüssigkeit. Man kann also mit diesem System nach Auftreten der Vereisung zwar sofort Abhilfe schaffen, sollte aber möglichst umgehend eine andere Reiseflughöhe aufsuchen, wo die Temperatur- und Feuchtigkeitsverhältnisse einen erneuten Eisansatz unmöglich machen. Nach einem ähnlichen Prinzip sind auch Propeller-Enteisungsanlagen verfügbar.

Die meisten Jet-Flugzeuge haben eine thermische Enteisung, die Warmluft aus den Triebwerken benutzt, und das funktioniert ganz ausgezeichnet. Aber was leichte Twins betrifft, ist ein Wort der Warnung angebracht: Einige der angebotenen Enteisungssysteme sind gerade noch dazu geeignet, um aus einem akuten Problem herauszukommen – nicht mehr. Für einen längeren Betrieb in kalten, feuchten Wetterverhältnissen, braucht man vielmehr eine Anlage, die zugelassen ist für Flüge in »bekannte Vereisungsbedingungen«.

Ein anderes Problem ist die Vereisung der Frontscheiben. Das kann passieren, wenn man beispielsweise »VMC on top« geflogen und die Temperatur der Zelle unter den Nullpunkt abgesunken ist. Sobald man nun im Sinkflug durch Stratuswolken taucht, wird die Frontscheibe trübe, und man fliegt praktisch völlig blind. Große Flugzeuge haben elektrisch beheizte Frontscheiben, und man kann in kleineren Twins auch eine zusätzliche Heizscheibe einbauen. Aber bei Einmots ist größte Vorsicht geboten. Wenn man die gesamte Kapazität der Kabinenheizung durch die Entfrosterdüsen jagt, wird zumindest ein kleiner Ausschnitt in der Frontscheibe frei werden, so daß man zumindest eine begrenzte Sicht nach außen hat.

Pitot- und Staurohrheizung

Es gibt heutzutage nur wenige Flugzeuge, die nicht mit elektrischer Beheizung der Pitot- oder Staurohre und der statischen Druckbohrungen ausgerüstet sind. Unglücklicherweise vergessen manche Piloten, diese Heizung einzuschalten,

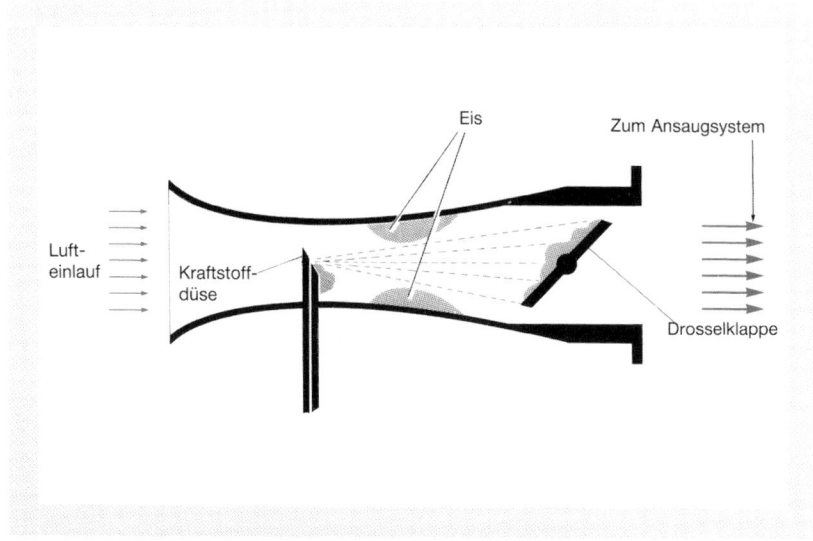

Abb. 40: Eisbildung im Vergaser durch Verdunstung des Kraftstoffs.

bevor sie in Vereisungszonen geraten, und das unweigerlich folgende Drama ist nicht mehr aufzuhalten. Manchmal setzt sich an diesen lebenswichtigen Teilen, ohne die kein Fahrtmesser, Vario und Höhenmesser funktioniert, schon Eis an, bevor dies an Flügeln oder Leitwerk der Fall ist. Der Verlust an Staudruck, der nach der beginnenden Vereisung des Staurohrs eintritt, verursacht eine verringerte Fahrtanzeige, und als Gegenreaktion will der Pilot natürlich nachdrücken und dabei verliert er an Höhe. Eine vereiste statische Druckentnahme macht dagegen den Höhenmesser und das Vario funktionsunfähig, verursacht einen scheinbaren, angezeigten Höhenverlust, und der Pilot wird infolgedessen die Nase hochheben und in die Gefahr des Überziehens geraten.

Das sind nur einige der Symptome, die bei Vereisung von Pitot- oder Staurohren auftreten. Aber wenn der Fahrtmesser plötzlich auf Null absinkt, dann sollte man nicht glauben, daß das Flugzeug zum Stehen gekommen ist, sondern man muß sich darauf konzentrieren, mit Hilfe des künstlichen Horizonts, des Wendezeigers und des Kurskreisels seine Fluglage einigermaßen beizubehalten.

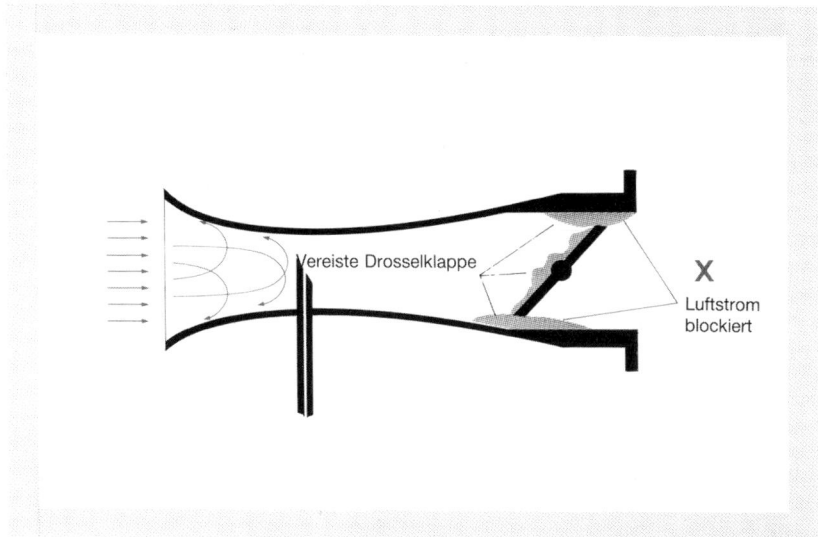

Abb. 41: In Verbindung mit dem durch die Kraftstoffverdunstung entstehenden Eis (Abb. 40) kann die von der Luftexpansion im Venturi verursachte Eisbildung zum Stillstand des Triebwerks führen, wenn nicht die Vergaservorwärmung eingeschaltet wurde, bevor der Luftstrom durch das Ansaugsystem blockiert ist.

Daraus ergibt sich ganz klar: Wenn die Temperatur nahe oder unter der Frostgrenze liegt und die Luft sehr feucht ist (das müssen keine Wolken sein), dann sollte man vorsorglich die Pitotheizung einschalten. Denn wenn man dies erst nach Beginn der Vereisung tut, dauert es mindestens dreißig Sekunden, bis das Problem bereinigt ist, und das kann eine sehr lange Zeit sein, wenn man darauf wartet, daß der Fahrtmesser wieder seine Arbeit aufnimmt.

Motor-Vereisung

Wenn man durch heftiges Schneetreiben, Hagel oder unterkühlten Regen fliegt, kann sich am Filter des Lufteinlasses Eis bilden. Um dieser Gefahr zu begegnen, gibt es eine zweite Luftführung, die der Pilot bei Bedarf einschalten kann. Diese

Art der Vereisung ist die einzige, die auch bei Einspritzmotoren auftreten kann, aber bei Vergasermotoren gibt es zwei zusätzliche Gefahren:

a) *Vereisung durch Kraftstoff-Verdunstung* (Abb. 40): Sie entsteht, wenn der Kraftstoff vom flüssigen in den dampfförmigen Zustand übergeht. Um überhaupt verdampfen zu können, muß sich der Kraftstoff aus der angesaugten Luft und aus den Vergaserwänden die nötige Wärme holen, so daß innerhalb des Vergasers ein deutlicher Temperaturabfall entsteht. Infolgedessen bildet sich bei ausreichender Luftfeuchtigkeit stromabwärts Eis.

b) *Vereisung der Drosselklappe* (Abb. 41): Um Kraftstoff aus der Düsennadel zu saugen und ihn in dampfförmigen Zustand zu versetzen, wird der Druck der durch den Vergaser strömenden Luft mit einer verengten (Venturi-)Düse verringert. Dabei wird die Luft expandiert, die verfügbare Wärme wird abgeleitet, und die Temperatur sinkt. Bei geschlossener Drosselklappe nimmt der Druck weiter ab – ein Blick auf die Ladedruckanzeige bestätigt dies –, so daß eine Vereisung der Drosselklappe meist bei geringer Motorleistung eintritt.

Um die Vereisung bei Vergasermotoren zu verhüten, ist der Lufteinlauf mit einer Klappe versehen, die in der Stellung »kalt« die Ansaugluft durch den Filter in den Vergaser strömen läßt. Diese Klappe, die vom Hebel der Vergaservorwärmung betätigt wird, kann geschlossen werden, wobei sich gleichzeitig ein Kanal öffnet, durch den ungefilterte Luft durch einen Wärmetauscher geführt wird (der um einen Auspuffstutzen herumgebaut ist) und dann in den Vergaser einströmt. Jeder Pilot weiß, daß die Vergaservorwärmung in jeder beliebigen Position zwischen »kalt« und »warm« eingestellt werden kann, und darin liegt eine Gefahr. An einem sehr kalten Tag, wenn die Temperatur unter derjenigen liegt, bei der sich Eis bildet, kann eine teilweise Öffnung der Vorwärmung dazu führen, daß die Temperatur in den Vereisungsbereich steigt, und damit wird das Problem erst heraufbeschworen, das man eigentlich vermeiden will. Und die einzige Möglichkeit, um festzustellen, wann der Vergaser zur Vereisung neigt, ist der Einbau einer Vergaser-Lufttemperaturanzeige.
Wenn also die Motordrehzahl allmählich zurückgeht, ohne daß dies durch Vollgasgeben zu korrigieren ist, und wenn der Motor anschließend noch rauh läuft, dann muß man die Vorwärmung voll auf »warm« ziehen. Was dann

passiert, könnte dazu verleiten, sofort wieder auf »kalt« zu schalten, denn die heiße Luft von geringer Dichte verursacht einen weiteren Drehzahlabfall. Zudem gelangen Eis und Wasser in den Motor, wenn die Vorwärmung ihre Wirkung zeigt – und Kolbenmotoren lieben weder Eis noch Wasser. Aber diese Phase muß man abwarten und die Vorwärmung voll auf »warm« stehen lassen, damit sie ihre Wirkung entfalten kann. Erst wenn der Motor wieder normal läuft, darf man die Vorwärmung auf »kalt« zurücknehmen.

Es gehört zu den Tugenden eines Piloten, bei allen Flügen immer wieder auf die Gefahr der Vergaservereisung zu achten. Man darf nicht vergessen, daß keine Wolken vorhanden sein müssen, um die Eisbildung hervorzurufen – eine hohe Luftfeuchtigkeit und eine Temperatur zwischen $-15°C$ und $30°C$ genügen dazu. Ich habe mich mit der Vereisung etwas ausführlicher befaßt, weil die meisten Piloten von Leichtflugzeugen dieses Problem gerne ignorieren. Wenn die Wettervorhersage dann eines Tages von Vereisungsbedingungen spricht, übergeht man das Thema sehr leicht, und dann wird man plötzlich von diesem Phänomen überrascht. Vor einiger Zeit flog ich eine leichte Einmot zusammen mit 25 anderen Maschinen. Wir waren auf der Insel Djerba vor der afrikanischen Küste, und die Gruppe von britischen, französischen und deutschen Piloten befand sich nun auf dem Heimweg. In 8500 ft sah es zunächst so aus, als ob wir ohne weiteres frei von Wolken fliegen könnten, bis über Tunis die Cumuli schneller hochwuchsen als wir steigen konnten. In etwas über 10000 ft schnitten wir die Spitze einer Wolke und hatten sofort eine Schicht von Klareis erwischt. Bevor ich noch den Mund aufmachen konnte, um einen Sinkflug unter die Frostgrenze zu empfehlen, hatte der Besitzer der Maschine, ein erfahrener französischer Pilot, bereits gedrückt. In 8500 ft schmolz das Eis, und wir kamen zwischen einigen Wolkenschichten bei guten Flugbedingungen wieder heraus aus der Gefahrenzone.

Wir hatten alle anderen über Funk davor gewarnt, die immer dicker werdenden Wolken zu übersteigen, aber einige Piloten ignorierten diesen Rat. Einer der deutschen Piloten stieg auf 14000 ft (ohne Sauerstoff, nebenbei bemerkt), und das nächste, was wir von ihm hörten, war ein »Mayday«, in dem der Pilot mitteilte, daß sein Motor stottert und die Instrumente nicht mehr arbeiten. Beide Probleme hätten gelöst werden können, wenn es nur möglich gewesen wäre, ihm über Funk zu empfehlen, die Vorwärmung zu ziehen und die Staurohrheizung einzuschalten. Aber unglücklicherweise war kurz nach dem Notruf plötzlich Funkstille, weil auch seine Antenne total vereist war. Die Geschichte nahm ein glückliches Ende, weil – wie wir später erfuhren – die Maschine nach einem Sinkflug in 2000 ft über dem Mittelmeer wieder aus den schweren Wolken herauskam. Das Eis taute ab, und der Motor begann wieder, seine Arbeit aufzunehmen. Das Abenteuer hätte ganz anders ausgehen können. Wenn Vereisung droht und das Flugzeug nicht entsprechend ausgerüstet ist, gibt es drei Möglichkeiten:

1. Flug fortsetzen und über die Frostgrenze steigen. Viele Leichtflugzeuge haben allerdings dafür nicht genügend Leistung, und man braucht auf jeden Fall eine Sauerstoffanlage, wenn man für längere Zeit oberhalb 10 000 ft fliegt.

2. Sinken unter die Frostgrenze. Das ist die einfachste Maßnahme, vorausgesetzt, daß das Gelände dies erlaubt.

3. Flugplan ändern und aus dem Vereisungsgebiet herausfliegen. Dies bleibt oft als einziger Ausweg, wird aber leider meist ignoriert.

Fliegen in schlechtem Wetter

Heftiger Regen, Hagel und Schnee

Vorausgesetzt ein Pilot hat Übung im Instrumentenflug, liegen die größten Probleme bei Niederschlag darin, daß die Sicht verlorengeht, die Navigation sehr sorgfältig durchgeführt werden muß, um Hindernisse zu vermeiden, und im Fall von Regen und Temperaturen unter dem Gefrierpunkt muß auf Vereisung der Zelle geachtet werden. Außerdem unterschätzen Piloten mit wenig Instrumenten-Flugerfahrung die psychologischen Probleme, die beim Fliegen durch schlechtes Wetter auftreten.

Es ist bemerkenswert, wieviel Regen ein Flugzeug verkraften kann. Das kann jeder Pilot bestätigen, der das Pech hatte, über Indien oder ähnlichen Gebieten durch den Monsunregen fliegen zu müssen. Obwohl das Wasser wie aus Kübeln vom Himmel fällt, laufen die Motoren unbeirrt weiter, während oft die Bemalung des Flugzeugs völlig demoliert wird. Doch wenn die Vorhersage von andauerndem heftigem Regen und 7/8 Bewölkung in 400 ft spricht, dann sollte man sich darüber im klaren sein, was dies bedeutet. Und dann muß man sich

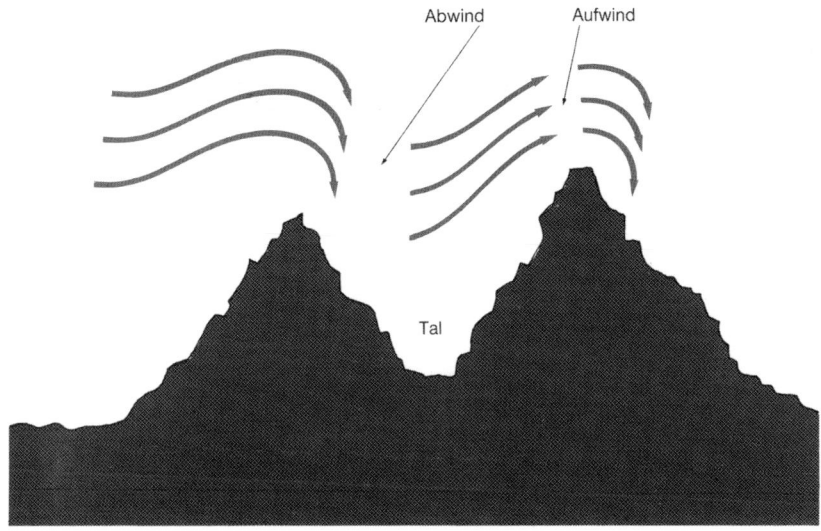

Abb. 42: Auf- und Abwinde, die in Gebirgsregionen vom Wind verursacht werden.

selbst gegenüber ehrlich genug sein, um festzustellen, ob man mit dieser Situation fertig werden kann oder nicht. Ein wenig Bescheidenheit ist keine Schande, wer seine eigenen Grenzen kennt, lebt länger. Wer aber mit dem Kopf durch die Wand will und dann in Schwierigkeiten gerät, ist zu bedauern.

Schwere Turbulenz

Oberhalb von 2000 ft verursachen selbst starke Winde nicht viel Turbulenz, im Fall von Gegenwind muß man allerdings mit einer Verringerung der Reichweite rechnen. Für einen unerfahrenen Piloten mag es überraschend sein, wenn er mit einem relativ langsamen Flugzeug 20 bis 30 Grad Vorhaltewinkel fliegen muß, um die Abdrift auszugleichen. Dabei verzweifelt er vielleicht an den Anzeigen seines VOR oder ADF und kann infolgedessen die Orientierung verlieren. Ist der Gegenwind so stark, daß man wegen der verringerten Geschwindigkeit über Grund sein Ziel nicht mehr erreicht, dann muß man sofort einen Ausweichplatz

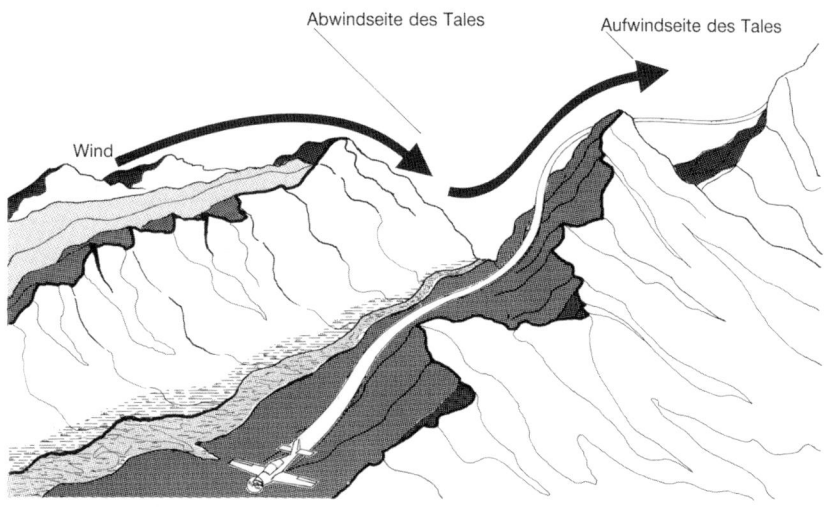

Abwindseite des Tales

Aufwindseite des Tales

Wind

Abb. 43: Das Fliegen entlang der Aufwindseite eines Tales ist eine wichtige Vorsichtsmaßnahme beim Fliegen im Gebirge.

anfliegen. In solchen Situationen ist es sehr wichtig, daß man eine gute Flugvorbereitung gemacht hat.

Wenn Panik im Cockpit herrscht, hat der Pilot keine Zeit mehr, um nach einem Ausweichplatz zu suchen, oder um zu überlegen, ob der Kraftstoffvorrat eventuell für den Rückflug reicht.

Winde in den Bergen

Die Kombination von gebirgigen Regionen und starken Winden führt zu kräftigen Auf- und Abwinden, und man sollte solche Gebiete möglichst in einer Höhe von mindestens 2000 ft über den höchsten Erhebungen überqueren. Hier sind einige nützliche Tips:

1. Berggrate in einem Winkel von etwa 45 Grad anfliegen. Sollten zu starke

Abwinde auftreten, kann man leicht ins Tal oder ins Flachland abdrehen, um schnell wieder aus der Gefahrenzone herauszukommen.

2. Den Versuchen, bei hohen Sinkraten zu ziehen, sollte man unbedingt widerstehen. Den Motor auf Steigleistung bringen, die Fahrt halten und von den höchsten Erhebungen fernhalten.

3. Abwinde entstehen, wenn der Wind über Gebirgskämme oder -grate bläst. Auf der gegenüberliegenden Talseite herrscht dann jedoch Aufwind (Abb. 42). Im Zweifelsfall umkehren und eine andere Stelle für die Überquerung suchen.

4. Wenn die Flugroute entlang eines Tales führt, sollte man an derjenigen Seite entlangfliegen, an der Aufwind zu erwarten ist (Abb. 43).

5. Auf Wolkenbildung achten, die an Luvseiten der Berge auftritt, wenn die Luft zum Ansteigen gezwungen wird und abkühlt: In solchen Wolken können sich hohe Bergspitzen verbergen.

6. Vor dem Überqueren von Gebirgsregionen alle Anschnallgurte auf festen Sitz überprüfen und darauf achten, daß alle losen Gegenstände (Kameras, Aktenkoffer etc.) gesichert sind.

Cumuluswolken

Normalerweise verursachen einfache Cumuli nur geringe Turbulenz. Aber unter bestimmten Umständen kann sich ein kleiner Cumulus zu einem riesigen Cumulonimbus auswachsen, und um solche Wolkentypen sollte man einen großen Bogen machen.

In äquatorialen Regionen, wo die Atmosphäre ihre größte Höhe erreicht, wurden Cumulonimben beobachtet, die von 1500 ft über Grund bis in Höhen von 40 000 ft hinaufreichen. Sie können Hagelkörner in der Größe von Tennisbällen erzeugen, und selbst in nördlicheren Breiten wie in Mitteleuropa oder an der Grenze zwischen den USA und Kanada wurden in entwickelten Gewitterzellen enorme Aufwinde von 4000 ft/min und mehr gemessen. Die zwischen diesen auf- und absteigenden Luftmassen entstehende Reibung erzeugt sehr hohe elektrische Ladungen, die in der Wolke gespeichert sind wie in einem gigantischen Konden-

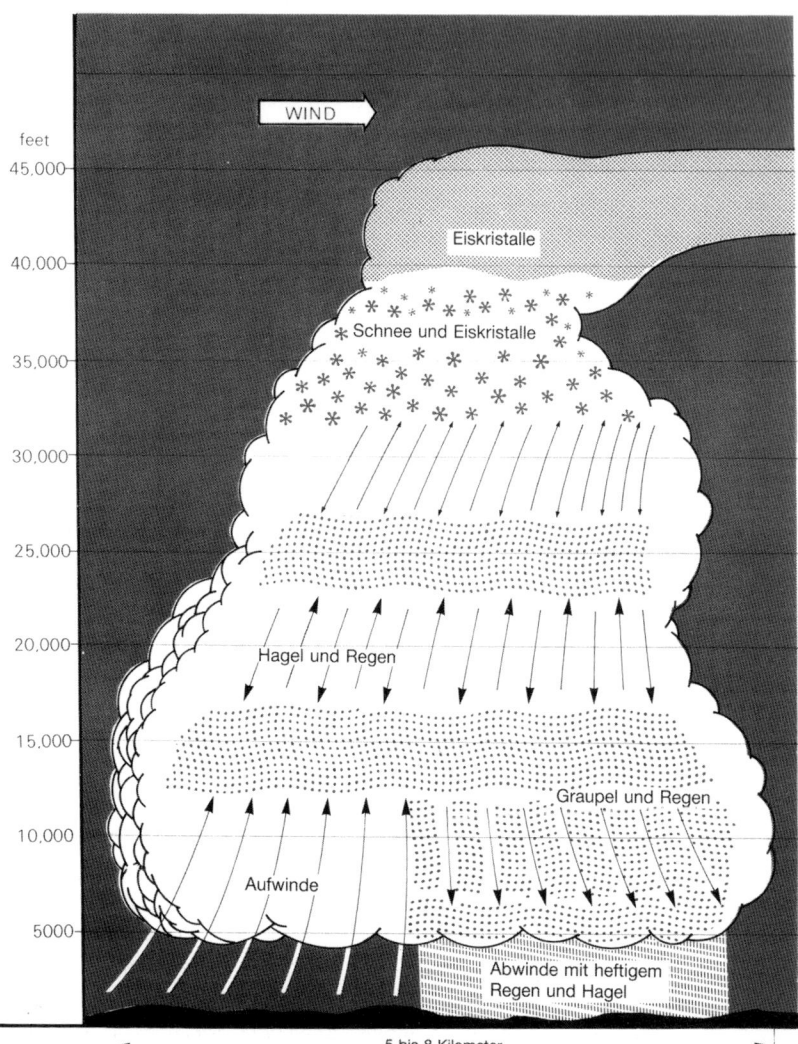

Abb. 44: Typische, voll entwickelte Cumulonimbus-Wolke.

sator. Ist die Spannung groß genug, entlädt sie sich in Form eines Blitzes, der aus der Wolke zum nächstgelegenen Punkt mit entgegengesetzter Ladung schlägt. Das kann eine andere Wolke sein, oder ein Baum, oder ein Flugzeug. Theoretisch sollten alle Einzelteile eines Flugzeugs metallisch miteinander verbunden sein, um einen geschlossenen elektrischen Kreis zu bilden. Aber manche Leichtflugzeuge sind in dieser Beziehung nicht sehr gut, und ein Blitz kann einen Randbogen schneller zerstören als man glaubt. Abb. 44 gibt einen Eindruck davon, was in einer Cumulonimbus vor sich geht, und es ist dringend zu empfehlen, davor respektvollen Abstand zu halten, denn sonst geht man folgende Risiken ein:

1. Heftigste Auf- und Abwinde, die ein Flugzeug zerbrechen können.

2. Blitzschlag.

3. Schwere Klareisbildung, wenn die Wolke unterkühlten Regen enthält.

4. Ernste Beschädigungen am Flugzeug durch große Hagelkörner.

5. Gefahr der Beschädigung der Avionikanlage und Funktionsausfall des Magnetkompasses (der nach Landung auf jeden Fall überprüft werden sollte).

Man darf nicht vergessen, daß um eine große Cumulonimbus herum in weitem Umkreis Turbulenzen herrschen, und unter der Wolke selbst treten starke Abwinde auf.

Absinkende Wolkenbasis

Eines der klassischen Risiken der Fliegerei sind absinkende Wolkenuntergrenzen. Man startet beispielsweise bei akzeptablen Wetterbedingungen wie 10 km Sicht, 7/8 Schichtbewölkung in 1500 ft. Entlang der Flugroute jedoch werden die Wolken dicker, und ihre Untergrenzen sinken ab, bis sich der Pilot, angewiesen auf Sichtkontakt zum Boden, schließlich in 600 ft gerade noch unter tief hängenden Wolkenfetzen halten kann. Wenn dann noch das Gelände hügelig ist und Hindernisse wie beispielsweise hohe Bäume auftauchen, dann ist man mit einer sehr ungemütlichen Situation konfrontiert, die leicht zur Katastrophe führen kann. Wenn man nicht in Flugrichtung eine Lücke mit klarem Himmel entdekken kann, muß man sofort umkehren und in besseres Wetter zurückfliegen. Aber auch dies birgt Risiken in sich, denn man muß beim Kurven sehr sorgfältig auf Einhaltung der Höhe achten, um nicht mit Hindernissen zu kollidieren. In den meisten Ländern sind die Grenzen für die VFR-Höhenminima genau definiert. Die Folgerung kann also nur heißen: Nicht in Gebiete mit absinkenden Wolken einfliegen, wenn man als Pilot alt werden will. Keinesfalls weiterfliegen in der Hoffnung, daß sich das Wetter bald bessert. Ein IFR-Pilot kann sich in dieser Situation natürlich anders verhalten, denn er kann in die Wolke hineinsteigen und mit Instrumenten seinen Flug sicher fortsetzen. Aber auch dabei ist folgendes zu beachten:

1. Man darf in kontrollierten Luftraum nur nach vorheriger Genehmigung einfliegen.

2. Es darf keinen Zweifel darüber geben, wo sich die Maschine befindet, bezogen auf Geländeerhebungen. Selbst erfahrene Piloten sind schon wegen Navigationsfehlern mit Bergen kollidiert.

3. Die Voraussetzungen für eine Landung am Zielort müssen gegeben sein – sowohl was das Flugzeug als auch den Flugplatz betrifft. Trifft dies nicht zu, muß ein Ausweichflugplatz angeflogen werden.

4. Die Flugsicherung kennt die Position der Maschine, so daß die Separierung von anderen Maschinen sichergestellt ist.

Reduzierte Sicht

Während einem Linienpiloten von seiner Gesellschaft schriftlich niedergelegte Wetterminima vorgeschrieben werden, müssen sich Privatpiloten meist selbst ihre Limits setzen. Die erste Entscheidung ist schon bei der Frage zu treffen, ob man starten soll oder nicht.

Die Entscheidung zum Start

Angenommen, die Horizontalsicht liegt innerhalb der Limits, die die persönliche Lizenz vorgibt, dann sind vor dem Start folgende Faktoren in Betracht zu ziehen:

1. Die persönlichen Fähigkeiten als IFR-Pilot.

2. Die Ausrüstung der Maschine.

3. Die Funktionstüchtigkeit der Avionik und der Instrumentierung.

4. Die Möglichkeit, unter den vorherrschenden Bedingungen zum Flugplatz zurückkehren und sicher landen zu können.

5. Geeignete Ausweichflugplätze.

Während des Fluges

Wenn man nach dem Start im Reiseflug auf Nebel oder zurückgehende Sicht stößt, dann gibt es drei mögliche Problembereiche:

1. Die Navigation hängt fast ausschließlich von den Funknavigationshilfen ab.

2. Ein Verlust der Orientierung kann am besten überwunden werden durch absolutes Vertrauen auf die Instrumente und die Funknavigationsgeräte.

3. Das Risiko eines Motorausfalls.

Die Aufgabe, ohne Motor eine Notlandung machen zu müssen, wenn man in Bodennähe mit Nebel zu tun hat, darf keinesfalls unterschätzt werden. Einmot-Piloten sollten sich deshalb nicht im gleichen Maße auf die Funknavigation verlassen wie ihre Kollegen in zweimotorigen Maschinen. Ein Motorausfall in einer Einmot macht die Maschine zu einem sehr schnellen Segelflugzeug, und aus diesem Grund sollte der Pilot immer seine Position bezogen auf Hindernisse kennen, auch wenn sie nicht zu sehen sind. Dann ist er in der Lage, bei Motorausfall sofort in geeignetes Gelände auszuweichen. Und wenn die Maschine gegen den Wind in offenes Gelände gesteuert werden kann, sind die Überlebenschancen einer Notlandung gar nicht so schlecht.

Während der Landung

Wenn die Sicht unterhalb von 2000 m liegt, sollte man nur im Notfall auf einem Flugplatz landen, der nicht mit VDF, Radar, ADF, ILS oder zumindest einem in

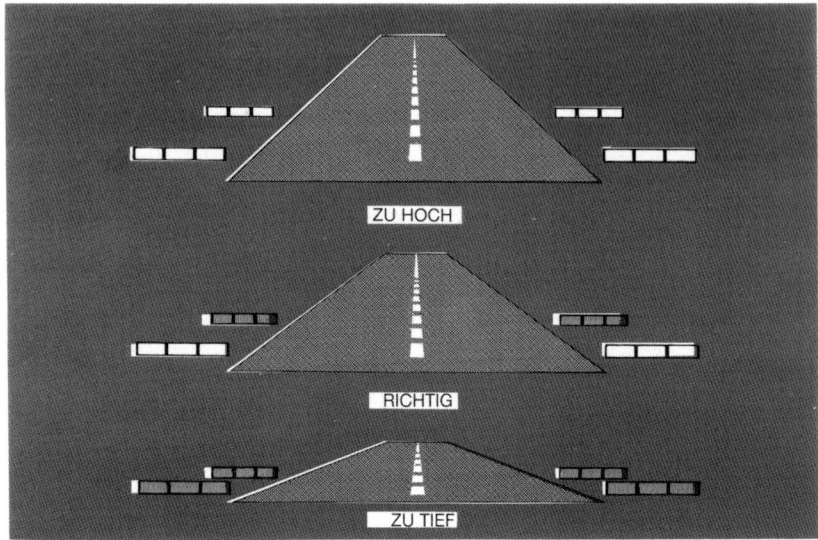

Abb. 45: Optische Sichtanflughilfe VASI (Visual Approach Slope Indicators). Wenn alle Lichter rot erscheinen (schattiert gezeichnet), ist das Flugzeug zu tief, und man muß sofort mehr Gas geben.

der Nähe gelegenen VOR ausgestattet ist. Stehen eine oder mehrere dieser Hilfen zur Verfügung, hängt die akzeptable Mindestsicht für den Anflug und die Landung von der Art der Anlage ab (Radar und ILS sind am genauesten) und auch vom Können des Piloten.

Selbstüberschätzung hat in dieser Flugphase schon zu vielen tödlichen Unfällen geführt. Es gab den Fall eines Piloten, der mit einer leichten Twin auf einem Flugplatz landen wollte, auf dem eine Sicht von nur 100 m herrschte – ein Sechstel der Mindestsicht, die im Luftverkehr üblich ist. Dieser Pilot tötete sich und drei Passagiere, und dabei war dieser Unfall nicht unausweichlich: In nur geringer Entfernung von wenigen Minuten Flugzeit lag ein gut ausgerüsteter Flughafen mit 1100 m Horizontalsicht.

Eines der Probleme, die bei solchen Landungen auftreten können, liegt darin, daß man einen Flugplatz von oben zwar gut erkennen kann, aber im Anflug nur sehr schlecht oder gar nicht, weil Bodennebel herrscht. Die Schrägsicht kann sich genau dann verschlechtern, wenn man sie am nötigsten braucht.

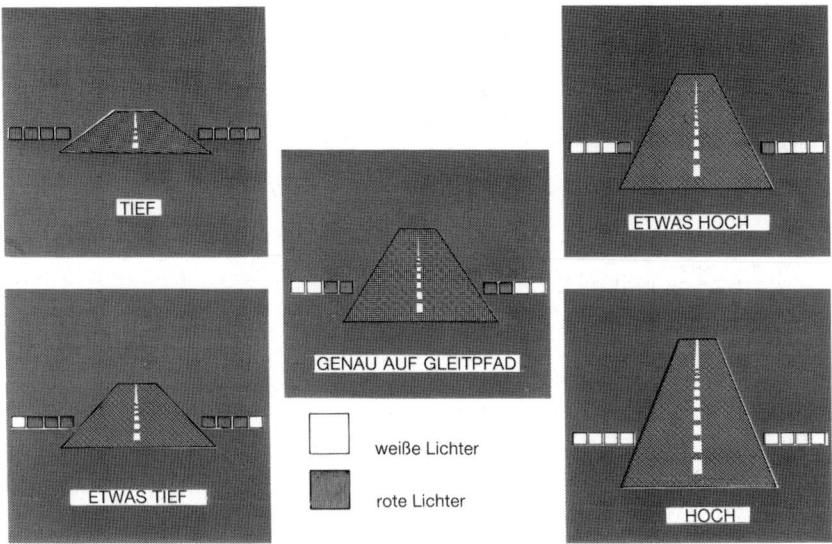

Abb. 46: Neuartige Anflughilfe PAPI (Precision Approach Path Indicator). Bei dieser Anlage wird eine Genauigkeit von plus/minus 3 Fuß an der Schwelle erreicht. Der Übergang von weiß zu rot ist sehr eindeutig, ohne die beim VASI oft zu beobachtende Tendenz, daß weiß zu rosa wird.

Nebel bei Nacht

Alle Piloten sollten das Entstehungsprinzip des Strahlungsnebels kennen (siehe Seite 23), und wenn die Außentemperatur nur wenige Grad über dem Taupunkt liegt, sollte man sich beim lokalen Meteorologen vergewissern, daß wirklich keine Sichtprobleme vorherrschen.

Das Risiko des Orientierungsverlustes im Nebel verschärft sich bei Nacht. Man kann die Lichter am Boden leicht für Sterne halten, und dagegen hilft nur das Vertrauen in die Instrumente. Die meisten Airports haben VASI-Anflughilfen, wie in Abb. 45 dargestellt. Jetzt kommt ein neues System in Gebrauch, das PAPI (Precision Approach Path Indicator), es kann bei Landungen unter schlechten Sichtverhältnissen von großem Nutzen sein. Anders als bisherige Anflugbefeuerungen bietet das PAPI eine genaue Führung bis zum Aufsetzpunkt.

Flugvorbereitung bei Schlechtwetter

Daß bei schlechtem Wetter der Flugvorbereitung höchste Bedeutung zukommt, liegt auf der Hand. Folgende lebenswichtige Punkte werden oft übersehen:

1. Versichern Sie sich, daß alle Karten und sonstigen Unterlagen auf dem aktuellsten Stand sind. Alte Funknavigationskarten enthalten möglicherweise falsche Frequenzen und andere irreführende Angaben.

2. Bei der Streckenplanung sind Sperr- und Gefahrengebiete zu berücksichtigen. Wo immer möglich, sollte man Hindernisse und hochliegendes Gelände vermeiden.

3. Kontrollierter Luftraum ist zu vermeiden, es sei denn, man gibt einen IFR-Flugplan auf. Die neuesten NOTAMS müssen berücksichtigt werden.

4. Geeignete Ausweichflugplätze auswählen.

5. Bei Überwasserflügen geeignete Sicherheitsausrüstung mitführen.

6. Hat man die aktuelle Streckenwettervorhersage und, wann immer möglich, auch die Wetterberichte für die Ziel- und Ausweichflugplätze, so ist dabei folgendes zu beachten: a) Frostgrenzen und Vereisungsgefahr, b) zu erwartende Wolkenuntergrenze, c) Sichtverhältnisse

7. Alle Navigationsberechnungen durchführen und den erforderlichen Kraftstoff einschließlich ausreichender Reserven ermitteln.

8. Die für den Flug in Frage kommenden Frequenzen mehrmals genau überprüfen.

9. Flugplan aufgeben, selbst wenn man juristisch nicht dazu verpflichtet ist.

Moderne Leichtflugzeuge, vor allem wenn sie für Flüge bei bekannten Vereisungsbedingungen ausgerüstet sind, kommen bemerkenswert gut mit schlechtem Wetter zurecht. Wie immer liegt das entscheidende Risiko darin, ob der Pilot über ausreichende Fähigkeiten verfügt. Von 700 wetterbedingten Unfällen, die über einen gewissen Zeitraum in den USA untersucht wurden, waren 341 darauf zurückzuführen, daß die Piloten keine Instrumentenflugerfahrung hatten.

8. Verhalten bei Motorausfall

In diesem Kapitel geht es um einmotorige Maschinen, aber viele der nachfolgenden Ausführungen können ganz generell für alle Arten von Flugzeugen angewandt werden.

Wenn man sich vor Augen hält, wie die Kolben unter dem Druck heißen Gases nach unten gedrückt werden, kurz stillstehen und wieder im Zylinder nach oben jagen, während rotglühende Ventile immer wieder auf- und zuschnappen, dann grenzt es fast an ein Wunder, daß das alles funktioniert. Die Tatsache, daß ein gutes Triebwerk bis zu 2000 Stunden zuverlässig arbeitet, bis es zur Grundüberholung ausgebaut werden muß, ist ein bemerkenswertes Beispiel für hervorragende Ingenieursarbeit.

Ohne Zweifel stieg im Laufe der Jahre die Zuverlässigkeit vor allem der einfachen Motoren ohne Turbolader und Untersetzungsgetriebe an, aber selbst die besten Kolbenmotoren erreichen nicht die Zuverlässigkeit eines Turbinentriebwerks. Man kann also nicht ausschließen, daß kurz nach dem Start die Kraftstoffversorgung versagt, daß Öl austritt und Lagerschäden verursacht, daß gebrochene Ventile in den Zylinder fallen und den Kolben oder gar die Kurbelwelle zerstören.

Man hat von folgendem Fall berichtet: Ein Pilot landete, stellte das Triebwerk ab und rollte zum Vorfeld – dann fiel plötzlich der Propeller samt einem Stück der Propellerwelle ab. Am Boden sah dieser Vorgang komisch und lächerlich aus, aber in der Luft hätte dies natürlich zu einer Katastrophe geführt. Vor vielen

Jahren geschah ein noch ungewöhnlicherer Vorfall, als Lindsay Neale, ein bekannter Testpilot, ein neues Leichtflugzeug von England nach Frankreich überführen wollte. Er hatte als Passagiere seine Frau, seine Schwägerin und zwei Kinder an Bord. Kurz nach der Überquerung des Kanals hörte das Motorgeräusch plötzlich auf. Lindsay erklärte in aller Gemütsruhe »wir haben einen Triebwerksausfall«, so als ob er sagen wollte, daß der Briefträger da war. Doch die Lage war viel schlimmer: Das ganze Triebwerk mit Propeller und Verkleidung hatte sich gelöst und stürzte auf die grünen Felder Nordfrankreichs hinab – und das Flugzeug bäumte sich zu einem unplanmäßigen Looping auf. Mit größter Geistesgegenwart zog Lindsay die beiden Kinder nach vorne ins Cockpit, um den Schwerpunkt wenigstens einigermaßen zu korrigieren, und dann gelang ihm tatsächlich eine einwandfreie Notlandung ohne Motor – im wahrsten Sinn des Wortes. Das war ein Fall eines professionellen Piloten, der eine unerwartete, gefährliche Situation perfekt beherrschte. Man sollte sich fragen, wie man sich selbst in dieser Lage verhalten hätte. Oder muß man dann eingestehen, daß man sich gerade noch in der Lage fühlt, eine normale Notlandung durchzuführen, solange der ausgefallene Motor wenigstens im Flugzeug bleibt. Die Fähigkeit, unter ungewöhnlichen Umständen sicher zu fliegen, erwirbt man nur durch ständige Übung.

Um festzustellen, warum es so viele tödliche Überzieh- und Trudelunfälle gibt, haben wir eine Untersuchung durchgeführt und dabei festgestellt, daß nicht diejenigen Piloten betroffen waren, die in sicherer Höhe das Überziehen und Trudeln geübt haben. Sondern es waren Piloten, die unter Streß standen. Und wenn sich dieser Zwischenfall in Bodennähe abspielte, so wie das bei Notlandungen mit stehendem Motor der Fall ist, konnten nur solche Piloten diesen Gefahrenzustand beenden, die vorher ganz bewußt Überzieh- und Trudelmanöver geübt hatten. Am wahrscheinlichsten treten Motorausfälle während oder kurz nach dem Start sowie im Reiseflug. In der Landephase gibt es dagegen nur wenige Motorausfälle, die meisten davon als Resultat leergeflogener Tanks.

Die unmögliche Kurve

Auf dem Flugplatz Biggin Hill in der Nähe von London startete an einem klaren Tag eine viersitzige Reisemaschine. In etwa 250 ft Höhe blieb plötzlich der Motor

stehen. Unterhalb der Maschine und fast in Abflugrichtung lag ein Tal, das die
Höhe über Grund um 150 ft verbesserte, sowie eine Reihe offener Felder. Der
Flugplatz selbst, einer der frequentiertesten in Europa mit pausenlos startenden
Flugzeugen liegt auf einem Plateau. Der Pilot war als zuverlässiger Amateurflie-
ger bekannt – mit ausreichender Erfahrung und ausgeglichenem Wesen. Man
konnte also erwarten, daß er die einzig richtige Entscheidung treffen und
geradeaus ins Tal hineinlanden würde. Statt dessen jedoch zog er es vor,
umzukehren und machte damit den größten Fehler seines Lebens: Er erreichte
zwar noch den Platz, aber das Flugzeug verlor zu sehr an Fahrt und Höhe und
geriet kurz vor der Landebahn ins Trudeln. Der Pilot und ein Passagier wurden
getötet, die beiden anderen Passagiere schwer verletzt.
Man könnte fortfahren mit der Aufzählung ähnlicher Unfälle, denn sie passieren
seit den ersten Anfängen der Fliegerei. Beim Kurven kurz nach dem Start sind so
viele Menschen getötet worden, daß in den meisten Lehrbüchern, seien es zivile
oder militärische, eine fettgedruckte Warnung zu finden ist, die besagt: Wenn der
Motor nach dem Start stehenbleibt, dann niemals umkehren! Man sollte sich
deshalb etwas genauer mit dieser gefährlichen Umkehrkurve befassen.

Warum nicht umkehren?

Die Befürworter der Umkehrkurve werden jetzt sicher entgegnen, es sei besser,
den Platz noch zu erreichen, als zu riskieren, daß die Maschine in einem frisch
gepflügten Acker zu Bruch geht. Und außerdem sei es sehr teuer und umständ-
lich, das Flugzeug zu zerlegen und zum Flugplatz zurückzutransportieren. Aber
wie sehen die Fakten wirklich aus?
Zunächst zu den ganz offensichtlichen Problemen. Erstens ist es gefährlich, mit
einem – eventuell starken – Rückenwind zu landen. Noch größer ist das Risiko,
daß man mit anderen Flugzeugen kollidiert, die in der Gegenrichtung starten.
Aber die schwerste und tödlichste Gefahr entsteht lange bevor man die 180 Grad-
Kurve beenden konnte. Man stelle sich anhand der Abb. 47 vor, daß das
Flugzeug gerade gestartet und in den Steigflug übergegangen ist, wenn plötzlich
in 300 ft der Motor stehenbleibt. Moderne leichte Einmots steigen mit relativ
hoher Längsneigung, und man muß deshalb sofort nach dem Motorausfall kräftig
drücken, um in den Gleitflug übergehen zu können. Aber aus Untersuchungen
weiß man, daß ein durchschnittlicher Pilot in dieser Situation mindestens vier

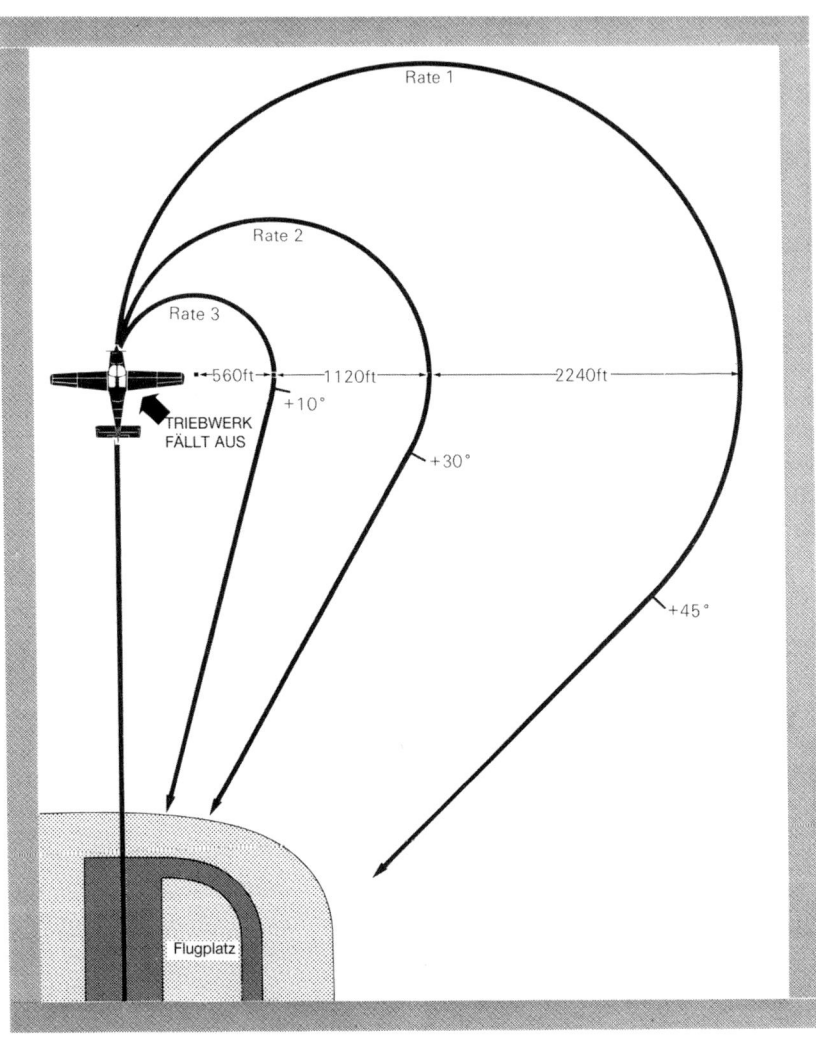

Abb. 47: Die unmögliche Kurve. Der Flugweg einer Maschine, die nach dem Triebwerksausfall versucht, den Flugplatz wieder zu erreichen.

Sekunden Reaktionszeit braucht. Vier Sekunden bedeuten, daß das Flugzeug – ohne Motor und noch in Steigfluglage – rasch an Fahrt verliert, und man muß sehr kräftig drücken, um die Maschine flugfähig zu halten. An diesem Punkt nun schlägt der Pilot die Warnungen des Handbuchs in den Wind und gibt Querruder zum Umkehren. Erinnert er sich an die Trudelgefahr, leitet er eine flache Kurve ein. Bei der Gleitgeschwindigkeit von etwa 70 Knoten, wie sie bei den meisten Einmots üblich ist, hat eine solche Kurve aber einen Radius von 2240 ft (680 m), und infolgedessen liegt der Platz nach der 180 Grad-Kurve nicht vor dem Flugzeug, sondern fast 1,5 km seitlich versetzt, denn der Kurvendurchmesser liegt ja bei 4480 ft (1360 m). Weitere 45 Grad Drehung bringen das Flugzeug zwar in Richtung Flugplatz, wenn auch nicht in die Richtung der Landebahn, aber selbst wenn die Höhe noch reichen sollte, hätte man es mit Rücken- und Seitenwind zu tun.

An dieser Stelle kontern die Umkehr-Befürworter, man solle eben eine möglichst scharfe Kehrtkurve machen. Aber was passiert dann? Die folgenden Zahlen, die den Anstieg der Überziehgeschwindigkeit mit wachsender Querlage zeigen, beziehen sich auf einen Viersitzer, der weltweit sehr verbreitet ist.

Hängewinkel	*Überziehgeschwindigkeit*	*Prozentualer Zuwachs*
0°	49 kts	0
35°	53 kts	8%
45°	59 kts	20%
60°	71 kts	43%
75°	97 kts	97%

Wenn man also quasi auf dem Absatz kehrtmacht, verdoppelt sich fast die Überziehgeschwindigkeit. Aus diesen Zahlen wird deutlich, daß eine Querneigung von 45 Grad etwa das Limit darstellt.

Man hängt also in weniger als 300 ft und beginnt zu kurven in der Hoffnung, den Platz noch zu erreichen. Ohne Motor hängt alles von der Zeit ab – das wird von den Umkehr-Befürwortern so oft übersehen. Die folgenden Zahlen zeigen, wie lange es dauert, bis man 180 Grad-Kurven verschiedener Drehgeschwindigkeiten durchflogen hat. Die beiden rechten Zahlreihen zeigen, um wieviel Grad mehr man einkurven muß, um den Platz zu erreichen und wieviel Zeit dabei vergeht (vergleiche dazu auch Abb. 47):

Kurven- rate	Dauer für 180 Grad	Zusätzliche Kurvendrehung	Gesamtzeit
1	60 sec	45°	75 sec
2	30 sec	30°	35 sec
3	15 sec	10°	15,8 sec
4	7,5 sec	7°	8 sec

Auf den ersten Blick mag es tatsächlich so erscheinen, als ob eine Steilkurve Zeit einspart. Aber der Nachteil liegt darin, daß die Überziehgeschwindigkeit so stark ansteigt, daß man die Maschine erheblich andrücken muß, um eine Fahrt von mehr als 100 kts zu erreichen, und das bedeutet eine sehr hohe Sinkrate.

Kehren wir zu dem Beispiel zurück, zu dem Moment, wenn die Maschine in 300 ft Höhe eine 1-Minuten-Kurve einleitet. Die meisten Leichtflugzeuge sinken unter diesen Umständen mit etwa 1000 ft/min (die Sinkrate steigt bei wachsender Querneigung). In diesem Fall also hat man 4 Sekunden Reaktionszeit plus 75 Sekunden, um eine 225-Grad-Kurve durchzuführen, insgesamt also 79 Sekunden. Bezogen auf die Sinkgeschwindigkeit von 1000 ft/min verliert man somit 1316 ft. Das Manöver begann aber in nur 300 ft – theoretisch liegt die Maschine 1016 ft unter dem Boden.

Dasselbe Beispiel für die Kurvenrate 3. Bei 80 kts Gleitgeschwindigkeit und etwa 45 Grad Querneigung wächst die Überziehgeschwindigkeit schon in gefährliche Höhen an. Zu den 4 Sekunden Reaktionszeit kommen 16 Sekunden für eine 190-Grad-Kurve, und nach diesen insgesamt 20 Sekunden fliegt die Maschine fast in die Richtung der Landebahn. Selbst wenn sich die Sinkrate bei dieser Steilkurve nicht erhöht (meist wird dies aber der Fall sein), bedeuten 20 Sekunden sinken von 1000 ft/min einen Höhenverlust von 333 ft. Das ist zwar weniger als im ersten Beispiel, aber trotzdem endet man 33 ft unter der Erde – noch bevor man den Platz genau erreicht hat.

Die meisten Fluglehrer scheuen davor zurück, eine Mindesthöhe über Grund anzugeben, bei der sie im Falle eines Motorausfalls eine Umkehrkurve empfehlen würden. Es sind dabei nämlich sehr viele Faktoren in Betracht zu ziehen: Das Verkehrsaufkommen auf dem Flugplatz (man muß schließlich gegen die Startrichtung landen, und es bleibt wohl kaum Zeit, um über Funk seine Absichten mitzuteilen), die Windstärke und -richtung (bei Seitenwind muß man in den Wind kurven, sonst wird der Kurvenradius zu groß), Gleiteigenschaften des

Flugzeugs (es gibt bessere und schlechtere), Fähigkeiten des Piloten (auch hier gibt es große Unterschiede) und das vorausliegende Gelände. Wenn man vor sich nur Bäume oder bebautes Gebiet hat, hat man eine gute Erfolgschance, wenn man mindestens 600 ft hoch ist und sofort eine Kurvenrate 3 einleitet. Aber auch dann wird die Landung ein schwieriges Geschäft.

Motorausfall nach dem Start

Wenn man davon ausgeht, daß die Ursache vieler Motorausfälle auf dem Boden zu suchen ist, kann man solchen Notfällen am besten vorbeugen, indem man den einwandfreien technischen Zustand der Maschine sicherstellt. Alle Vorflug-Checks, wie sie auf den Seiten 32 bis 38 aufgelistet sind, müssen einschließlich des Motor-Checks sorgfältig durchgeführt werden. Motorausfälle wegen Kondenswassers in den Kraftstoffleitungen, eine häufige Ursache von solchen Notfällen, werden dadurch eliminiert. Auch wenn man beim Bremslauf eine niedrige Drehzahl und ungewöhnliche Vibrationen feststellt, oder wenn die Vergaservorwärmung nicht ordnungsgemäß funktioniert, dann sollte man keinesfalls starten, in der Hoffnung, daß sich die Situation schon von selbst bessern wird.
Erst wenn man davon überzeugt ist, daß alles völlig in Ordnung ist, sollte man die Startfreigabe einholen. Dann rollt man zum Startpunkt, gibt Vollgas, und sobald die Maschine zu rollen begonnen hat, überprüft man mit einem schnellen Blick die Temperaturen, die Drücke und die Drehzahl des Motors, um sicherzugehen, daß alles normal ist und daß die maximale Leistung entwickelt wird. Sollte ein ungewöhnlich rauher Lauf auftreten, muß man sofort das Gas wegnehmen und den Start abbrechen – jetzt ist keine Zeit, um den Helden zu spielen. Ein Testpilot sagte mir einmal: »Viele Piloten sind überrascht, wenn beim Start ein Motor ausfällt. Ich bin immer überrascht, wenn er am Laufen bleibt«. Darin steckt ein Körnchen Wahrheit. Nur wenn man sich einer Sache besonders sicher ist, kann man unangenehm überrascht werden.
Blindes Vertrauen in die Technik veranlaßt manche Piloten dazu, die elektrische Hilfspumpe schon dann auszuschalten, wenn die Räder gerade den Boden verlassen haben. Vor allem die Franzosen neigen dazu und empfehlen dieses Vefahren in ihren Handbüchern. In Großbritannien haben die Behörden mit Recht darauf bestanden, daß dies in den Handbüchern geändert wird. Denn

wenn die mechanische Pumpe ausfällt und die Hilfspumpe bereits ausgeschaltet ist, reicht die Zeit kaum noch aus, um durch erneutes Einschalten der Hilfspumpe den Kraftstoffdruck wieder herzustellen. Am besten also läßt man die Hilfspumpe so lange laufen, bis der Steigflug beendet ist, mindestens aber bis in 1500 ft Höhe über Grund. Der einzige Grund, warum überhaupt eine elektrische Hilfspumpe eingebaut wird, liegt ja schließlich darin, daß bei Ausfall der mechanischen Pumpe ein Ersatzsystem zur Verfügung steht.

Ist man auf 400 ft gestiegen und der Motor fällt ohne Warnung aus, dann sind folgende Punkte zu beachten:

1. Sofort nachdrücken und Gleitflug einleiten.

2. Gashebel zurücknehmen. Denn wenn der Motor gerade in dem Moment wieder anspringen würde, wenn man auf gut geeignetem Gelände zur Notlandung ansetzt, dann könnte er anschließend im ungünstigen Moment wieder ausfallen.

3. Einen Sektor von etwa 60 Grad beiderseits des Flugzeugs beobachten (Abb. 48). Denn genau in Flugrichtung könnten Bäume stehen, rechterhand vielleicht ein Gebäude, während sich links ein geeignetes Gelände anbietet. Sofort mit leichter Kurve darauf zusteuern.

4. Hindernisse vermeiden.

5. Wenn es die Zeit zuläßt, einen Notruf absetzen und einen anderen Tank wählen. Aber wenn der Motor trotzdem nicht weiterlaufen will, sofort den Brandhahn schließen, die Zündung ausschalten sowie den Gemischhebel zurückziehen. So minimiert man das Brandrisiko.

6. Ist man sich darüber ganz sicher, daß man die vorgesehene Landefläche erreicht, setzt man die Landeklappen und schließt den Hauptschalter. Droht ein Überschießen, sollte man Slippen, um die Sinkrate zu erhöhen, aber unter keinen Umständen darf die Fahrt dabei ansteigen (bei manchen Flugzeugtypen ist bei ausgefahrenen Klappen kein Slippen erlaubt, das Handbuch gibt darüber Auskunft).

7. Kurz vor dem Aufsetzen die Kabinentüren öffnen. Bei einem Überschlag erleichtert dies das Aussteigen.

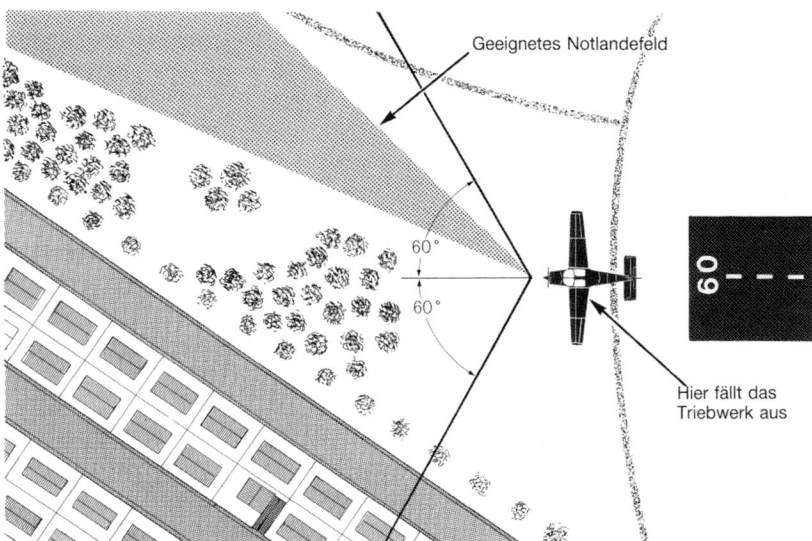

Geeignetes Notlandefeld

60°

60°

Hier fällt das
Triebwerk aus

Abb. 48: Fällt nach dem Start das Triebwerk aus, sollte man aus Sicherheitsgründen den Kurs höchstens um 60 Grad nach links oder rechts korrigieren. Im dargestellten Fall bringt eine leichte Rechtskurve das Flugzeug zu einem sicheren Notlandefeld (gerasterte Fläche).

8. Der Versuchung umzukehren und auf dem Flugplatz zu landen, muß man unbedingt widerstehen.

Wie aber soll man sich verhalten, wenn man nur Bäume und Gebäude vor sich hat und keine Notlandefläche findet? Eine Kehrtkurve ist nicht anzuraten, weil die Trudelgefahr zu viele Risiken auch für Dritte in sich birgt. Zur Not kann man jedoch eine Straße anfliegen, wobei der Schaden oft in Grenzen gehalten werden kann. Und wenn man in Bäume hineinlanden muß, ist zwar das Flugzeug mit ziemlicher Sicherheit zerstört, aber die geringe Gleitgeschwindigkeit moderner Leichtflugzeuge bietet eine gewisse Sicherheit vor ernsthaften Verletzungen. Glücklicherweise gibt es nur wenige Flugplätze, wo die Abflugrichtung über ein Gebiet führt, das sehr schlechte Notlandemöglichkeiten bietet, und in diesen Fällen kommt der gewissenhaften Vorflugkontrolle und den Motor-Checks natürlich ganz besondere Bedeutung zu.

Motorausfall im Reiseflug

Bei Notlandung mit stehendem Motor sind viele Gesichtspunkte zu beachten, und im folgenden sind die wichtigsten aufgeführt:

1. Ist der Motor total ausgefallen, oder läuft er noch mit reduzierter Drehzahl?

2. Hat die Maschine eine geringe Gleitfluggeschwindigkeit oder schießt sie auf das Notlandefeld wie ein D-Zug zu?

3. Ist das Wetter gut oder hat man es mit schlechter Sicht, niedrigen Wolken, Niederschlag und starkem Wind zu tun?

4. Fliegt man über offenem Gelände, oder über Bergen, Wald, Wasser oder besiedeltem Gebiet?

5. Herrscht Tageslicht oder Dämmerung?

6. Trat der Motorausfall in sicherer Höhe ein, oder dauert es nur noch Sekunden, bis man am Boden ist?

7. Fliegt man in klarem Wetter, über den Wolken oder mitten drin nach Instrumenten?

Im folgenden werden alle diese Punkte im einzelnen behandelt.

1. Identifizierung des Schadens

Bei nur teilweisem Leistungsverlust hat man immerhin noch mehr Chancen, ein gut geeignetes Notlandefeld zu suchen. Aber wichtiger ist noch die Möglichkeit, die Symptome des Motorschadens zu identifizieren, um eventuell die Notsituation zu beenden. Dazu einige Anmerkungen.

Symptome	Mögliche Ursache	Behebung
Der Motor fällt ohne Warnung aus. Der Propeller dreht geräuschlos im Fahrtwind.	Sofort Kraftstoffdruck überprüfen. Ist er auf Null abgesunken, hat die mechanische Pumpe versagt.	Elektrische Hilfspumpe einschalten.

Gelegentliche Motoraussetzer, gefolgt von totalem Ausfall mit durchdrehendem Propeller.	Möglicherweise leergeflogener Tank.	Umschalten auf anderen Tank – falls noch Sprit an Bord!
Harte Erschütterungen im Flugzeug mit gleichzeitigen knallartigen Geräuschen.	Möglicherweise ein Defekt in der Magnetzündung. Falls dieser Zustand zu lange anhält, kann der Motor zerstört werden.	Auf jeden einzelnen Magneten umschalten, und das defekte System isolieren.
Drehzahlabfall, gefolgt von rauhem Lauf und Leistungsverlust.	Vergaservereisung, die zum Motorausfall führen kann.	Vorwärmung voll ziehen, verschlechterte Symptome ignorieren (siehe Seite 132), wenn die Leistung wieder hergestellt ist, Vorwärmung ausschalten, aber weiterhin aufmerksam auf Vereisung achten. Bei extremen Vereisungsbedingungen ständig mit Vorwärmung fliegen.
Metallische Geräusche, Ölverlust und möglicherweise Rauchentwicklung.	Mechanischer Schaden im Motor, beispielsweise Pleuelstangenbruch oder ähnliches.	Sofort Motor abstellen und umgehend Notlandung vorbereiten.

2. Gleitfluggeschwindigkeiten

Obwohl es gewisse Unterschiede gibt, kann man feststellen, daß die Gleitfluggeschwindigkeit bei den meisten leichten Einmots im Bereich zwischen 60 und 80 Knoten liegt. Bei guter Anflugtechnik sollte es möglich sein, das Notlandefeld mit vollem Klappenausschlag bei geringer Geschwindigkeit und Höhe zu erreichen, darauf wird später noch eingegangen.

3. Wetterverhältnisse

Schlechtes Wetter jeglicher Art (Regen, Schnee oder verminderte Sicht) begrenzt natürlich die Wahl des Notlandegeländes. Aber wenn die Höhe noch ausreicht, um nach dem günstigsten Feld zu suchen, sollte man mit Rückenwind fliegen, um mehr Gelände absuchen zu können. Bei starkem Wind sollte man mit Gegenwind landen, weil dann natürlich die Aufsetzgeschwindigkeit vermindert wird, und damit auch die Gefahr der Schäden beim Aufsetzen. Die Zelle soll den Aufprall-Stoß abmildern, so daß die Insassen der Maschine relativ gut geschützt sind.

4. Gelände

Eine Notlandung in den Bergen ist natürlich eine sehr ernste Angelegenheit. Aber selbst unter diesen extremen Umständen kann der Pilot einiges unternehmen, um das Risiko ernster Verletzungen zu vermindern. In den meisten Fällen zahlt es sich aus, wenn man im Tal, möglichst in der Nähe einer Straße landet. Aber bei welligen Bodenverhältnissen ist es besser, bergauf zu landen.

Es gab einige bemerkenswert erfolgreiche Notlandungen in besiedelten Gebieten, aber das hängt natürlich sehr davon ab, ob man beispielsweise einen Park, einen Fußballplatz oder eine Hauptstraße erreichen kann. Der Erfolg eines solchen Manövers erfordert aber die Fähigkeit, das Flugzeug mit korrekter Geschwindigkeit präzise auf den richtigen Anflug zu dirigieren. Eine Notlandung in Bäume hinein kann ohne Verletzungen für die Insassen verlaufen, vorausgesetzt das Flugzeug kommt mit geringer Geschwindigkeit gegen den Wind herein. Kleine Lücken im Wald erlauben den Anflug zwischen den Bäumen, und die Erfahrung zeigt, daß die Insassen beim Abreißen der Flügel nur geringe Verzögerungen fühlen. Selbst mit relativ großen Flugzeugen ist dies schon gelungen. Eine andere Sache allerdings sind Notwasserungen, dazu braucht man gute Kenntnisse der See, so daß man die Wirkung der Dünung und der Wellen gut einschätzen kann. Bevor man einen Überwasserflug durchführt, sollte man sich auf jeden Fall etwas genauer mit Notwasserungs-Verfahren befassen.

5. Landungen bei Dunkelheit

Je mehr die Dunkelheit hereinbricht, desto schwieriger wird natürlich eine Notlandung. Aber man kann selbst bei Nacht ein Flugzeug so herunterbringen, daß niemand schwer verletzt wird. Stehen keine beleuchteten Straßen als Orientierungshilfen zur Verfügung, dann dreht man in den Wind, reduziert die Fahrt bis zur Mindestgeschwindigkeit, schaltet bei Annäherung an den Boden die Landescheinwerfer ein und versucht den im Lichtkegel auftauchenden Hindernissen vorsichtig auszuweichen.

6. Flughöhe

Große Höhe bedeutet viel Gleitzeit, und man kann das bestgeeignete Landefeld aussuchen. Ein Pilot, der eine Reiseflughöhe von 6000 ft wählt, ist deshalb besser dran als ein anderer, der in 1000 ft Höhe von einem Motorausfall überrascht wird.

7. Wolken

Das Hauptproblem bei Motorausfällen in oder über den Wolken liegt darin, daß man ins Ungewisse sinkt. Über Funk sollte man – falls erreichbar – Radarhilfe anfordern und sich um Hindernisse wie Hügel, Hochspannungsleitungen und Seen herumdirigieren lassen. In solchen Situationen wird auch deutlich, wie wichtig es ist, stets die Position des Flugzeugs genau zu kennen. Wenn man mit einer Einmot, bei der ein Motorausfall unausweichlich zum Sinkflug führt, in oder über den Wolken fliegt, sollte man genau wissen, ob man unter sich beispielsweise einen großen See hat, links davon jedoch offenes Gelände liegt.

Der Wendezeiger arbeitet normalerweise getrennt vom künstlichen Horizont und hängt auch nicht vom Motor ab. Und in solchen Notsituationen ist es von besonderem Wert, wenn man mit Hilfe weniger Instrumente zu fliegen imstande ist. Doch ein im Fahrtwind durchdrehender Propeller erzeugt normalerweise so viel Drehzahl, daß die Vakuumpumpe, die den künstlichen Horizont antreibt, auch bei Motorausfall weiter funktioniert.

Abschließend nochmals die beiden wichtigsten Faktoren, die bei Notlandungen zu beachten sind:

a) Windrichtung und -geschwindigkeit

b) Position bezogen auf Hindernisse und auf ideale Notlandegebiete

Die Notlandung

Obwohl sich die meisten Lehrbücher damit befassen, wie man ein Notlandefeld nach Färbung, Aussehen und Besiedelungsnähe beurteilt, gibt es für den Endanflug nur wenige Empfehlungen. Die Amerikaner bevorzugen einen spiralförmigen Sinkflug über dem Landefeld, andere sehen Vorteile in einem S-förmigen Anflug.

Eine von vielen Flugschulen favorisierte Methode jedoch hat den Vorteil, daß sie sowohl einfach durchzuführen ist als auch Möglichkeiten für ständige Korrekturen bietet. Im Grunde genommen läuft es darauf hinaus, eine beinahe normale Platzrunde zu fliegen (Abb. 49), wobei der Gegenanflug in 2000 ft beginnt, so daß man den Queranflug in 1000 ft über Grund einleiten kann. Natürlich muß man ungefähr wissen, wie hoch das Gelände liegt. Es lohnt sich also, außer Funknavigations- auch topographische Karten mitzuführen.

Im Gegenanflug kann man nochmals versuchen, den Motor wieder in Gang zu bringen:

1. Kraftstoffpumpe ein

2. Schalter ein

3. Gemisch auf reich

4. Tankschaltung wechseln

5. Vorwärmung ziehen

Falls dieser Versuch fehlschlägt, in ausreichender Höhe einen Notruf absetzen. Dann die üblichen Checks durchführen, Brandhahn schließen, Zündung ausschalten und Gemischhebel auf Motorstop ziehen. Zugleich die Sicherheitsgurte festziehen. Der Batteriehauptschalter muß offen bleiben, bis die Klappen ausgefahren sind. Hat die Maschine ein Einziehfahrwerk, sollte man es ausfahren, damit es beim Aufsetzen in rauhem Gelände den Insassen zusätzlichen Schutz bieten kann.

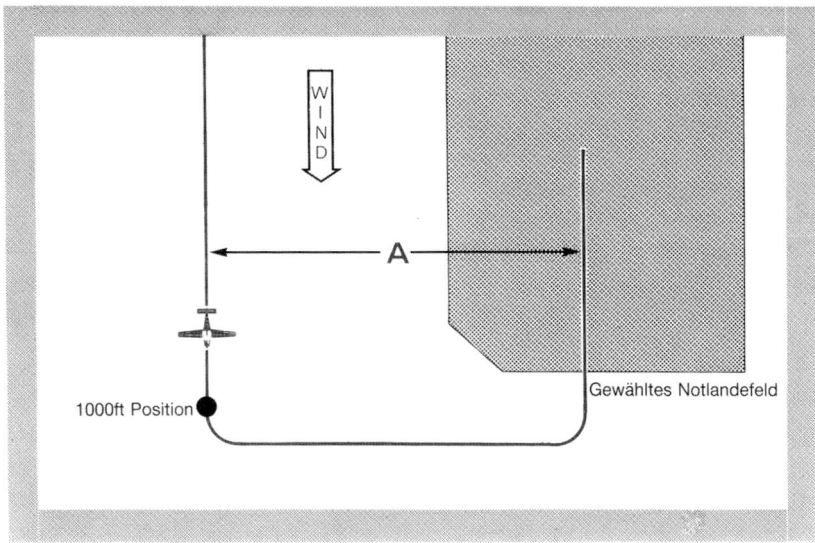

Abb. 49: Der korrekte Punkt des Einkurvens zum Queranflug wird oft falsch gewählt. Er sollte in 1000 ft Höhe liegen, etwa eine Landefeldbreite (A) querab vom Anflugweg und kurz vor dem Beginn des Einkurvens in den Queranflug.

Es gibt eine Reihe von häufig zu beobachtenden Fehler, auf die etwas näher eingegangen werden soll. Erstens neigen viele Piloten dazu, den Gegenanflug zu nahe am Landefeld durchzuführen, so daß sie dann im Queranflug Schwierigkeiten bekommen. Ideal ist die Distanz A in Abb. 49 dann, wenn die Flügelspitze genau über das Landefeld zeigt. Ein anderer schwerer Fehler, der den ganzen Landeanflug zu einem Mißerfolg werden lassen kann, besteht darin, daß man das Einleiten des Queranflugs in 1000 ft Höhe falsch ansetzt. Abb. 50 zeigt, daß wenn man den Gegenanflug zu weit ausdehnt und vielleicht auch noch sehr nahe

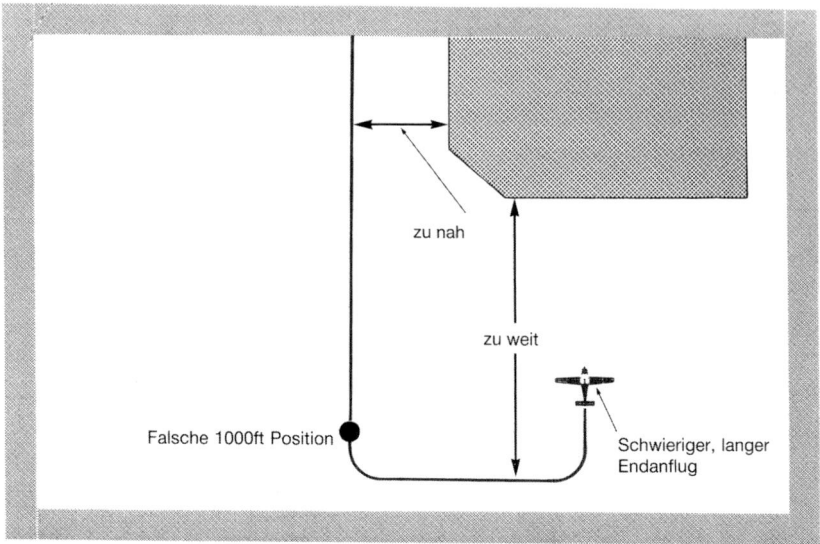

Abb. 50: Viele Piloten setzen die 1000 ft Position falsch an und haben dann einen langen, schwer zu korrigierenden Endanflug vor sich.

am Landefeld fliegt, nur noch wenige Korrekturmöglichkeiten bleiben. Denn der Pilot muß dann genau im richtigen Moment eindrehen und ohne Motorleistung einen langen Endanflug durchführen und das ist eine der schwierigsten Aufgaben. Man vergleiche dies jetzt mit Abb. 51: Der Pilot ist im Gegenanflug nicht zu weit geflogen, führt einen relativ langen Queranflug durch, bei dem er aus der Abdrift die Windstärke abschätzen und entsprechend vorhalten kann, und er hat verschiedene Möglichkeiten, um in den Endanflug einzudrehen.

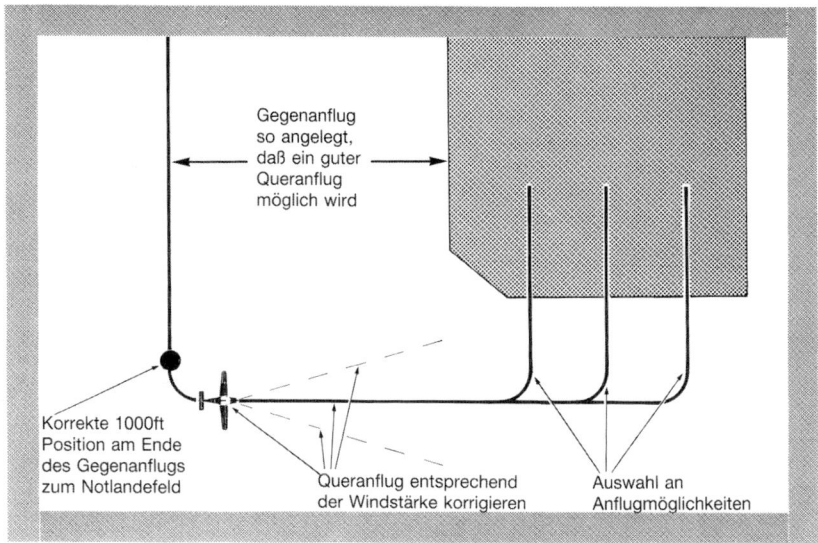

Gegenanflug
so angelegt,
daß ein guter
Queranflug
möglich wird

Korrekte 1000ft
Position am Ende
des Gegenanflugs
zum Notlandefeld

Queranflug entsprechend
der Windstärke korrigieren

Auswahl an
Anflugmöglichkeiten

Abb. 51: Durch die Wahl der korrekten 1000 ft Position kann der Pilot im Queranflug noch entsprechend korrigieren und im bestgeeigneten Moment zum Endteil einkurven.

Der Endanflug und die Landung

Da man überschüssige Höhe zwar leicht los wird, bei zu geringer Höhe aber in erhebliche Schwierigkeiten kommt, sollte man lieber etwas zu hoch anfliegen. Man wählt zunächst einen Aufsetzpunkt etwa beim ersten Drittel der vorgesehenen Landefläche. Wenn feststeht, daß man das Feld wirklich erreicht, setzt man schrittweise die Klappen, um den Aufsetzpunkt näher heranzuholen. Ist das Landefeld sehr klein, kann man sich ohnehin nicht den Luxus erlauben, zu weit zu kommen. Dieses Verfahren ist in Abb. 52 dargestellt.

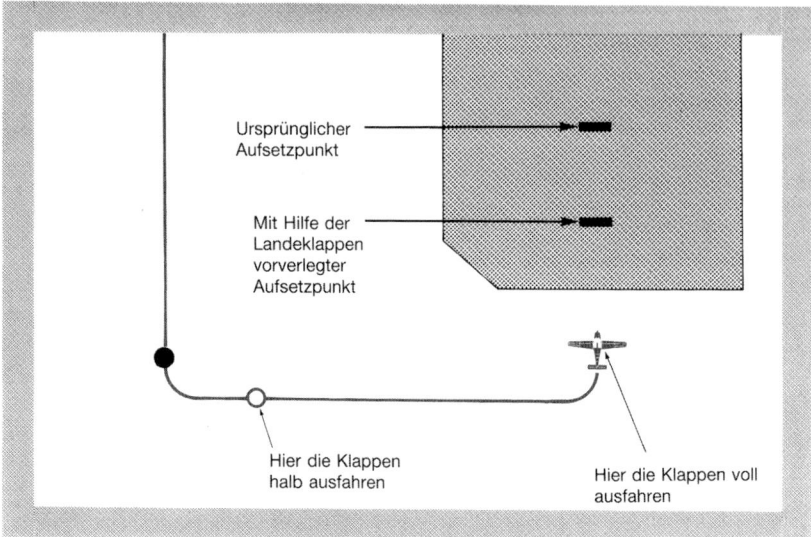

Ursprünglicher
Aufsetzpunkt

Mit Hilfe der
Landeklappen
vorverlegter
Aufsetzpunkt

Hier die Klappen
halb ausfahren

Hier die Klappen voll
ausfahren

Abb. 52: Man sollte kurz nach Beginn der Landefläche aufzusetzen versuchen, nicht erst nach einem Drittel der Fläche. Mit dem Einsatz der Landeklappen kann man den Aufsetzpunkt näher heranholen.

Es kann sinnvoll sein, schon im Queranflug etwa 10 Grad Klappen zu setzen, aber man muß auf jeden Fall für das Eindrehen in den Endteil die Fahrt halten. Das ist ein kritischer Punkt, an dem Piloten in ihrer Aufregung leicht dazu tendieren, die Fahrt so weit absinken zu lassen, daß die Trudelgefahr sehr groß wird. Hat man den Aufsetzpunkt festgelegt, müssen die Klappen voll ausgefahren werden, außer bei Seitenwind natürlich.

Im letzten Stadium des Anfluges zeigt sich nun natürlich, daß das Landefeld, das aus 2000 ft wie ein schöner Billardtisch aussah, eine Menge kleiner Hindernisse aufweist, und man muß jetzt sehr vorsichtig den Steinbrocken, Baumstümpfen oder Gräben auszuweichen versuchen. Die Landung selbst sollte so langsam wie möglich durchgeführt werden, man hält die Maschine also so lange wie möglich in der Luft und setzt fast in Dreipunktlage auf. Beim Bremsen hält man das Höhensteuer voll gezogen, um das Bugrad zu entlasten.

Schon kurz vor dem Aufsetzen sollte man die Türen öffnen, um schnell die Maschine verlassen zu können, falls es zu einem Überschlag kommt. Ist die Notlandung gut gelungen, wird das Flugzeug gesichert. Dann sucht man das nächste Telefon, um den Zielflugplatz anzurufen.

Das Üben von Notlandungen

Wie bei den meisten Notsituationen kann man sich auf Notlandungen am besten durch Übung vorbereiten. Aber dabei ist nicht zu vergessen, daß nach langen Gleitflügen in kaltem Wetter eine Übung sehr schnell zu einem echten Notfall werden kann. Man muß deshalb in gewissen Abständen den Motor wieder etwas aufwärmen und dabei auch die Vorwärmung ziehen. Man braucht nicht so tief zum Boden zu gleiten, bis man jeden Grashalm zählen kann, bevor man wieder Gas gibt und wegsteigt – es reicht ein Übungsanflug bis direkt an die Grenze des Notlandefeldes. Vorsicht vor Hochspannungsleitungen!

Wer Glück hat, erlebt nie eine Notlandung mit stehendem Motor. Aber sollte es einmal passieren, dann ist es gut, wenn man entsprechend darauf vorbereitet ist.

9. Grundsätzliche Bedienungsfehler

Was sind eigentlich Bedienungsfehler? Das Wort Bedienung ist ein sehr allgemeiner Begriff und umfaßt unter anderem die Art und Weise, wie die Steuerung benutzt wird. Es ist beispielsweise falsch, eine Kurve nur mit dem Seitenruder zu fliegen. Das Ruder muß vielmehr koordiniert mit den anderen Steuerorganen eingesetzt werden. Auch die korrekte Bedienung des Triebwerks ist wichtig, denn davon hängt es ab, ob der Motor problemlos und sparsam läuft oder ob er viel verbraucht und vorzeitig überholt werden muß.

Wer sich nicht gute Bedienungsverfahren angewöhnt hat, gerät in Gefahr, wenn plötzlich eine ungewohnte Situation auftritt. Man mag gut über die Runden kommen, wenn alles nach Plan läuft, aber sobald irgendeine Krise auftaucht, führen schlechte Angewohnheiten zu einer Verschärfung der Gefahr.

Es gibt nur wenige geborene Flieger. Was aber muß der Rest von Piloten tun, um selbst unter Streßsituationen ein Flugzeug sicher fliegen zu können? Die Antwort liegt natürlich darin, daß man die korrekte Bedienung und die richtigen Verfahren übt. Im folgenden sollen die verschiedenen Bedienungsfehler in logischer Folge behandelt werden.

Rollmanöver

Diese Anmerkungen sind sowohl auf einmotorige als auch auf zweimotorige Maschinen anwendbar. Einige der beschriebenen Fehler werden sehr oft gemacht, andere kommen seltener vor, aber man sollte versuchen, alle möglichst zu vermeiden.

Losrollen ohne Übersicht zu gewinnen

Das kann dazu führen, daß man mit allen möglichen Hindernissen kollidiert, mit Werkzeugboxen, anderen Flugzeugen oder Menschen. Bevor man losrollt, sollte man also sorgfältig die Umgebung der geparkten Maschine beobachten, vor allem wenn man aus einer engen Parklücke herausrollen muß. Am besten läßt man sich mit Handsignalen herauswinken.

Unterlassen der Bremstests

Sobald man eine kurze Strecke gerollt ist, sollte man kurz das Gas wegnehmen und in die Bremsen steigen. Hat man einen Copiloten dabei, sollte er auch auf seiner Seite die Bremsen überprüfen, sonst könnte es böse Überraschungen geben, wenn man ihm das Steuer überläßt.

Drehen auf einem Rad

Wenn man auf engem Raum manövrieren muß, gerät man oft in Versuchung, auf einer Seite voll zu bremsen und um das stehende Rad zu drehen. Das führt aber zu erheblichen Drehbelastungen der betreffenden Fahrwerksstreben, und auch der Reifen kann dadurch beschädigt werden. Es kann natürlich manchmal nötig werden, mit sehr engem Radius zu kurven, und wenn dazu Bremseinsatz nötig ist, sollte man dies aber nicht übertreiben. Kurze, scharfe Bremsbetätigungen genügen meist, ohne daß dabei ein Rad blockiert wird.

Bei zweimotorigen Maschinen führt man enge Kurven am besten so durch, daß man auf der Kurveninnenseite etwas weniger Gas gibt als auf der kurvenäußeren, dann die Bugradsteuerung voll ausschlägt und mit vorsichtigem Bremseinsatz etwas nachhilft. So kann man sehr enge Kurven rollen, ohne das Fahrwerk zu sehr zu beanspruchen. Diese Technik ist allerdings nur bei zweimotorigen Kolben- und Turbopropflugzeugen anwendbar, nicht bei Jets mit Hecktriebwerken, weil die Motoren zu eng beieinanderliegen, um genügend asymmetrischen Schub zu erzeugen. Diese Flugzeuge haben aber meist eine kraftverstärkte Bugradsteuerung, die sehr enge Rollmanöver ermöglicht.

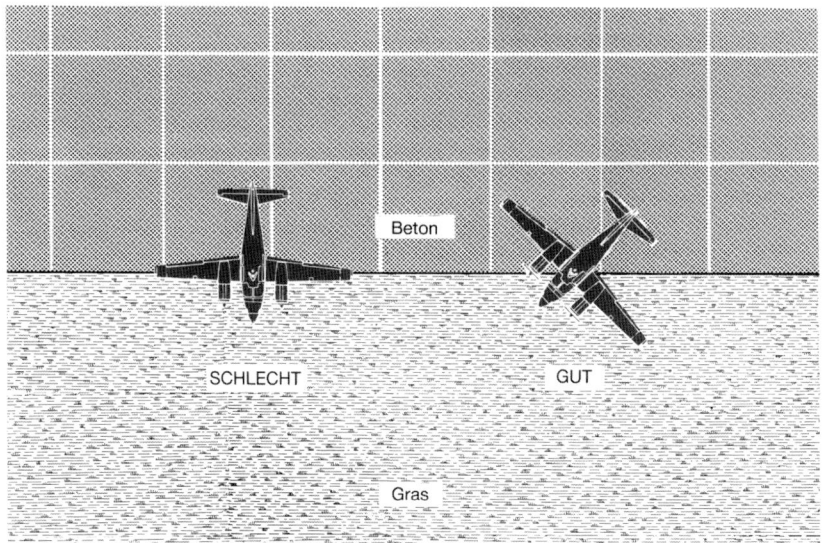

Abb. 53: Korrekter Übergang von einer Fläche zur anderen beim Rollen.

Schlechter Übergang von Beton auf Gras

Manchmal muß man auf Grasflächen parken. Wenn man vom Gras auf eine Betonbahn rollen will, bedeutet dies meist die Überwindung einer kleinen Stufe, da beide unterschiedlichen Flächen nur selten genau in einer Ebene liegen. Man sollte nicht unterschätzen, welche Stöße dabei entstehen können, wenn man zuerst mit dem Bugrad und dann gleichzeitig mit beiden Haupträdern eine solche Betonkante überwinden muß. Auch beim Übergang vom Beton auf Gras ist oft ein Höhenunterschied zu überwinden. Man kann manchmal Piloten beobachten, die wie eine Planierraupe hemmungslos drauflosrollen, wobei der Motor hochgejagt wird und das Fahrwerk unter dieser Belastung vibriert. So sollte man eine Maschine nicht behandeln und in Abb. 53 wird gezeigt, daß es auf jeden Fall zu empfehlen ist, eine solche Bodenkante schräg zu überrollen, wobei jeweils nur ein Rad die Kante überquert. Man darf auch nicht vergessen, daß die Bodenfreiheit des Propellers bei den meisten kleineren Einmots sehr gering ist. Heftige

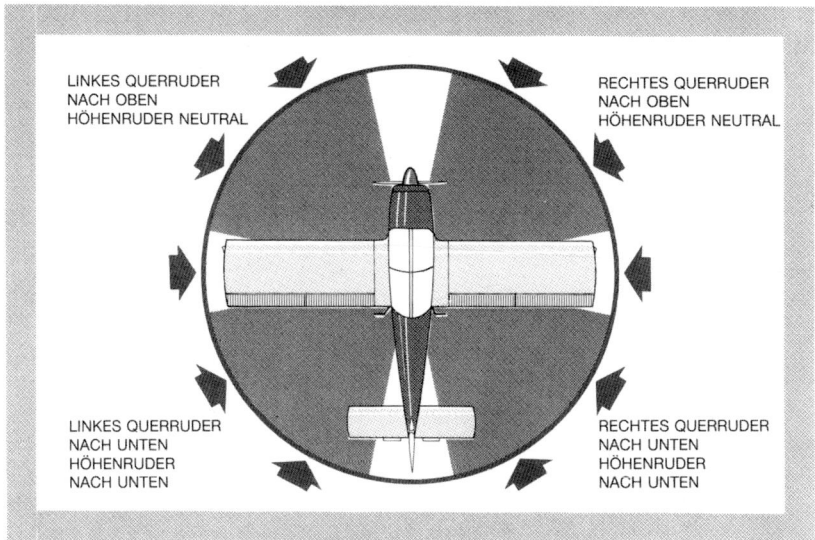

LINKES QUERRUDER
NACH OBEN
HÖHENRUDER NEUTRAL

RECHTES QUERRUDER
NACH OBEN
HÖHENRUDER NEUTRAL

LINKES QUERRUDER
NACH UNTEN
HÖHENRUDER
NACH UNTEN

RECHTES QUERRUDER
NACH UNTEN
HÖHENRUDER
NACH UNTEN

Abb. 54: So bedient man die Steuerung beim Rollen in starkem Wind.

Nickbewegungen können auf unebenem Grund zu kostspieligen Bodenberührungen des Propellers führen.

Falsche Berücksichtigung des Windes

Moderne Leichtflugzeuge, vor allem solche mit Bugrad, können am Boden normalerweise sehr gut manövriert werden, selbst bei kräftigem Wind. Aber es hat schon Fälle gegeben, daß sich zwei- und viersitzige Maschinen beim Rollen in starkem Wind überschlagen haben. Möglicherweise lag die Windstärke über den Limits dieser Flugzeuge, aber selbst dann hätte mit korrektem Einsatz der Steuerung ein solcher schwerer Schaden vermieden werden können.

Abb. 54 soll daran erinnern, welche Steuerausschläge beim Rollen in starkem Wind erforderlich sind, aber im Prinzip ist die Sache sehr einfach. Man bewegt die Steuerung so wie in der Illustration gezeigt. Wenn der Wind von vorne kommt, braucht man das Höhensteuer nicht voll zu drücken, es genügt eine

Stellung etwas vor der neutralen Position (auch wegen der geringen Bodenfreiheit des Propellers).

Kommt man in eine Situation, in der ein Überschlag droht, sollte man sich nicht scheuen anzuhalten und per Funk Hilfe anzufordern. Es ist billiger, einen Mann zum Festhalten der Flügelspitzen zu beschäftigen als eine ganze Mannschaft, die später das beschädigte Flugzeug reparieren muß.

Zu schnelles Rollen

Als die Flugzeuge noch Schleifsporne und keine Bremsen hatten, war das Rollen am Boden der schwierigste Teil der Fliegerei. Nicht viel besser war es später, als Seilzug-Trommelbremsen eingeführt wurden – sie ließen sehr schnell in ihrer Wirkung nach und fielen gerade dann aus, wenn man sie am nötigsten brauchte. Dann bekamen die Flugzeuge gute Bremsen und voll schwenkbare Heckräder, und jetzt begann die große Zeit der Überschläge!

Die Einführung der Bugradfahrwerke (zuerst in Amerika) und der Scheibenbremsen (in Großbritannien) schließlich löste alle Probleme und heute kann man ein Flugzeug am Boden bewegen wie ein Auto. Aber immer wenn eine Sache vereinfacht wird, neigen manche Leute gleich zur Übertreibung. Die Bremsen arbeiten gut, das Bugrad kann problemlos gesteuert werden, und man hat freie Sicht nach vorne: So geben sie unbekümmert Gas und fegen die Rollwege entlang, als ob sie ein Formel 1-Rennen gewinnen müßten.

In der Ausbildung wird meist empfohlen, etwa so schnell zu rollen wie ein kräftig ausschreitender Fußgänger. Moderne Flugzeuge können zwar durchaus auch bei schnellerem Tempo sicher gerollt werden (man stelle sich ein Fußgängertempo vor, wenn man auf einem großen internationalen Airport vom Vorfeld zur Startbahn rollen will), aber selbst kleine Flugzeuge sind viel ausladender als ein PKW, und wenn man bei schnellem Rollen unvorsichtig kurvt, gerät die Maschine sehr leicht außer Kontrolle. Dabei kann sogar das Fahrwerk wegbrechen und großer Schaden entstehen. Es empfiehlt sich also, immer mit Vorsicht zu rollen.

Der Start

Mangelndes Ausrichten auf die Centreline

Aus unerklärlichen Gründen wollen manche Piloten entlang der Pistenkante starten (und landen). Natürlich liegt es im Ermessen jedes Piloten, ob er sich an die Centreline halten will oder nicht. Aber es ist nicht ungefährlich, dicht an der Kante der Bahn entlangzurollen: Seitenwind oder ein geplatzter Reifen können die Maschine sehr schnell von der Bahn drängen, und wenn man beim Start nicht genau die Richtung einhält, kann man leicht ins Gras geraten oder, schlimmer noch, mit den Befeuerungslampen kollidieren. Startet man aber genau auf der Centreline, hat man links und rechts genügend Sicherheitsabstand, und bei schlechter Sicht bieten die weißen Striche eine gute Orientierung.

Falsche Bedienung des Höhensteuers

Einmotorige Flugzeuge sind vorne vollgepackt mit der schweren Triebwerksanlage. Direkt darunter ist das Bugrad an einer langen Strebe montiert. Beim Rollen, Starten und Landen müssen das Bugrad und seine Strebe harte Schläge aushalten, vor allem bei unebener Oberfläche. Die Größe der Stoßbelastungen steigt mit dem Quadrat der Geschwindigkeit. Daraus folgt, daß man alles tun sollte, um das Bugrad so gut wie möglich zu entlasten. Die Methode ist recht einfach: Man zieht am Höhensteuer, um beim Start das Bugrad schnell vom Boden wegzubringen. Urteilt man nach der großen Zahl gebrochener Bugradfahrwerke, so scheint es klar zu sein, daß viele Piloten diese einfache Vorsichtsmaßnahme leider ignorieren. Besonders bei Leichtflugzeugen ist dies wichtig, während das Problem bei größeren Maschinen nicht so gravierend ist. Es gibt Piloten, die genau das Gegenteil tun und das Höhensteuer drücken, was in bestimmten Fällen sehr gefährlich werden kann. Man stelle sich einen Start vor, bei dem zunächst alles ganz normal abläuft. Um eine sichere Abhebegeschwindigkeit zu erreichen, drückt man aber leicht das Höhensteuer. Es gibt Flugzeuge, vor allem solche mit Pendelhöhenruder, die dann dazu neigen, mit den Haupträdern zuerst abzuheben, so daß die Maschine nur noch auf dem Bugrad rollt. In diesem Moment wird das Flugzeug wegen des Propellerdralls, der auf die Flügelwurzeln und das Leitwerk trifft, aber unstabil, und die Sache wird besonders ernst, wenn Seitenwind herrscht. Da die Haupträder keine seitliche Führung mehr bieten, kann sich das Flugzeug frei um das Bugrad drehen: Die Maschine rollt wie ein Schubkarren. Wenn das passiert, muß man sofort das Höhensteuer ziehen, um die Haupträder wieder fest auf den Boden zu bringen. Sollte die Maschine bereits aus der Richtung geraten sein, nimmt man das Gas weg und bremst die Maschine ab. Die Gefahren eines Zweimot-Starts bei Geschwindigkeiten unter V_{mca} wurden bereits im Kapitel 6 (Seite 99–101) beschrieben.

Der Steigflug

Abgesehen von der weitverbreiteten Unsitte, die elektrische Hilfspumpe schon kurz nach dem Abheben auszuschalten (siehe Seite 151–152) werden im Steigflug oft folgende Fehler gemacht.

Falsche Motoreinstellung

Außer bei Turboladermotoren mit automatischer Ladedruckkontrolle, wird der Ladedruck konstant abfallen, wenn ein Flugzeug steigt. Um dies auszugleichen, sollte man den Gashebel schrittweise nach vorne schieben, um den korrekten Ladedruck aufrechtzuerhalten. Andernfalls leidet die Steigleistung.

Falsche Bedienung der Kühlluftklappen

Nicht alle Triebwerke haben Kühlluftklappen, aber wenn sie vorhanden sind, sollten sie auch mit Verstand benutzt werden. Während langer Steigflüge an heißen Tagen warnt ein Blick auf die Zylinderkopf-Temperaturanzeige vor Überhitzung des Motors. Falls dies passiert, muß man die Kühlluftklappen weiter öffnen. Andernfalls verdünnt sich das Öl, der Öldruck sinkt gefährlich, und der Motor kann sehr schnell zerstört werden.

Schlechte Fahrtkontrolle

Die beste Steigrate erreicht man normalerweise bei einer angezeigten Geschwindigkeit, die dem Anstellwinkel mit der besten Gleitzahl entspricht. Braucht man die bestmögliche Steigrate, dann ist sie nur bei dieser Geschwindigkeit zu erreichen, und man kann sie am einfachsten durch genaues Austrimmen einhalten. Über 4000 bis 5000 ft reduziert man normalerweise die Fahrt um einen Knoten pro tausend Fuß. Die genauen Werte kann man dem Flughandbuch des betreffenden Typs entnehmen.

Welche Art von Steigflug man auch immer wählt – maximale Steigrate, maximaler Gradient oder Steigen mit bester Reiseleistung (die nützlichste Methode für den Alltagsbetrieb) – immer ist die Einhaltung der korrekten Geschwindigkeit wichtig, vor allem, wenn man ein Flugzeug mit relativ geringer Leistung fliegt.

Mangelnde Luftraumbeobachtung

Selbst schwach motorisierte leichte Einmots erreichen sehr beachtliche Steigwinkel, wodurch die Sicht nach vorne ziemlich beeinträchtigt wird. Europäische Flugzeuge bieten bessere Sichtverhältnisse nach vorne als die meisten amerikanischen. Aber selbst im Flugzeug mit bester Sicht ist man nicht absolut davor sicher, daß man in gefährliche Nähe einer anderen Maschine gerät, ohne sie rechtzeitig zu sehen. Dagegen gibt es zwei vorbeugende Maßnahmen:

a) Gelegentlich nachdrücken, Luftraum aufmerksam beobachten und Steigflug wieder fortsetzen.

b) Gelegentlich links und rechts von der Steigrichtung wegkurven, um besser nach vorne sehen zu können.

Von diesen beiden Methoden bevorzuge ich die zweite. Denn im Falle a) können negative Beschleunigungen auftreten, die für die Passagiere unangenehm sind.

Unsauberes Fliegen im Steigflug

Bekanntlich produziert der Propeller an nützlichen Dingen nur den Schub. Daneben macht er Lärm, verschwendet 20 Prozent der Motorleistung für nichts, und erzeugt einen spiralförmigen Luftstrom, der sich um den Rumpf herumwindet, so daß das Flugzeug zum Gieren neigt, wenn der Propellerstrahl auf die Seitenflosse trifft. Natürlich sind im Flugzeug verschiedene Maßnahmen getroffen, um den Effekt des Dralls zu mildern, aber gegen die Wirkungen unterschiedlicher Motorleistungen hilft nur eine Seitenrudertrimmung. Alle anderen Methoden können nur bei einer bestimmten Geschwindigkeit und Motorleistung wirksam sein.

Die verschiedenen Flugzeugtypen reagieren mehr oder weniger empfindlich auf Leistungsänderungen. Aber im Steigflug wirkt sich der Drall am stärksten aus, wenn bei relativ geringer Geschwindigkeit die Motorleistung am höchsten ist. Wieviel Seitenruder man geben muß, um die Maschine im Steigflug sauber fliegen zu können, variiert von Typ zu Typ, aber es kann ein erheblicher Druck auf das Seitenruderpedal nötig sein, um die Kugel des Wendezeigers in der Mitte zu halten. Im Interesse der Bequemlichkeit, der effizienten Steigleistung, der genauen Instrumentenanzeige und der Sicherheit (ein Überziehen mit hoher Leistung in Schiebeflug ist interessant zu beobachten – aber nur vom Boden), sollte man in der von der Kugel angezeigten Richtung Seitenruder geben und dies während des ganzen Steigflugs beibehalten.

Der Reiseflug

Unkorrekter Übergang vom Steig- zum Reiseflug

Manche Piloten beginnen mit dem Übergang schon etwa 50 ft vor Erreichen der gewählten Reiseflughöhe, aber diese Methode ist nur bei sehr stark motorisierten Maschinen sinnvoll. Die meisten leichten Einmots steigen mit 650 bis 1200 ft/min, und es ist besser, die Reiseflughöhe erst zu erfliegen, bevor man zur Reiseleistung übergeht. Andere empfehlen, die Reisehöhe um 50 ft zu überschießen, so daß man in anschließendem leichten Gleitflug die Reisegeschwindigkeit schneller erreicht, aber im Grunde genommen hat es wenig Sinn, zuerst zu steigen, um dann wieder zu sinken. Die gebräuchlichste Methode sieht etwa so aus:

1. Bei Erreichen der gewünschten Flughöhe zuerst den Luftraum beobachten, dann nachdrücken und die Maschine in Reisefluglage bringen.

2. Steigleistung beibehalten, bis die Reisegeschwindigkeit nahezu erreicht ist.

3. Motor auf Reiseleistung einstellen.

4. Leistung, Fluglage und Trimmung genau nachregeln, um die Reisegeschwindigkeit zu erreichen.

Es gibt Piloten, die solange warten, bis die Reisehöhe erreicht ist, dann reduzieren sie die Motorleistung, während sich die Maschine immer noch in Steigfluglage befindet. Sie wundern sich, warum sie Höhe verlieren, während sie auf Reisegeschwindigkeit zu beschleunigen versuchen.

Unsauberes Fliegen

Ein weitverbreiteter Fehler besteht darin, einen Flügel hängenzulassen. Das führt unweigerlich dazu, daß die Maschine zum Kurven neigt, so daß der Pilot Gegenseitenruder geben muß. Der Grund für dieses falsche Verhalten mag in folgendem liegen:

a) Das Steuer wird mit der Faust umklammert, was bei leichten Flugzeugen jedes Gefühl für die Steuerung verhindert, und man überdrückt dabei leicht die Trimmung.

b) Quer- oder Seitenruder-Trimmkanten, die nur am Boden eingestellt werden können und falsch justiert sind.

Um die Seitenrudertrimmung zu testen, kann man bei ruhigen Wetterverhältnissen im Reiseflug die Flügel horizontal halten und dann die Füße von den Pedalen nehmen. Wenn jetzt die Kugel aus der Mitte wandert, muß am Boden die Trimmkante in die entgegengesetzte Richtung gebogen werden. Bei Querrudern gibt es heutzutage kaum Probleme.

Wechselnde Flughöhe

Man sollte einmal genau den Höhenmesser beobachten. Bleibt die Nadel konstant oder schwankt sie um 300 ft über und unter der geplanten Flughöhe? Dieses Nachjagen nach der Höhenmessernadel ist ein weit verbreiteter Fehler, und dafür gibt es andere Ursachen:

Der Pilot erlitt bei dieser dramatischen Notlandung nur geringe Verletzungen. Das Ausleiten aus dem Trudeln wird auf Seite 186 erklärt.

a) ungenaue Trimmung

b) zu festes Umklammern des Steuers, so daß das Gefühl verlorengeht

c) falsche Motoreinstellung

Wenn man gewöhnt ist, mit einer bestimmten Reisegeschwindigkeit zu fliegen, wenn man alleine unterwegs ist, darf man nicht damit rechnen, daß die Verhältnisse bei voll besetzter Maschine völlig gleich sind. Man hat zwei Möglichkeiten:

a) Motorleistung wie üblich einstellen und eine etwas verringerte Reisegeschwindigkeit in Kauf nehmen.

b) Motorleistung erhöhen, um das größere Gewicht der Maschine auszugleichen.

Kurvenflug

Mangelnde Luftraumbeobachtung

Bei weitem der verbreitetste Fehler ist der, daß Piloten vor dem Einleiten einer Kurve nicht zuerst den Luftraum beobachten, in den sie hineindrehen. Hochdekker bieten in der Kurve praktisch keine Sichtmöglichkeit, der Pilot kann nicht in die Kurve hineinsehen. Das Risiko daraus resultierender Reaktionen, vor allem in Gebieten mit viel Verkehr, ist ganz erheblich. Daß weniger Kollisionen vorkommen, als man befürchten müßte (wenn man die in dieser Beziehung herrschende Sorglosigkeit in Betracht zieht), ist weniger das Verdienst der Piloten, sondern hat vielmehr seine Ursache darin, daß am Himmel noch viel Platz ist.

Überschießen des Kurses

Oft muß man, vor allem beim Instrumentenfliegen, die Richtung ändern und einen bestimmten Kurs einhalten. Im IFR-Flug sind 1-Minuten-Kurven die Regel, aber im VFR-Flug kann man natürlich enger kurven.

Meist warten die Piloten so lange, bis der neue Kurs erscheint. Sie leiten dann die Kurve zu spät aus und überschießen den richtigen Radial, bzw. das QDM und müssen folglich wieder zurückkurven. Das ist unsauberes Fliegen.

Richtig ist es, etwa 10 Grad vor Erreichen des neuen Kurses die Kurve auszuleiten, bei einer 1-Minuten-Kurve genügt es, 5 Grad vorher auszuleiten.

Mangelnde Luftraumbeobachtung beim Ausleiten

Ebenso wie beim Einleiten, kümmern sich auch beim Ausleiten einer Kurve viele Piloten nicht um die Luftraumbeobachtung – sie vergewissern sich nicht, ob die neue Flugrichtung wirklich frei ist. Es könnte dort immerhin eine riesige Gewitterwolke stehen oder ein anderes Flugzeug den Kurs kreuzen. Also ist es auch beim Ausleiten einer Kurve empfehlenswert, sorgfältig aus dem Fenster zu schauen.

Vor Flugmanövern

Bestimmte Flugmanöver wie Überziehen, Trudeln und Kunstflug bedeuten einen nicht unerheblichen Höhenverlust. Ein guter Pilot wird sein Flugzeug so bedienen, daß keine losen Teile durch die Kabine fliegen (außer bei negativen Beschleunigungen), und man muß auf jeden Fall einige Vorsichtsmaßnahmen treffen.

Im Interesse der Sicherheit wurden einige Checks entwickelt, die man vor Überzieh-, Trudel- oder Kunstflugmanövern durchführen sollte. Nachfolgend wird ein Verfahren beschrieben, das von der Royal Air Force in Großbritannien entwickelt wurde, wobei andere Methoden sicher genauso gut sein können. Die Reihenfolge dieses Checks sieht so aus:

1. *Höhe:*   ausreichend für das Manöver

2. *Zelle:*   Klappenstellung wie erforderlich

3. *Sicherheit:*   Gurte festgezogen, Türen verriegelt, keine losen Teile in der Kabine.

4. *Triebwerk:*   Temperaturen und Drücke normal, Hilfspumpe eingeschaltet, Propeller für Vollgaslauf eingestellt (bei den meisten Motoren etwa 2400 RPM).

5. *Position:*   Außerhalb des kontrollierten Luftraums, nicht über besiedeltem Gebiet, über Flugplätzen etc.

6. *Luftraumbeobachtung:* Kurve fliegen, um nach anderen Flugzeugen Ausschau zu halten.

Kurz vor jedem Manöver, bei dem mit Leerlauf geflogen wird, muß die Vorwärmung eingeschaltet werden. Dabei kann man auch deren Funktion überprüfen. Auch wenn der Gemischhebel irrtümlich gezogen ist, fällt dies jetzt sofort auf, weil der Motor aussetzen wird.

Das Überziehen

Ungeachtet der Tatsache, daß die Höhenruderwirkung bei geringen Geschwindigkeiten nachläßt, versetzen der unmögliche Winkel, den man beim Überziehen eines modernen Leichtflugzeugs erreichen muß, und die verschiedenen akustischen Überziehwarnungen noch immer viele Leute in Unruhe. Der Grund mag darin liegen, daß nicht alle Piloten begriffen haben, daß die Fluglage an sich nicht der entscheidende Faktor ist. Fliegt man beispielsweise mit geringer Geschwindigkeit geradeaus und reduziert die Motorleistung, dann sinkt das Flugzeug. Die anströmende Luft kommt jetzt von unten mit erhöhtem Anstellwinkel, und wenn er 15 bis 16 Grad überschreitet, gerät die Maschine ins Überziehen, obwohl sie eine horizontale Fluglage hat (Abb. 55).

Da man die Luftströmung nicht sehen kann (es sei denn, im Cockpit wäre ein Anstellwinkel-Anzeiger installiert), muß man mit dem Fahrtmesser zurechtkommen.

Nicht alle Flugzeuge benehmen sich beim Überziehen sehr angenehm. Einige kippen über den Flügel in einer Art und Weise ab, daß man leicht ins Trudeln geraten kann. Moderne Leichtflugzeuge verfügen über Querruder, die auch beim Überziehvorgang noch gut wirksam bleiben, aber einige ältere Typen können sehr unangenehm reagieren, wenn man beim Überziehen die Querruder betätigt. Da man im Notfall nicht erst fragen sollte, ob man bei dem betroffenen Flugzeug die Querruder benützen darf oder nicht, ist das Standard-Abfangverfahren für

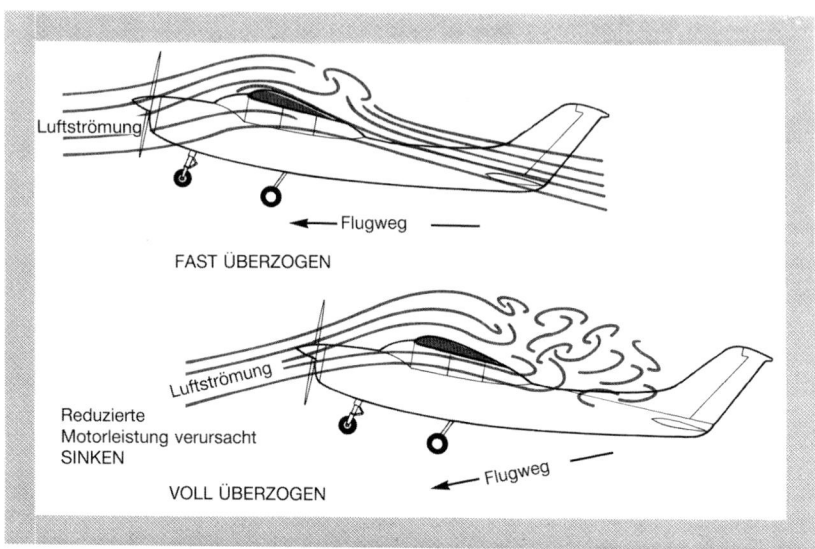

Abb. 55: Fluglage und Überziehvorgang. Das obere Flugzeug fliegt bei geringer Geschwindigkeit nahe am überzogenen Zustand. Eine Reduzierung der Motorleistung veranlaßt das Flugzeug zum Sinken (unteres Bild), wenn die Luft von unten anströmt und den Anstellwinkel vergrößert, so daß das Flugzeug überzieht, obwohl die Fluglage unverändert bleibt.

alle Typen anwendbar. Nachfolgend die wichtigsten Bedienungsfehler. Das Ziel der Übung sollte immer ein möglichst geringer Höhenverlust sein.

Falsche Bedienung von Höhenruder und Gas

Wenn man den Höhenverlust möglichst gering halten will, muß man sofort Gegenmaßnahmen einleiten:

a) Nachdrücken, bis die Nase etwas unter den Horizont zeigt.

b) Vollgas geben.

Wurde das Überziehmanöver so weit getrieben, daß die Nase schon unter den Horizont gefallen ist, braucht man natürlich nicht mehr nachzudrücken. Auch

Vollgas zu geben hat wenig Sinn, weil das Flugzeug dann zu schnell wegtauchen würde. In diesem Fall sollte man so verfahren:

a) Höhensteuer nachlassen (es hat in erster Linie das Überziehen verursacht).

b) Leicht Gas geben, um das Fahrtaufholen zu unterstützen.

c) Langsam aus dem Stechflug abfangen.

Ist die Maschine noch nicht vorne abgekippt, bevor man das Ausleiten beginnt, sollte es möglich sein, bei einem Leichtflugzeug mit einem geringen Höhenverlust von nicht mehr als 100 ft auszukommen.

Wenn man im Steigflug mit hoher Motorleistung überzieht (und das kommt vor, man mag es glauben oder nicht), dann drückt man am besten nach bis in Horizontalfluglage oder etwas unter den Horizont. Die Vollgasleistung läßt man stehen.

Falsches Verhalten bei seitlichem Abkippen

Kippt die Maschine beim Überziehen über einen Flügel ab, führt diese Rollbewegung auch zu einem Giermoment in dieselbe Richtung. Bei geringer Geschwindigkeit sind dies die besten Voraussetzungen für das Trudeln. Die natürliche Reaktion gegen einen im Überziehen wegkippenden Flügel wäre, Gegenquerruder zu geben. Das kann bei manchen Flugzeugtypen gutgehen, bei anderen ist es höchst gefährlich.

Nehmen wir beispielsweise an, daß der linke Flügel abkippt. Bewegt man nun die Quersteuerung nach rechts, entsteht eine Situation, in der der abkippende Flügel noch mehr überzogen wird, und die gefürchtete Trudelneigung verstärkt sich. Dieser Fall ist in Abb. 56 dargestellt. Bei manchen Flugzeugen führt dieses Verhalten in kürzester Zeit zum Trudeln, und die beste Methode, um mit dieser Situation fertig zu werden, sieht so aus:

1. Wenn das Flugzeug überzieht, sofort nachdrücken bis unter den Horizont.

2. Vollgas geben (bei bereits nach vorne abgekippter Maschine allerdings nur Halbgas).

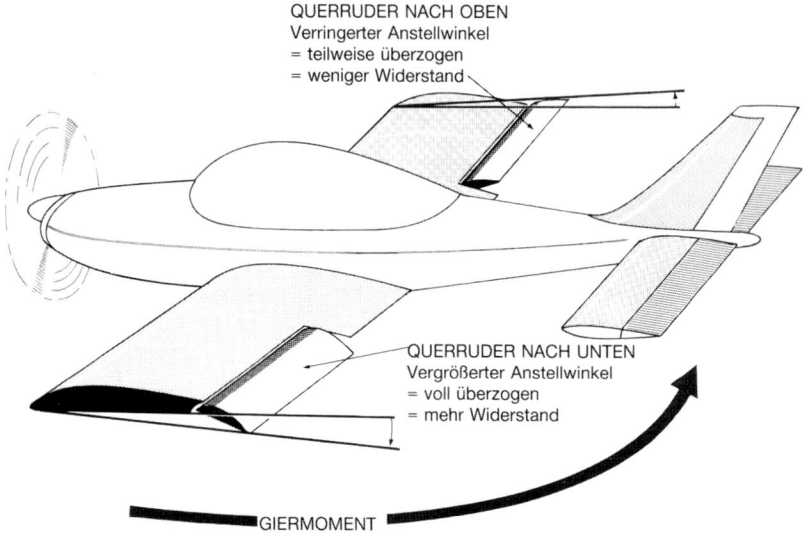

QUERRUDER NACH OBEN
Verringerter Anstellwinkel
= teilweise überzogen
= weniger Widerstand

QUERRUDER NACH UNTEN
Vergrößerter Anstellwinkel
= voll überzogen
= mehr Widerstand

GIERMOMENT

Abb. 56: Die Benutzung der Querruder zum Aufrichten des Flügels beim Überziehen ist gefährlich. Bei einigen Flugzeugen kann das nach unten ausschlagende Querruder den Überziehvorgang an diesem Flügel verstärken, so daß dessen Widerstand steigt und ein Giermoment erzeugt wird. Alle Voraussetzungen für das Trudeln sind damit geschaffen.

3. Wenn ein Flügel abkippt, etwas Gegenseitenruder geben, um das Gieren zu stoppen. Auf keinen Fall versuchen, mit vollem Seitenruderausschlag den Flügel aufzurichten.

4. Ist die notwendige Fahrt wieder aufgebaut, in den Normalflug übergehen und nötigenfalls die Maschine mit dem Querruder wieder aufrichten.

Mangelnde Luftraumbeobachtung

Manche Piloten vergewissern sich zwar vor Beginn von Flugmanövern, daß der Luftraum frei ist, führen dann aber eine lange Reihe von Überzieh-Übungen durch, wobei das Flugzeug eine beachtliche Entfernung zurücklegt. Es kann mittlerweile über einer Stadt oder über einem Flugplatz sein, es kann in kontrollierten Luftraum oder in einen militärischen Übungsbereich geraten. Deshalb sollte man zwischen allen Übungsmanövern immer wieder den Luftraum beobachten und die Position feststellen.

Das Trudeln

Eines der Probleme beim Trudeln ist, daß dieser Flugzustand trotz vieler Erfahrungen und trotz zahlloser Veröffentlichungen für viele Piloten ein Buch mit sieben Siegeln geblieben ist. Man hält das Trudeln für eine geheimnisumwitterte Sache, die man am besten den etwas lebensmüden Zeitgenossen überlassen sollte. In vielen Ländern gehört das Trudeln nicht zum Ausbildungsplan für die Privatpiloten-Lizenz. Großbritannien jedoch gehört zu den wenigen Ländern, in denen der große Wert der Trudeleinweisung seit langem erkannt worden ist. Heute werden die viersitzigen Flugzeuge so gebaut, daß sie nur schwer ins Trudeln zu bringen sind, wenn lediglich die vorderen Sitze besetzt sind. Bei dieser Gewichtsverteilung hat das Höhenruder nicht genügend Wirkung, um das Flugzeug in so große Anstellwinkel zu bringen, daß es in das Trudeln geraten könnte. Aber vollbeladen neigt dieselbe Maschine sehr leicht dazu, denn der Schwerpunkt rückt nach hinten, und damit wird nicht nur die Höhenruderwirkung beim Ziehen verstärkt, sondern es verringert sich gleichzeitig der Hebelarm zwischen Leitwerk und Schwerpunkt, so daß das Moment des Seiten- und Höhenruders kleiner wird (siehe Abb. 2 auf Seite 28). Und wenn es darum geht, einen Trudelzustand – sei er beabsichtigt oder nicht – möglichst schnell zu beenden, ist dieser Verlust an Steuerwirksamkeit natürlich sehr nachteilig.
Solange Flugzeuge trudeln können, ob legal oder nicht, sind solche Piloten, die keine geeigneten Ausleit-Verfahren beherrschen, in Gefahr. Nach meiner Meinung sollten alle Piloten lernen, wie man trudelt und aus diesem Zustand wieder herauskommt. Ob sie dann weiterhin in Übung bleiben wollen, ist ihre Sache. Ich habe viele Piloten erlebt, darunter auch sehr erfahrene, die nicht wußten, wie man das Trudeln einleitet. Und noch schlimmer: Sie hatten auch keine Ahnung, wie man das Trudeln wieder beendet! Bevor die entsprechenden Verfahren erklärt werden, soll ganz generell auf den Trudelzustand eingegangen werden.

Die Anatomie des Trudelns

Die Abfolge von Ereignissen, die zum Trudeln führen kann, sieht so aus (vergleiche dazu Abb. 57):

1. Das Flugzeug fliegt mit geringer Fahrt, etwa 5 Knoten über der Überziehgeschwindigkeit, wenn Seitenruder gegeben wird (in unserem Beispiel nach links).

2. Es entsteht ein Giermoment, das eine Rollbewegung in derselben Richtung hervorruft.

3. Der hochgehende Flügel (rechts) wird nun mit geringerem Anstellwinkel angeströmt, der hängende (links) mit einem größeren, weil die Strömung mehr von unten kommt.

4. In dieser Phase ist der hochgehende Flügel nur teilweise oder gar nicht überzogen, während der hängende Flügel voll überzogen ist. Der daraus folgende Widerstandsanstieg führt zu einer Verstärkung des Giermoments, das den ganzen Vorgang eingeleitet hatte.

5. Das Flugzeug befindet sich jetzt in einer stabilen Autorotationsphase. Sie setzt sich aus Bewegungen um alle drei Achsen zusammen:
   a) Gieren um die Hochachse (in unserem Beispiel nach links).
   b) Rollen in derselben Richtung um die Längsachse (beim Rückentrudeln laufen das Gieren und Rollen in entgegengesetzter Richtung ab).
   c) Nicken um die Querachse, und zwar nach oben, bezogen auf die Trudelachse.

Das Flugzeug setzt den Trudelvorgang fort (wobei die Fahrt etwa um die Überziehgeschwindigkeit herum schwankt, die Wendezeiger-Nadel voll ausgeschlagen ist und die Kugel in der entgegengesetzten Ecke liegt), bis ein Ausleitmanöver durchgeführt wird, und dabei verliert es natürlich sehr schnell an Höhe.

Warum trudeln manche Flugzeuge schneller als andere?

Ohne daß hier zu sehr in die Geheimnisse der Aerodynamik eingedrungen werden soll, muß doch zumindest festgestellt werden, daß die bisher gemachten

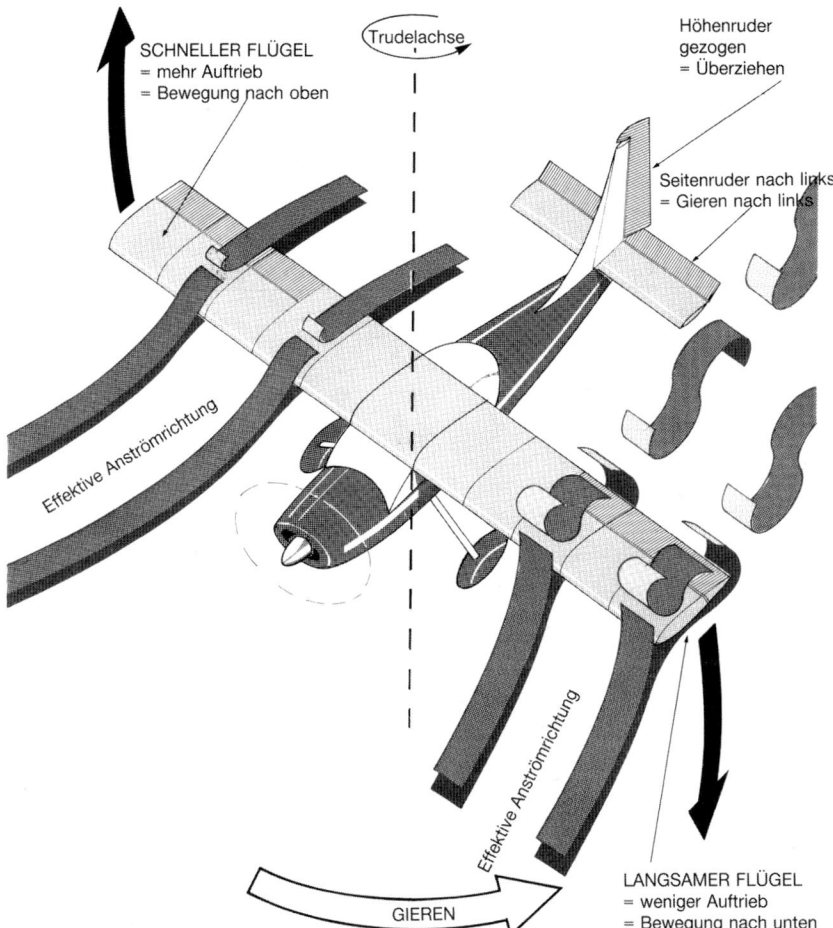

Abb. 57: Die Aerodynamik des Trudelns. Der nach oben gehende Flügel hat einen kleineren Anstellwinkel als der nach unten gehende, und ist infolgedessen noch nicht oder nur teilweise überzogen, während der andere Flügel voll überzogen ist, somit mehr Widerstand erzeugt, der wiederum das Giermoment verstärkt – das ist die Hauptursache für den entstehenden Trudelvorgang.

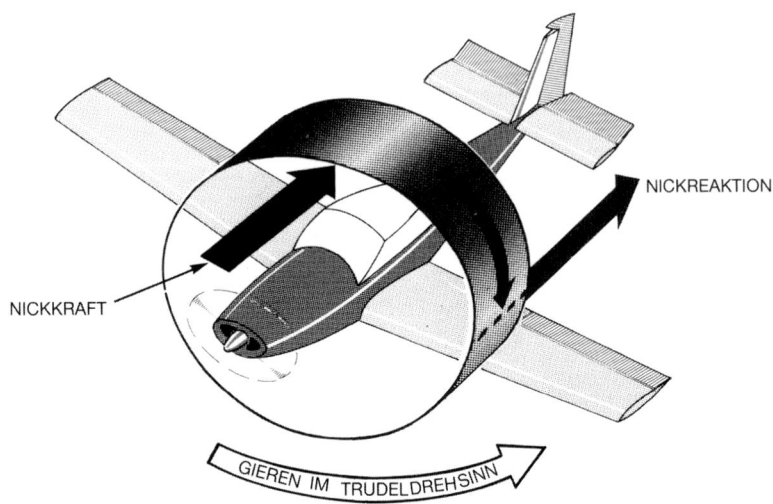

NICKREAKTION

NICKKRAFT

GIEREN IM TRUDELDREHSINN

Abb. 58: Kreiseleffekte der Flügel. Beim Trudeln rollt das Flugzeug, und die Flügel wirken wie ein Kreisel. Zugleich tritt ein Aufrichtmoment zur Trudelachse auf, das um 90 Grad präzessiert und ein trudelverstärkendes Gieren verursacht.

Feststellungen nur einen Teil des Problems beleuchten. Es sei zunächst in Erinnerung gerufen, daß sich ein großer, langsam rotierender Körper wie ein kleiner verhält, der schnell rotiert. Die Flügel wirken dabei wie ein großer Kreisel (Abb. 58). Das bereits erwähnte aufrichtende Nickmoment führt zu einer Kraft, die oben an diesem Kreisel angreift. Aufgrund der Kreiselgesetze entsteht jetzt eine um 90° versetzte Reaktionskraft, in unserem Fall also auf der linken Seite. Diese Eigenschaft eines Kreisels nennt man Präzession, und wenn sie auf die Flügel eines trudelnden Flugzeugs wirkt, verstärkt sie die ohnehin vorhandene Gierbewegung. Das Trudeln wird dadurch unterstützt.

Der Rumpf richtete sich inzwischen auf (Abb. 59) und wirkt dadurch seinerseits als Kreisel. Die rollenden Flügel erzeugen wiederum eine Kraft, die oben am

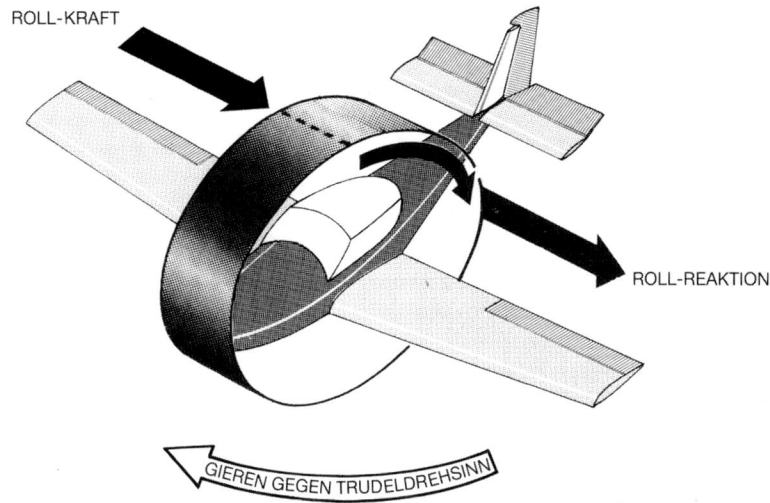

ROLL-KRAFT

ROLL-REAKTION

GIEREN GEGEN TRUDELDREHSINN

Abb. 59: Kreiseleffekte des Rumpfes. Beim Trudeln entsteht ein Aufrichtmoment des Rumpfes zur Trudelachse auf. Gleichzeitig rollt das Flugzeug, so daß durch den Präzessionseffekt ein um 90 Grad versetztes Giermoment entgegen dem Trudelsinn entsteht. Das Verhältnis zwischen den beiden Reaktionen in dieser Zeichnung und in Abb. 58 hat großen Einfluß auf die Trudeleigenschaften und auf die Ausleitcharakteristik.

»Rumpf-Kreisel« ansetzt, um 90 Grad präzessiert und als Reaktionskraft am Heck angreift und zwar entgegen der Trudelbewegung. Von dem Verhältnis dieser beiden Reaktionskräfte hängt es ab, ob ein Flugzeug aus dem Trudeln sicher herausgebracht werden kann. Das bedeutet in der Praxis:

1. Flugzeuge mit relativ schweren Flügeln (d.h. große Spannweite im Verhältnis zum Rumpf, oder zweimotorige Flugzeuge trudeln schnell und sind meist nur schwer wieder herauszubekommen.

2. Flugzeuge mit kleinen Flügeln und langem schwerem Rumpf (beispielsweise Jagdflugzeuge) zeigen ein langsames Trudeln, das leicht wieder beendet werden kann.

Ausleiten eines voll entwickelten Trudelvorgangs

Seit es Flughandbücher gibt, die als Bestandteil der Musterzulassung die Aura der Legalität umgibt, haben sie sich allmählich auch in die Ausbildungsverfahren eingeführt. Das wäre an sich nicht zu kritisieren, aber manchmal hat man den Eindruck, daß die Verfasser der Empfehlungen zum Ausleiten des Trudelns niemals Fluglehrer gewesen sein können. So haben wir es mit allen Spielarten gegensätzlicher Anweisungen zu tun und einige davon sind mißverständlich (z. B. »volles Seitenruder entgegen der Trudelrichtung«). Wie entscheidet man aber welche Drehrichtung gemeint ist – die Rolldrehung oder die Gierdrehung? Abgesehen davon, daß diese beiden Drehrichtungen beim Rückentrudeln gegenläufig sind. Dann liest man oft, man solle das Höhenruder halb ziehen. Wie kann man aus dem Cockpit beurteilen, ob das Ruder zu einem Drittel, zur Hälfte oder zu zwei Dritteln ausgeschlagen ist? Ein anderer Hersteller wiederum empfiehlt, das Höhensteuer voll zu drücken (nach meiner Erfahrung mit diesem Flugzeugtyp würde diese Methode aber dazu führen, daß sich die Maschine auf den Rücken legt), andere Firmen raten dagegen, das Höhensteuer voll zu ziehen, ohne zu erwähnen, daß man auch wieder einmal drücken muß, um die Flügel aus dem überzogenen Flugzustand herauszubringen.

Das Problem liegt darin, daß jede dieser Methoden bei einem ganz bestimmten Flugzeugtyp zwar möglicherweise funktioniert, eine allgemeine Verbreitung dieser Technik aber gefährlich sein kann. Das nachfolgend beschriebene Verfahren ist nicht meine Erfindung, es wird vielmehr bei vielen Luftwaffen für Kolbenmotor-Anfangstrainer angewendet. Man kann das Trudeln nur beenden, wenn man das Gieren beendet, also sieht die Ausleit-Methode so aus:

1. Überprüfen, ob Gashebel auf Leerlauf steht und die Querruder neutral sind.

2. Richtung der Gierbewegung feststellen, nötigenfalls mittels Wendezeiger, dann volles Seitenruder in die Gegenrichtung geben.

3. Einige Sekunden abwarten, um das Ruder wirken zu lassen, dann allmählich nachdrücken, bis die Trudelbewegung aufhört.

4. Seitenruder wieder neutral stellen und langsam den Gleitflug abfangen, Flügel bei zunehmender Geschwindigkeit mit den Querrudern aufrichten und Gas geben, wenn die Nase allmählich wieder den Horizont erreicht.

Abfangen eines beginnenden Trudelvorgangs

Wie fängt man eine Maschine ab, die in der Platzrunde zu trudeln beginnt? Überraschenderweise kann dies vorkommen, selbst im gutmütigsten Flugzeug. Man sollte dies einmal in einer Cessna 150 oder 152 üben – aber natürlich 3000 ft höher: Man nimmt die Fahrt auf etwa 55 bis 60 Knoten zurück, setzt die Klappen auf 10 Grad, wählt eine Drehzahl von etwa 1500 RPM und trimmt die Maschine aus. Jetzt stellt man sich vor, man sinkt im Queranflug, unterhält sich mit seinem Freund im rechten Sitz und bemerkt plötzlich, daß man die verlängerte Centreline bereits überflogen hat. Ein schlechter Pilot wird versuchen, schnell herumzukurven und er tritt dabei voll ins Seitenruder. Man sollte dies einmal ausprobieren – das Ergebnis könnte höchst überraschend sein. Denn auch die als relativ harmlos bekannten Typen werden sich dabei wie die meisten anderen Flugzeuge verhalten: Sie kippen sofort ins Trudeln, und man muß dann sehr schnell die Klappen einfahren, bevor deren Geschwindigkeitslimit überschritten wird.

So dramatisch diese kleine Demonstration auch erscheinen mag, ein guter Pilot kann ohne allzu großen Höhenverlust aus diesem Zustand herauskommen, und zwar so:

1. Volles Seitenruder entgegen der Gierbewegung (d.h. Gieren nach links, Seitenruder nach rechts).

2. Gleichzeitig das Höhensteuer leicht nachlassen.

3. Ist die Nase noch nicht zu sehr unter den Horizont gekippt, leicht Gas geben – andernfalls den Gashebel in seiner Position belassen.

4. Bei ansteigender Fahrt die Flügel mit dem Querruder aufrichten und Horizontalflug einnehmen.

Wie es zu einem beginnenden Trudeln kommen kann, zeigt Abb. 60.

Legendenbildung über das Trudeln

»Man muß zuerst überziehen, bevor man trudelt«
Die Seitenruder der meisten modernen Leichtflugzeuge verlieren ihre Wirkung bei sehr geringen Geschwindigkeiten. Wenn man also zuerst überzieht und dann

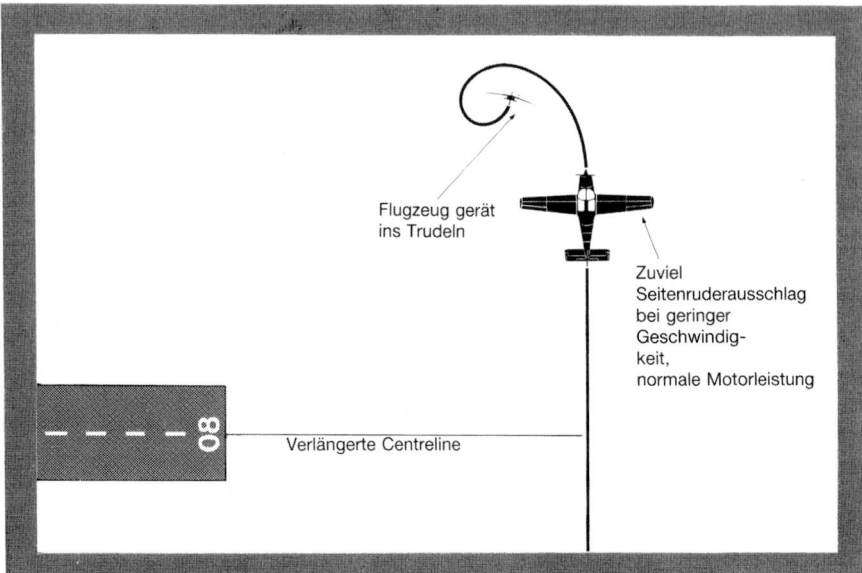

Flugzeug gerät
ins Trudeln

Zuviel
Seitenruderausschlag
bei geringer
Geschwindig-
keit,
normale Motorleistung

Verlängerte Centreline

Abb. 60: Der beginnende Trudelvorgang. In diesem Beispiel ist der Pilot über die verlängerte Centreline hinausgeflogen, hat dann versucht, durch Seitenruderausschlag bei geringer Geschwindigkeit die Situation zu korrigieren, und ist dadurch ins Trudeln geraten.

Seitenruder gibt, wird die Maschine kaum trudeln. Die Gefahr liegt darin, daß man schon bei einer Fahrt von 5 bis 10 Knoten über der Überziehgeschwindigkeit ins Trudeln geraten kann.

»Immer den Knüppel voll drücken«
Das kann bei einigen Flugzeugen im voll entwickelten Trudeln durchaus nötig sein. Aber nach erst einer oder zwei Umdrehungen (manche Flugzeuge sind nur bis zu drei Trudelumdrehungen zugelassen) könnte diese Methode zu einem halben Außenlooping führen. Es ist besser, das bereits beschriebene Verfahren anzuwenden und den Knüppel langsam nur so lange zu drücken, bis das Trudeln aufhört – nicht mehr.

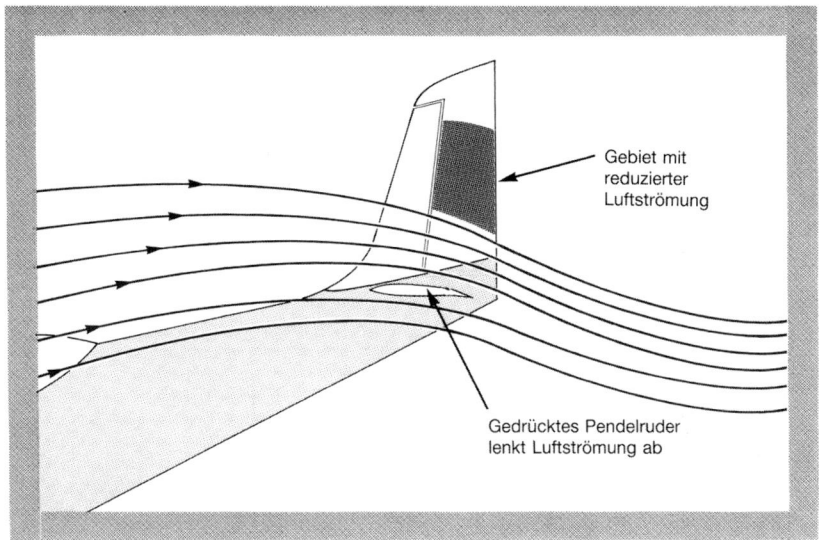

Gebiet mit
reduzierter
Luftströmung

Gedrücktes Pendelruder
lenkt Luftströmung ab

Abb. 61: Abschirmeffekt am Seitenruder. Wenn das Pendelruder sehr stark gedrückt wird, beispielsweise beim Ausleiten des Trudelns, wird die Luftströmung bei einigen Flugzeugtypen vom Seitenruder abgelenkt.

»Mein Flugzeug trudelt nicht«

Das ist schlichtweg Unsinn. Ich kenne ein Flugzeug, von dem behauptet wurde, daß es absolut trudelsicher sei. Alle glaubten daran – bis eine Gruppe junger Fluglehrer doch eine Methode fand – und dabei kam beinahe ein Pilot ums Leben. Es gibt in der Tat Flugzeuge, die nur unwillig ins Trudeln zu bringen sind. Aber das ist keine Entschuldigung dafür, daß man keine Ahnung hat, wie man wieder herauskommt, wenn man doch einmal ins Trudeln gerät.

Sinkflug und Landeanflug

Von größter Bedeutung ist auch hier wieder die Luftraumbeobachtung. Man sollte nie einen Sinkflug beginnen, bevor man sicher ist, daß alles frei ist. Leider kann man nicht direkt unter das Flugzeug sehen, es empfiehlt sich also, in einer leichten Kurve zu sinken, bis man die Platzrunde erreicht hat.

Vor einiger Zeit wurde an einem verkehrsreichen Flugplatz eine Untersuchung der Landetechniken durchgeführt, und es war überraschend, welche Unterschiede dabei zutage traten. Einige Landungen erwiesen sich sogar als ziemlich riskant. Der Anflug ist eine kritische Phase, bei der der Pilot sein Flugzeug total beherrschen muß. Allzuoft aber ist das Gegenteil der Fall. Nachfolgend sollen einige häufige Fehler behandelt werden.

Das Flugzeug ist dem Piloten voraus

Um diese Situation zu vermeiden, muß man rechtzeitig planen. Die vor der Landung nötigen Checks sollten vor dem Eindrehen zum Queranflug durchgeführt sein, im Queranflug selbst setzt man 10 bis 15 Grad Klappen.

Zu enger Abstand zu anderen Flugzeugen

Nicht selten fliegen Piloten in eine Platzrunde ein, in der sich bereits einige offensichtlich langsamere Maschinen befinden, machen aber keine Anstalten, um einen entsprechenden Abstand einzuhalten. Das führt dazu, daß man schließlich ausscheren und noch eine Platzrunde fliegen muß. Etwas gesunder Menschenverstand sollte eigentlich dazu führen, daß man entsprechend die Fahrt reduziert, wenn man vor sich ein anderes Flugzeug hat.

Falsches Einkurven zum Endteil

Die bei Seitenwind auftretenden Probleme beim Einkurven in den Endteil wurden schon auf Seite 89 behandelt und in Abb. 28 dargestellt. Aber selbst wenn der Wind genau auf der Bahn liegt, schaffen es manche Piloten, die verlängerte Centreline zu überschießen. Meist passiert das dann, wenn man im Gegenanflug zu nahe am Flugplatz geflogen ist, so daß der Queranflug zu kurz wird. Man sollte also in der Platzrunde keinen Raum verschenken und in einer weiten Kurve zum Endteil fliegen, nicht mit einer steilen, engen Kurve.

Schlechte Fahrtkontrolle

Ein Anflug mit geringer Geschwindigkeit birgt potentielle Gefahren in sich. Zu hohe Fahrt allerdings führt unter gewissen Bedingungen dazu, daß man die Landebahn überrollt. Man sollte sich angewöhnen, die korrekten Anfluggeschwindigkeiten unter wechselnden Bedingungen einzuhalten und dazu die Trimmung zu benutzen.

Falsche Bedienung des Gashebels (Abb. 62)

Für Kolbenmotor-Flugzeuge gilt nach wie vor die gute, alte Regel, daß die Fahrt mit dem Höhenruder, die Höhe mit dem Gas kontrolliert wird. Eine schlechte Kontrolle des Gleitpfades ist manchmal das Ergebnis einer gewissen Unsicherheit darüber, welches Mittel man wofür einsetzt, aber meist liegt die Ursache darin, daß man keinen richtigen optischen Bezugspunkt hat. Man sollte sich also irgendeinen Anhaltspunkt an der Frontscheibe suchen, auf den man die Landebahn-Schwelle beziehen kann, und dann verfährt man wie folgt:

1. Das Bild sollte statisch sein.

2. Wenn die Schwelle beginnt, in der Frontscheibe nach unten zu wandern und die Landebahn aufrecht zu stehen scheint, ist man zu hoch. Man nimmt das Gas etwas zurück und drückt etwas nach, um die Fahrt zu halten.

3. Bewegt sich die Schwelle nach oben, und wird die Piste in der Perspektive immer flacher, dann kommt man zu kurz. Etwas Gas geben und ziehen, um die Fahrt zu halten.

So ist es möglich, einen sehr genauen Anflug durchzuführen und an dem gewünschten Punkt aufzusetzen.

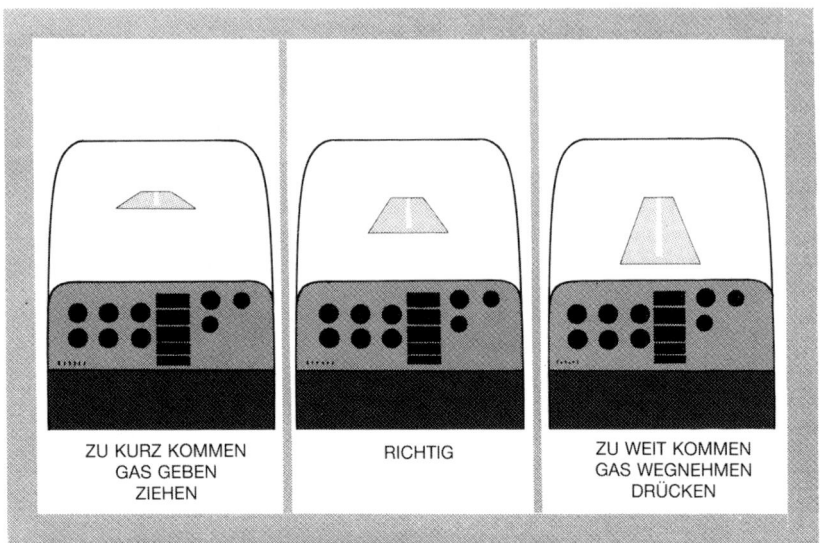

Abb. 62: Einteilung des Endanfluges. Der wichtigste Bezugspunkt ist die Position der Landebahn-Schwelle in der Frontscheibe. Eine zusätzliche Sichtreferenz wird durch die Perspektive der Landebahn gegeben (d. h. flach oder aufrecht stehend).

Fehlerhafter Einsatz der Klappen

Dieses Thema wurde zwar schon im Zusammenhang mit Kurzstarttechniken auf Seite 51/52 behandelt, aber die falsche Bedienung der Klappen kommt praktisch auf allen Plätzen vor, und die wichtigsten Fehlerquellen sind folgende:

1. Manche Piloten setzen nicht gerne die Klappen auf vollen Ausschlag, was dazu führt, daß das Flugzeug die Landebahn zu weit entlangschwebt und nie ganz genau unter Kontrolle ist.

2. Werden die Klappen jedoch voll gesetzt, dann geschieht das oft in einem Zug, meist im Queranflug.

Zu den grundlegenden Prinzipien fliegerischen Könnens gehörte es schon immer, weich von einem Flugzustand zum anderen überzugehen. Die Klappen von Flugzeugen älterer Konstruktion konnten nur ein- oder ausgefahren werden, es gab keine Zwischenstellungen. Heute kann man je nach augenblicklichem Bedarf die Stellung wählen: 10 bis 15 Grad im Gegenanflug, um bei reduzierter Fahrt die Maschine besser kontrollieren zu können und um die Sicht nach vorne etwas zu verbessern, halben Ausschlag im Endanflug, so daß man mit dem Gas den Sinkflug genau dosieren kann, etc.

Fährt man die Klappen zu früh voll aus, ergeben sich folgende Nachteile:

a) Man muß den Maximalwiderstand der Maschine mit hoher Motorleistung überwinden.

b) Wenn man aus irgendeinem Grund durchstarten muß, ist dies bei teilweise ausgefahrenen Klappen besser durchzuführen als mit vollem Ausschlag. Auch die Lastigkeitsänderungen sind in den meisten Flugzeugen kleiner, und wenn die Klappen wieder eingefahren werden müssen, ist die Tendenz zum Sinken geringer.

Erst im kurzen Endteil, wenn einer sicheren Landung nichts mehr im Wege steht, fährt man die Klappen voll aus. Nur so ist die Maschine perfekt auf das Aufsetzen vorbereitet. In dieser Phase des Anflugs sollte diese Entscheidung zum vollen Klappenausschlag auch nicht mehr von der Windstärke beeinflußt werden, und nur bei Seitenwind limitiert man natürlich den Klappenausschlag (entsprechend den Empfehlungen im Handbuch).

Falsche Geschwindigkeit im Anflug

Ein Anflug mit Motoreinsatz ist leichter zu beherrschen als ein reiner Gleitanflug mit Leerlauf, weil der Pilot mit einer Hand die Sinkrate, mit der anderen die Fahrt kontrollieren kann. Um diesen Vorteil jedoch voll nutzen zu können, muß man im letzten Teil des Anfluges eine Geschwindigkeit wählen, die um einiges niedriger ist, als diejenige für bestes Gleiten. Nur dann steht dem Piloten beim Gaswegnehmen eine sinnvolle Sinkrate zur Verfügung, um einen zu hohen Anflug korrigieren zu können.

Schlechter Gleitpfad

Die üblichen Fehler beim Anflug sind folgende:

1. Langer, niedriger Anflug mit zu hoher Leistung, behinderter Sicht nach vorne und schlechter Hindernisfreiheit.

2. Hoher, steiler Anflug mit Leerlauf, gefolgt von endlosem Ausschweben über der Landebahn und hartem Bremseinsatz am Ende der Piste.

Ideal ist ein Gleitpfad mit 3 Grad, und dazu können folgende Angaben eine nützliche Hilfestellung geben:

Entfernung von der Schwelle	Höhe über dem Platz
4 nm	1250 ft
3 nm	950 ft
2 nm	650 ft
1 nm	350 ft
½ nm	190 ft

Die Höhenangaben führen zu einem Überflug der Landebahn-Schwelle in etwa 30 ft.

Die Landung

Man könnte glauben, daß die Einführung des Bugradfahrwerks die Anzahl von Landeunfällen reduziert hätte. Denn Flugzeuge mit Bugrad sind wesentlich leichter zu landen als solche mit Heckrad. Doch fast in jeder Unfallstatistik finden sich immer wieder erschreckend viele gebrochene Bugradfahrwerke und verbogene Propeller. Vielleicht liegt dies daran, daß die Piloten mit Bugrad-Flugzeugen viel von den früheren Landetechniken verlernt haben. Man findet sogar Fluglehrer, die mit allen drei Rädern gleichzeitig oder gelegentlich sogar zuerst mit dem Bugrad aufsetzen. Und wenn es schon die Fluglehrer nicht mehr können, wer soll dann den Flugschülern bessere Landungen beibringen.

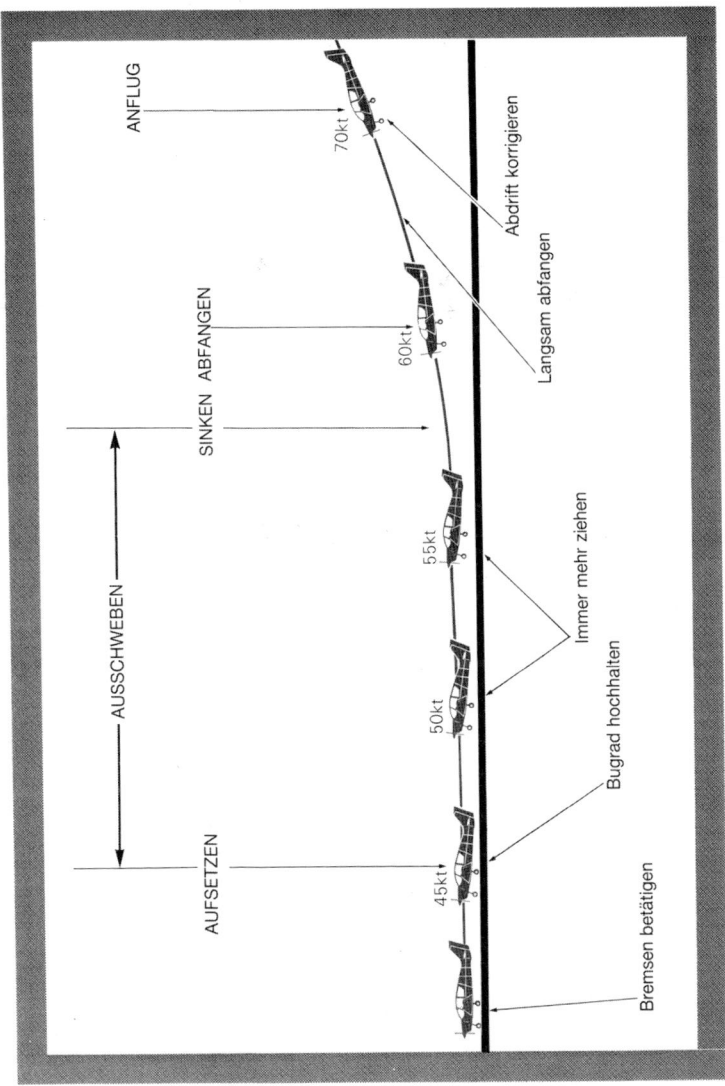

Abb. 63: Der korrekte Ablauf der Landung. Wenn man mit dem Hauptfahrwerk zuerst landet, ist die Aufsetzgeschwindigkeit gering, es besteht keine Gefahr des »Schubkarrenfahrens« und das Bugradfahrwerk wird weniger beansprucht.

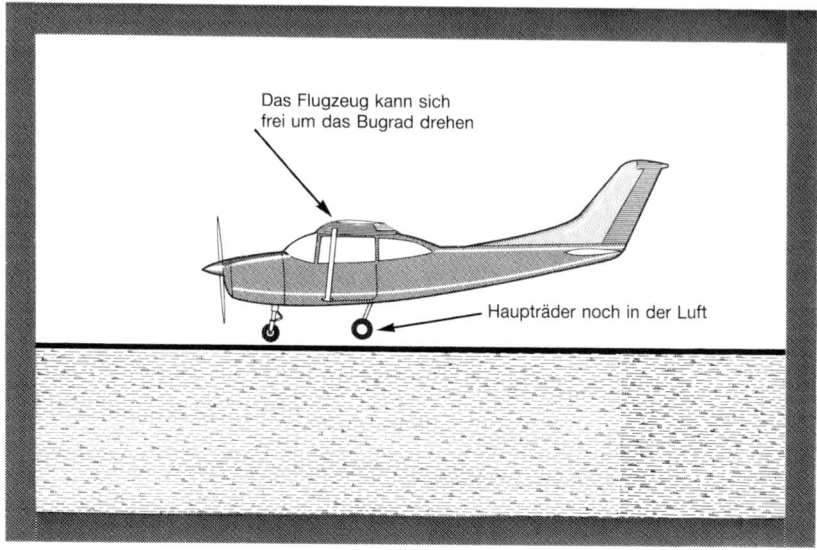

Abb. 64: Risiken, wenn das Bugrad zuerst aufsetzt. Wenn die Haupträder noch in der Luft sind können die kombinierten Effekte des Propellerdralls und des Seitenwindes dazu führen, daß das Flugzeug um das Bugrad dreht – eine Situation, die nur schwer oder gar nicht zu korrigieren ist.

Ob Bugrad oder nicht, man muß bei der Landung die Maschine »halten«, und weil diese Fertigkeit weitgehend verloren gegangen ist, gibt es so viele gebrochene Bugradstreben. Man sollte anstreben, mit hängendem Leitwerk zu landen, das Höhenruder gezogen zu halten und das Bugrad nach den Haupträdern vorsichtig aufsetzen zu lassen. Erst dann kann man die Bremsen sicher einsetzen. Der korrekte Ablauf einer Landung ist in Abb. 63 dargestellt. Das Gas wird erst nach dem Abfangen ganz herausgenommen.

Hält man die Maschine nicht konsequent bei der Landung, entstehen folgende Gefahrenmomente:

Hält man die Maschine nicht konsequent bei der Landung, entstehen folgende Gefahrenmomente:

a) Die Aufsetzgeschwindigkeit ist unnötig hoch, dadurch wird zu viel Verschleiß an Reifen, Bremsen und allen Teilen des Fahrwerks verursacht.

b) Es entsteht das Risiko, daß das Bugrad zuerst aufsetzt, so daß die Maschine »Schubkarren fährt« (wie auf Seite 96 erklärt und in Abb. 64 dargestellt).

Die in diesem Kapitel behandelten Unsitten sind bei vielen Sport- und Privatpiloten zu beobachten. Sicher gibt es noch andere, aber wenn nur einige der von mir beschriebenen Fehler eliminiert würden, könnte die Zahl der Unfälle deutlich reduziert werden.

10. Fliegen mit Wasserflugzeugen

Es gibt in der Tat schon beim Fliegen von Landflugzeugen genug Gelegenheiten, um sich in Schwierigkeiten zu bringen. Und wenn schon einiges fliegerisches Können dazugehört, um ein Landflugzeug sicher zu beherrschen, dann trifft dies um so mehr für Wasserflugzeuge zu, denn dabei muß man auch noch einiges Seefahrer-Geschick entwickeln. Das Studium der Dünung und der Wellenformen ist eine Sache für sich, und wer sich für die faszinierende Wasserfliegerei interessiert, sollte alles darüber lesen, was er in die Finger bekommen kann. Dieses Kapitel befaßt sich mit einigen der Fußangeln, in die unerfahrene Piloten geraten können, oder auch solche, die glauben, daß sie als geübte Landflugzeug-Piloten nicht viel dazu lernen müßten, um eine Schwimmermaschine oder ein Flugboot zu beherrschen. Zwei grundlegende Tatsachen muß man sich dabei vor Augen halten: Erstens gibt es in Wasserflugzeugen keine Bremsen, das ist wegen des Windes und der Strömung von Nachteil. Wenn das Triebwerk steht oder im Leerlauf läuft, hat ein Wasserflugzeug die natürliche Tendenz, sich in den Wind zu drehen, und das darf man nicht übersehen, wenn man in beengten Räumen manövriert. Zweitens darf man nicht vergessen, daß sich Schwimmerflugzeuge in der Luft viel schwieriger handhaben lassen als Landflugzeuge. Das Gewicht und der Widerstand der Schwimmer beeinträchtigen sowohl die Steigrate, als auch die Reisegeschwindigkeit, Gipfelhöhe, Gleitflugleistung und die Nutzlast.

Flugvorbereitung

Außer den üblichen Vorflugkontrollen müssen bei Wasserflugzeugen noch einige zusätzliche Punkte beachtet werden.

Überprüfen der Schwimmer

Die meisten Schwimmer sind mehr oder weniger undicht, besonders aber solche, die schon einige harte Wasserungen hinter sich haben. Es ist deshalb wichtig, die Bilgen zu überprüfen und nötigenfalls auszupumpen; denn jeder Liter Wasser erhöht das Gewicht des Flugzeugs. Ist das allein schon ein Nachteil, so könnte beispielsweise Wasser, das sich nur in einem Schwimmer angesammelt hat, zu einer Rolltendenz kurz nach dem Start führen.

Eine andere Gefahr entsteht, wenn sich das Bilgenwasser ganz vorne oder hinten in den Schwimmern konzentriert, weil dadurch die Schwerpunktlage der Maschine ernsthaft beeinträchtigt werden kann.

Geeignetes Schuhwerk

Schuhe mit Nägeln oder Eisenabsätzen können die oberen Flächen der Schwimmer beschädigen. Am besten sollten Piloten und Passagiere Schuhe mit weichen Sohlen tragen, die auch auf nassen Flächen guten Halt bieten.

Mindestausrüstung

Bevor man einen Flug antritt, sollten folgende Ausrüstungsgegenstände an Bord gebracht und sicher verstaut werden:

a) ein geeigneter Filter (z.B. aus Chamois-Leder), für das Auftanken aus Kraftstoff-Fässern.

b) Lenzpumpe.

c) Ruder.

d) Schwimmwesten für alle Insassen. Sie sollten entweder getragen oder leicht erreichbar verstaut werden.

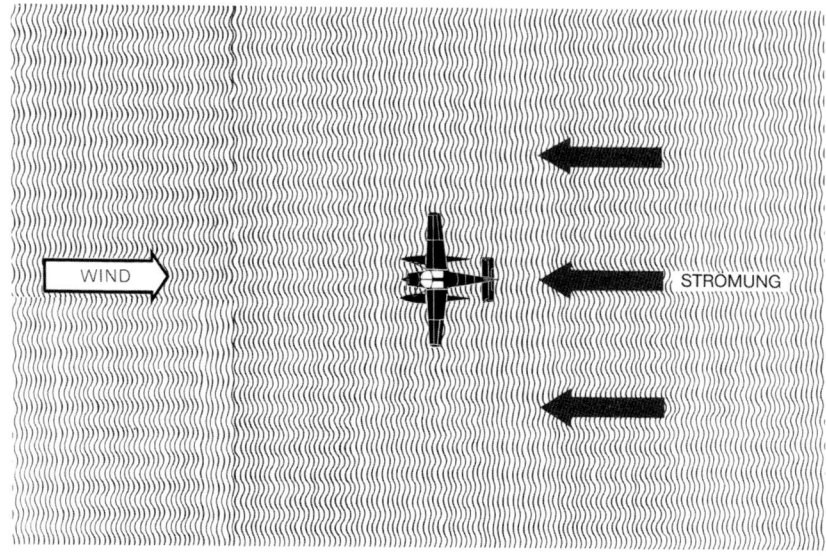

Abb. 65: Ideale Bedingungen für den Start mit einem Wasserflugzeug.

e) Geeignete Verzurrleinen von mindestens acht Metern Länge.

f) Anker mit einer 15 m langen Leine.

Wind und Wasser

Strömungen werden wichtig, wenn sie etwa 5 Knoten überschreiten, und wenn eine starke Strömung in derselben Richtung läuft wie der Wind, kann das Manövrieren auf dem Wasser schwierig werden, besonders wenn man auf engem Raum anlegen muß. Ideale Strömungs- und Windverhältnisse für den Wasserflugzeugbetrieb sind folgende:

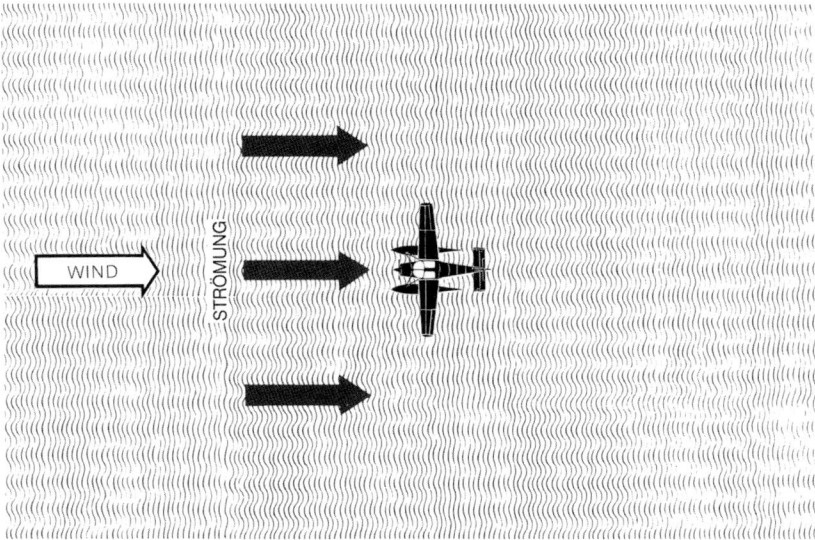

Abb. 66: Ideale Bedingungen für das Wassern.

a) *beim Start:* gegen den Wind und mit der Strömung (Abb. 65)

b) *bei der Wasserung:* gegen den Wind und gegen die Strömung (Abb. 66).

Für die Beurteilung der Wasserverhältnisse braucht man viel Erfahrung und Können. So kann das Handbuch beispielsweise empfehlen, daß die maximale Wellenhöhe für einen sicheren Betrieb etwa 30 cm betragen darf. Aber die Beurteilung der genauen Wellenhöhe ist nicht leicht. Allgemein kann man sagen: Wenn an den Seitenwänden der Schwimmer weniger als zweieinhalb Wellenlängen zu beobachten sind, sind die Limits für dieses Wasserflugzeug bereits überschritten.

Beim Betrieb von großen Seen oder vom offenen Meer muß man zusätzlich noch die Dünung mit in Betracht ziehen. Sie steht oft in keiner Beziehung zur

Formation der Wellen, führt aber zu der Gefahr, daß man während des Starts oder der Wasserung sehr stark behindert wird.

Treibgut

Bevor man in fremden Gewässern aufsetzt, sollte man zuerst mit geringer Geschwindigkeit und Höhe über die für die Wasserung vorgesehene Fläche fliegen, und zwar rechts davon, um nach links gute Sichtmöglichkeit zu haben. Dabei kann man auch die bestgeeigneten, hindernisfreien Rollwege auswählen. Vor dem Start ist es empfehlenswert, die vorgesehene Fläche entlangzurollen. So erkennt man am besten schwimmende Personen oder auch Treibgut auf, bzw. direkt unter der Wasseroberfläche.

Festmachen und Ablegen

Wenn man ganz alleine mit einem Wasserflugzeug festmachen muß, braucht man schon eine gewisse Gewandtheit. In manchen Handbüchern von Wasserflugzeugen klingt das so, als ob es um ein Drehbuch eines Action-Filmes ginge: Nach dem Abstellen des Triebwerks verläßt man die Kabine, steht auf einem Schwimmer, um im rechten Moment tollkühn auf die Mole zu springen, das Tau in der Hand, während das Flugzeug in der Strömung und im Wind langsam vorbeitreibt. Natürlich erfordert eine solche Aktion ein genaues Timing (und erhebliches Selbstvertrauen, falls man kein guter Schwimmer ist). Wichtig ist auch, sicherzustellen, daß das andere Ende des Taues sicher am Wasserflugzeug befestigt ist, wenn man springt – sonst könnte es passieren, daß man mit dem Tau in der Hand hilflos an der Mole steht und zusehen muß, wie die Maschine abtreibt.

Wenn man das Tau an der Mole oder an einer Boje festmacht, sollte man daran denken, daß sich ein Wasserflugzeug immer in den Wind drehen will. Falls eine Änderung der Windrichtung zu erwarten ist, muß man sicherstellen, daß die Maschine nicht mit Hindernissen kollidieren kann.

Vor dem Ablegen ist es wichtig, die Windverhältnisse genau zu beurteilen und die Richtung der Abdrift zu schätzen, die das Flugzeug erfahren wird, wenn es frei

Dieses friedliche Bild erinnert daran, daß ein Wasserflugzeug nach der Wasserung zu einem Boot wird. Der Pilot muß dann außer seinen fliegerischen auch noch nautische Fähigkeiten beweisen.

von der Verzurrung ist. Der Wind, die Strömung und die zur Verfügung stehende Fläche offenen Wassers müssen in Betracht gezogen werden, bevor man folgende Fragen entscheiden kann:

a) Ob man das Triebwerk vor oder nach dem Ablegen startet.

b) Ob man nach dem Ablegen unter dem Einfluß von Wind und Strömung vorwärts, rückwärts oder seitlich abtreibt.

Noch ein Wort der Warnung zum Besteigen von Wasserflugzeugen, die an Bojen festgemacht sind: Es kann vorkommen, daß die Maschine direkt über einem wichtigen Verankerungspunkt schwimmt. Bei niedrigem Wasserstand kann ein Schwimmer beim Draufsteigen so tief gedrückt werden, daß er unter der Wasserlinie beschädigt wird.

Das Rollen auf dem Wasser

Die bekannten Methoden sind das Segeln, das Rollen mit Leerlauf, mit Halbgas und das Rollen auf Stufe. Hier sollen nur einige Gefahrenpunkte dieser Techniken beschrieben werden.

Segeln

Das ist eine sehr weit verbreitete Methode, um ein Gewässer zu überqueren, eventuell auch mit Hilfe der Leerlaufleistung. Aber es gibt ein Risiko dabei. Sind Hindernisse vorhanden, muß man absolut sicher sein, daß Wind und Strömung das Flugzeug in eine ungefährdete Richtung treiben. Mit abgestelltem Triebwerk sollte man nur dann segeln, wenn man genau weiß, daß der Motor schnell anspringt, vor allem dann, wenn man sich in der Nähe von Hindernissen bewegt.

Rollen mit Leerlauf

Das Wasserruder ist dann am wirksamsten, wenn die Maschine mit Leerlauf eine Geschwindigkeit von etwa 7 Knoten erreicht.

Ein weit verbreiteter Fehler ist es, die Schäden zu unterschätzen, die das vom Propeller aufgewirbelte Spritzwasser verursachen kann. Diese Gefahr kann man nur so reduzieren, indem man mit voll gezogenem Höhensteuer rollt, um den Abstand der Propellerspitzen vom Wasser möglichst groß zu halten.

Beim Rollen im Seitenwind muß man – übrigens auch bei der Segel-Methode – das Querruder in den Wind halten, um ein Anheben des Flügels zu vermeiden.

Rollen mit Halbgas

Diese Methode überläßt man am besten den erfahrenen Seefliegern. Man wendet sie an, wenn starker Wind ein Eindrehen aus dem Wind mit Leerlauf verhindert. Dabei wird mit etwa 50% Motorleistung das Höhensteuer voll gezogen gehalten. Prinzipiell ist zu sagen, daß unerfahrene Wasserflieger nicht fliegen sollten, wenn nur mit dieser Technik gerollt werden kann.

Eine ähnliche Methode wendet man für den Bremslauf an, aber dabei sind folgende Nachteile unübersehbar.

a) Wegen der hochgezogenen Nase ist die Sicht nach vorne stark eingeschränkt

b) Das Triebwerk läuft mit relativ hoher Leistung, während das Wasserflugzeug mit geringer Fahrt rollt, und infolgedessen kann der Motor leicht überhitzen. Also muß man immer wieder die Zylinderkopftemperatur überprüfen.

c) Die Schwimmer haben den größten Teil ihrer Seitenfläche vor ihrem Auftriebspunkt. Rollt man also bei starkem Seitenwind, mit gezogener Nase, tendiert die Maschine sehr dazu, aus dem Wind zu drehen (d. h. genau entgegengesetzt der natürlichen Tendenz zum Drehen in den Wind).

Rollen auf Stufe

Das ist die schnellste Art, um sich auf dem Wasser fortzubewegen. Die Maschine gleitet dabei mit etwa 65% Motorleistung auf der Stufe. Aber diese Technik ist mit Vorsicht anzuwenden; hier einige Punkte, die beachtet werden müssen.

a) Das Wasserruder muß eingefahren sein.

b) Wenn das Höhensteuer zu stark gedrückt wird, gerät die Maschine ins Tauchstampfen.

Und dieser Zustand muß unter allen Umständen vermieden werden, weil er zu einer Katastrophe führen kann. Erkennt man die Gefahr des Tauchstampfens rechtzeitig, muß man sofort das Höhenruder leicht ziehen. Ist man bereits voll in diesen Zustand geraten, muß man das Gas herausreißen und das Höhensteuer voll ziehen, um die Maschine von der Stufen- in die Verdrängungsfahrt zurückzubringen.

c) Die Geschwindigkeit beim Rollen auf Stufe liegt meist über 25 Knoten, und deshalb muß man beim Kurven sehr vorsichtig sein. Die Maschine hat nämlich die Tendenz, sich durch die Fliehkraft nach außen zu neigen, so daß der äußere Schwimmer weiter ins Wasser gedrückt wird als der innere. Handelt es sich um ein Flugboot oder Amphibium, wird entsprechend der äußere Stützschwimmer mehr ins Wasser gedrückt als der innere. Eine Welle kann nun dazu führen, daß der schon etwas aus dem Wasser gehobene innere Schwimmer noch mehr angehoben wird, und dann braucht nur noch ein starker Seitenwind dazukommen, um die Maschine kentern zu lassen.

Also heißt es beim Kurven auf Stufe äußerste Vorsicht walten zu lassen – sonst kann es passieren, daß man sich plötzlich schwimmend im Wasser wiederfindet und sein Flugzeug beim Absaufen beobachtet.

Der Start

Man sollte nicht unterschätzen, wieviel Platz man zum Starten und Steigen braucht. Ist der Wind entweder sehr stark oder völlig ruhig, ist die Sache ziemlich klar. Aber bei mittleren Windstärken besteht die Gefahr, daß man die Startstrecke zu optimistisch einschätzt. Nachfolgend einige Punkte, die beachtet werden sollen:

1. Bevor man Vollgas gibt, muß man das Höhensteuer voll ziehen, um den Propeller vor Spritzwasser zu schützen.

2. Zu den lebenswichtigen Punkten beim Fliegen von Amphibien gehört die Überprüfung, daß das Fahrwerk eingefahren ist. Das wird besonders dann

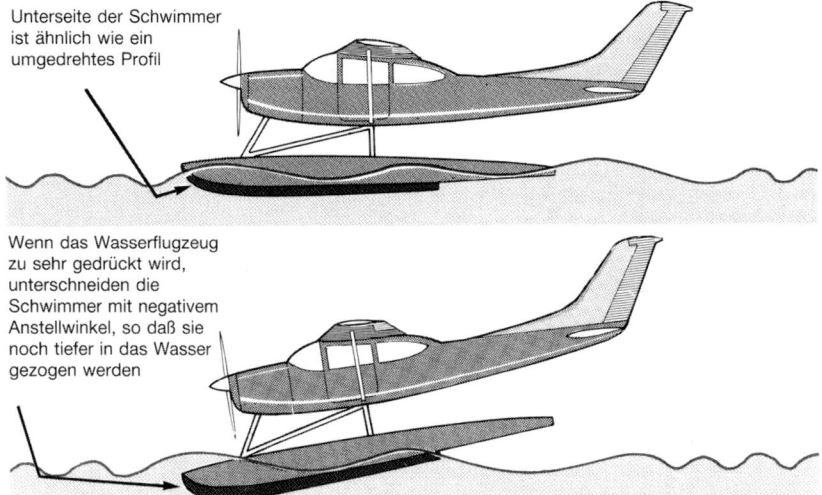

Unterseite der Schwimmer
ist ähnlich wie ein
umgedrehtes Profil

Wenn das Wasserflugzeug
zu sehr gedrückt wird,
unterschneiden die
Schwimmer mit negativem
Anstellwinkel, so daß sie
noch tiefer in das Wasser
gezogen werden

Abb. 67: Effekt der Unterseiten-Wölbung der Schwimmer. Liegen die Spitzen der Schwimmer im Wasser, wenn sich das Flugzeug nach vorne bewegt (z. B. bei gedrückter Lage), wirken deren Unterseiten wie umgedrehte Profile, erzeugen also Abtrieb und werden noch tiefer in das Wasser gezogen, wie in der Zeichnung dargestellt.

leicht vergessen, wenn man vom Strand oder von einer Rampe ins Wasser gerollt ist.

3. Bei geringem Wind oder ganz ruhiger Luft ist besondere Vorsicht geboten, vor allem, wenn die Wasseroberfläche spiegelglatt ist, denn dabei treten folgende Probleme auf:

a) Bei fehlendem Wind braucht ein Wasserflugzeug eine höhere Geschwindigkeit auf dem Wasser, um abheben zu können, und dadurch wird der Widerstand im Wasser sehr hoch.

b) Spiegelglattes Wasser tendiert dazu, an den Schwimmern oder am Bootsrumpf förmlich festzukleben, so daß der Start erschwert wird. Das kann man bei Schwimmerflugzeugen dadurch überwinden, daß man mit den Flügeln etwas hin und her wackelt, während diese Methode bei Flugbooten weniger wirksam ist. Besser ist es auf jeden Fall, wenn man die

Wasseroberfläche aufrauht, indem man vor dem Start nicht zu langsam über die Fläche rollt. Um ein widerspenstiges Wasserflugzeug auf Stufe zu bringen, kann man auch das Höhensteuer kräftig vor- und zurückbewegen, so daß ein künstlicher Stampfvorgang erzeugt wird. Aber wenn bei Windstille, spiegelglattem Wasser und hoher Temperatur ein Start zu schwierig wird, sollte man besser auf eine Brise warten oder, wenn möglich, die Zuladung verringern.

c) Man könnte versucht sein, das Flugzeug vorzeitig aus dem Wasser zu ziehen, aber dabei besteht die Gefahr, daß das Heck, der Schwimmer oder der Bootsrumpf zu tief ins Wasser taucht und das kann zu einem unangenehmen Stampfen führen.

d) Wegen der hohen Wassergeschwindigkeit beim Start in ruhiger Luft entsteht die Gefahr, daß die Schwimmer eventuell unterschneiden. Denn die Unterseite der Schwimmer oder des Rumpfbootes sind wie ein umgedrehtes Profil geformt, und wenn der Vorderteil beim Vollgasgeben ins Wasser taucht, kann die Maschine sehr heftig ins Tauchstampfen geraten (Abb. 67).

Kurz nach dem Start

Es ist sehr wichtig, daß man den Steigflug erst dann einleitet, wenn man eine sichere Geschwindigkeit erreicht hat. Und man darf dabei folgendes nicht vergessen:

1. Schwimmerflugzeuge gleiten sehr schlecht, und man muß die Maschine sehr stark andrücken, um bei Motorausfall eine ausreichende Geschwindigkeit zu erreichen. Die Fahrt muß mindestens 10 Knoten über der normalen Anfluggeschwindigkeit liegen. Sollte also das Triebwerk gerade dann ausfallen, wenn ein Schwimmerflugzeug in hochgezogener Fluglage und mit gefährlich niedriger Geschwindigkeit steigt, verliert man beim Nachdrücken sehr viel Höhe, so daß eine harte Notwasserung fast unvermeidlich ist.

2. Leichte Amphibien haben ein besonderes Problem, denn der Motor samt Propeller sitzt hoch über dem Schwerpunkt der Maschine. Gibt man Gas, wird die Maschine kopflastig, fällt das Triebwerk aus, ergibt sich ein schwanzlastiges Moment, so daß man sofort nachdrücken muß.

Gleichgültig, ob man in einem Schwimmerflugzeug, in einem Amphibium oder Flugboot fliegt: Sofort nach dem Abheben muß man genügend Fahrt aufholen, indem man das Flugzeug dicht über der Wasserfläche hält. Nur dann kann man sicher zu steigen beginnen.

Aufsetzen auf dem Wasser

Das größte Problem, dem ein Wasserflieger vor dem Aufsetzen gegenübersteht, ist die Tatsache, daß sich der Zustand der Wasseroberfläche ständig ändern kann. Er hängt nicht nur vom Wind ab, sondern es können – vor allem im Meer oder auf sehr großen Seen – Dünungen entstehen, die in ganz anderer Richtung laufen als die Wellen. Die größte Gefahr besteht darin, daß man in eine ansteigende Dünung hineingerät. Dabei können ernsthafte Schäden an der Maschine entstehen.

Normalerweise fliegt man gegen den Wind an, aber bei Dünung sollte man versuchen – ungeachtet der Windrichtung – parallel dazu aufzusetzen, möglichst auf deren Kamm. Andere Aspekte, auf die man achten sollte, sind folgende:

a) Die Position von Booten und anderen Wasserflugzeugen.

b) Möglicherweise vorhandene Badegäste.

c) Treibgut, auch direkt unter der Oberfläche.

d) Große Vogelschwärme, die beim Endanflug plötzlich hochsteigen können.

Der auf Seite 202 beschriebene Überflug vor der eigentlichen Wasserung gibt die Möglichkeit, solche Gefahren rechtzeitig zu erkennen.

Feststellen der Windrichtung

Da man über Wasser kaum Rauchzeichen vorfindet, muß man nach anderen Möglichkeiten suchen. Vögel landen immer gegen den Wind, und wenn die Brise

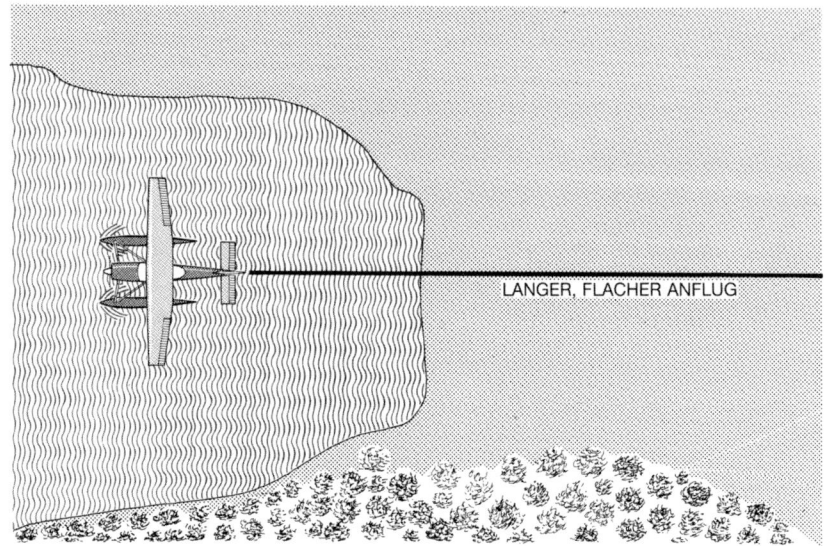

Abb. 68: Wenn die Schwimmerspitzen nach einem langen, flachen Anflug zuerst das Wasser berühren, besteht die Gefahr, daß sie in das Wasser gezogen werden (siehe auch untere Zeichnung in Abb. 67).

stark genug ist, zeigen vertäute Boote die Windrichtung wie eine Wetterfahne an. Hat man auch diese Hilfsmittel nicht zur Verfügung, kann man den Wind anhand der Wellenbildung abschätzen. Ist die Windstärke groß genug, um Schaumkronen auf den Wellen zu erzeugen, darf man aber nicht vergessen, daß die Gischtfahnen scheinbar gegen den Wind fliegen, diese Illusion wird dadurch verursacht, daß sich die Wellen unter der Gischtkrone wegbewegen.

Die Wasserung

Die Technik des Wasserns und das bei spiegelglattem Wasser anzuwendende Spezialverfahren, wenn man die Oberfläche kaum erkennen kann, sind wohl allen Wasserfliegern bekannt. Weniger beachtet werden die Risiken des Aufsetzens mit zu hohem Heck, was vor allem bei Schwimmerflugzeugen vorkommen kann. Der Vorgang läuft folgendermaßen ab (Abb. 68):

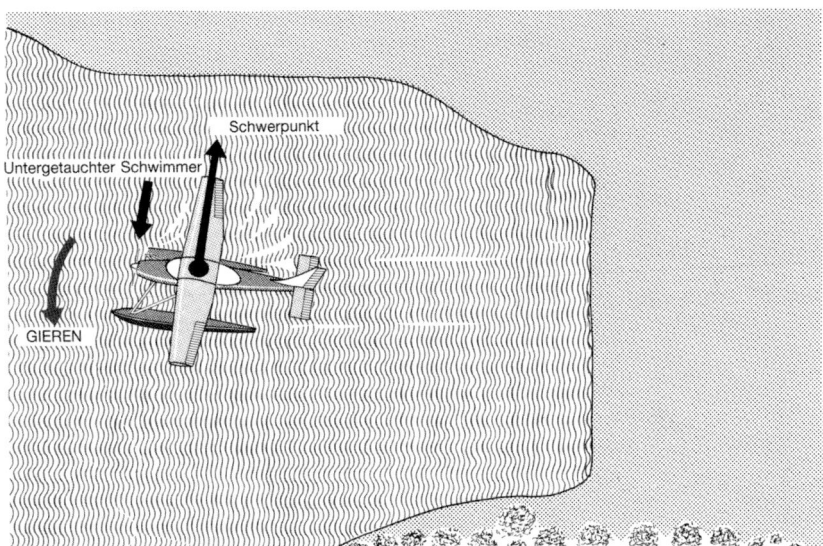

Abb. 69: Wenn ein Schwimmer dazu tendiert zu unterschneiden (aus Gründen, die in Abb. 67 und 68 erklärt wurden), kann eine Kombination von ungleichem Widerstand und Schwerpunkteinflüssen eine gefährliche Drehung verursachen. Der Flügel beginnt zu hängen, taucht in das Wasser ein und die Maschine droht zu kentern.

1. Das Flugzeug setzt auf spiegelglattem Wasser auf, wobei ein langer, flacher Anflug mit relativ hoher Motorleistung voranging.

2. Beim ersten Kontakt mit dem Wasser ist die Maschine immer noch in einer Fluglage mit gedrückter Nase und hohem Heck, so daß die Spitzen der Schwimmer zuerst ins Wasser eintauchen.

3. Da die Unterseite der Schwimmer wie ein umgedrehtes Profil ausgebildet sind, tendieren sie dazu, hart ins Wasser einzutauchen (siehe Abb. 67).

4. Jetzt liegt der Schwerpunkt der Maschine hinter dem Punkt des Kontakts mit dem Wasser, und die leichteste Gierbewegung (verursacht durch Seitenwind, Ruderbewegung oder Abbremsen eines Schwimmers in einer Welle) provoziert nun eine Drehung, ganz ähnlich wie beim »Schubkarren-Effekt« eines Landflugzeugs (Abb. 69).

Wenn man in dieser Situation die Kontrolle verliert, wird sich das Wasserflugzeug höchstwahrscheinlich überschlagen. Setzt man mit den Schwimmerspitzen zuerst auf, muß man sofort das Gas wegnehmen und am Höhensteuer ziehen, so daß sich die Schwimmer voll ins Wasser setzen. Meist ist man in diesem Fall schneller als einem lieb sein kann, so daß die Maschine kräftig ins Wasser knallt. Aber das ist immer noch besser als die Folgen eines Überschlages.

Bei rauhem Wasser

Alle Wasserflugzeuge haben ihre Grenzen, was die Wellenhöhen betrifft, und nur durch Erfahrung kann man sie bei einem vorherigen Überflug abschätzen. Die beste Vorsichtsmaßnahme ist es, in einem geschützten Wassergebiet aufzusetzen. Bei Wellengang sollte man vorsorglich mit steilerer Fluglage anfliegen als normal. Falls die Maschine zu stampfen beginnt, sollte man keinesfalls untätig abwarten, ob sich die Situation von alleine bessert. Lieber durchstarten und neue Wasserung versuchen.

Triebwerksausfall über Land

Handelt es sich um ein Amphibium, wird ein Motorausfall genauso behandelt wie bei einem Landflugzeug. Schwimmermaschinen haben nicht immer den Luxus eines Einziehfahrwerks, aber bei einigermaßen ebenem Boden kann man eine Notlandung ohne allzu große Schäden durchführen. Dabei sollte man darauf achten, daß die Kiele der Schwimmer parallel zum Boden aufsetzen. Zieht man zu sehr, bekommen die Hecks der Schwimmer zuerst Bodenkontakt und das führt dazu, daß die Maschine hart nach vorne kippt und sich mit den Schwimmern in den Boden gräbt. Sobald die Maschine Bodenkontakt hat, muß man das Höhensteuer voll durchziehen, um das Flugzeug am Kopfstand zu hindern.
Wer als Profi fliegen will, für den hört das Lernen nie auf, und das trifft ganz besonders für die Wasserfliegerei zu. Abgesehen von ihren im allgemeinen schlechten Flugeigenschaften verhalten sich Wasserflugzeuge ähnlich wie Landflugzeuge. Aber den ständig wechselnden Zustand des Wassers richtig einzuschätzen ist eine Kunst, die mühsam gelernt sein will.

11. Sei nett zu Deinem Triebwerk

Das Triebwerk ist das teuerste Bauteil eines Leichtflugzeugs. Und vom Triebwerk hängt es ab, ob man oben bleibt oder 'runter muß. Doch dieses so lebenswichtige Teil des Flugzeugs wird nicht immer mit dem nötigen Respekt behandelt, teilweise wohl deshalb, weil die gewissen Schwächen des Triebwerks nicht verstanden werden. Es gibt eine Reihe von Möglichkeiten, um das Leben eines Motors zu verkürzen, und manche sind viel schädlicher als simples Vollgasgeben im Reiseflug, um einige Minuten Flugzeit zu sparen. Wer sich so verhält, hat nicht erkannt, daß irgendein anderer Pilot später eventuell die Folgen dieser Gewalttätigkeiten ausbaden muß.

Die meisten der folgenden Ausführungen beziehen sich auf Kolbenmotoren, die empfindlicher auf Fehlbedienungen reagieren als Gasturbinen. Und wer in seiner Pilotenlaufbahn bereits auf Turboprops oder Jets umgestiegen ist, von dem sollte man annehmen können, daß er seine Triebwerke auch wie ein Profi zu bedienen weiß.

Die größeren Turboladermotoren mit Untersetzungsgetriebe haben Überholzeiten (TBO) von etwa 1400 Stunden. Diese TBO wird um so größer, je weniger komplex und leistungsstark die Motoren sind, und viele der kleineren Motoren erreichen schon 2000 Stunden. Die meisten Zulassungsbehörden räumen eine oder zwei Verlängerungen von 10% ein, vor allem wenn kleinere Teile wie Kolbenringe ausgetauscht wurden. So kann ein 2000 h-Motor bei sorgsamer

Behandlung im besten Fall 2400 h laufen, bevor er zur Grundüberholung ausgebaut werden muß.

Aber nicht alle Motoren bekommen eine, geschweige denn zwei Verländerungen. Und manche erreichen nicht einmal ihre zugelassene TBO – warum? Hauptsächlich liegt dies an schlechter Behandlung durch den Piloten. Bevor einige dieser Krankheitssymptome beschrieben werden, sollte man sich mit der Anatomie des Kolbenmotors befassen.

Das Innenleben des Motors

Trotz aller technischen Fortschritte konnte bisher noch kein Metall und keine Legierung gefunden werden, das für alle Zwecke geeignet ist. Hochfester Stahl beispielsweise, ideal für stark beanspruchte Komponenten wie Kurbelwellen, Pleuelstangen und Nockenwellen ist völlig ungeeignet für Kolben. Erstens ist er zu schwer, und es würden zu große Vibrationen entstehen. Und zweitens würde ein Stahlkolben, der in einem Stahl- oder Gußzylinder läuft, viel zu hohe Reibung verursachen. So wurde für die Herstellung der Kolben eine spezielle leichte Aluminiumlegierung entwickelt. Aber mit Stahl und Aluminium ist die Auswahl der Werkstoffe noch nicht zu Ende. Es gibt Speziallegierungen für Lager – einige basieren auf Bronze (eine Mischung von Kupfer und Zinn) –, und andere sind Stahllegierungen, von denen jede ihre ganz speziellen Vorteile hat. Der große Nachteil all dieser verschiedenen Metallarten ist jedoch, daß sie sich nicht nur in ihren Eigenschaften unterscheiden, sondern sich bei Hitzeeinwirkung auch verschieden stark ausdehnen, und das ist der wichtigste Grund für vorzeitigen Verschleiß.

Warmlaufen und Bremslauf

Wer nicht daran glauben will, daß sich die Metalle ausdehnen und zusammenziehen, sollte sich einmal neben den nach einem Flug abgestellten Motor stellen und auf das Knacken und Knistern beim Abkühlen hören. Das heiße, ausgedehnte Metall zieht sich zusammen, aber nicht alle Arten in gleichem Maße, so daß unvermeidliche Geräusche dabei entstehen.

Um mit dieser Ausdehnung fertig zu werde, haben die Konstrukteure ein Spiel eingebaut, beispielsweise zwischen den Ventilen und ihren Führungen, zwischen Kolben und Zylindern sowie den Kolbenringen. Dieses Spiel ist genau berechnet, und die verschiedenen Bauteile sind mit sehr kleinen Toleranzen hergestellt. Doch diese Vorsorgemaßnahmen schützen den Motor nur dann, wenn man ihm erlaubt, seine Arbeitstemperatur langsam zu erreichen. Die erste Lektion für den Piloten lautet also:

Niemals einen Bremslauf durchführen, bis der Motor nicht Zeit genug hatte, um seine Betriebstemperatur zu erreichen.

Wieviel Zeit braucht man dazu? Das Handbuch gibt darüber meist Auskunft. Die Öltemperatur ist keine geeignete Anzeige, denn in den meisten Flugzeugen erreicht sie den grünen Bereich erst nach dem Start. Besser ist es schon, die Zylinderkopftemperatur zu beobachten, aber man könnte als Faustregel sagen, daß in mäßigem Klima ein Warmlaufen von fünf Minuten ausreicht, bei Temperaturen unter dem Gefrierpunkt sollte man diese Zeit allerdings verdoppeln. Natürlich kann man diese Warmlaufzeit auch beim Rollen zum Haltepunkt verbringen, man muß nicht unbedingt dabei stehenbleiben.

Nach einem Flug ist es wichtig, einen heißen Motor nicht sofort abzustellen, vor allem wenn die Außentemperatur in der Nähe oder unter dem Gefrierpunkt liegt. Man sollte vielmehr den Motor im Leerlauf mit etwa 1000 RPM (eine gute Gelegenheit, um zu überprüfen, ob beide Magneten noch arbeiten) weiterlaufen lassen, und erst nach etwa fünf Minuten, wenn der Motor bereits etwas abgekühlt ist, sollte man den Gemischhebel ziehen und den Motor abschalten. Auch hier kann diese Zeit wieder beim Rollen von der Landebahn zum Vorfeld absolviert werden. Aber zu Schäden kommt es auf jeden Fall, wenn man an einem kalten Tag landet, innerhalb einer Minute den Parkplatz erreicht hat und dann den heißen Motor sofort abstellt. Dabei entstehen sehr leicht Risse in den Zylinderköpfen.

Allein diese beiden einfachen Elemente der Motorbedienung können dessen Lebenszeit entscheidend verlängern.

Die Funktion des Öls

Wenn man die Frage stellt, warum man Öl in die Motoren gießt, hört man vermutlich die Antwort, daß es zur Schmierung dient. Das ist natürlich völlig richtig. Denn ohne einen Ölfilm, der schnell aneinandergleitende Teile trennt, würde bald so viel Reibung entstehen, daß die Metalle zu heiß würden und regelrecht miteinander verschweißt werden. Wenn dies passiert, meist wegen Absinken des Öldrucks oder Ölverlust, dann spricht man davon, daß der Motor »gefressen« hat. Doch so wichtig die Schmierwirkung des Öls auch ist, es gibt noch andere Funktionen, die es erfüllt:

1. Es unterstützt die Kolbenringe dabei, eine Dichtung zwischen Zylinderwänden und Kolben aufzubauen.

2. Es verteilt die Wärme, erzeugt von beweglichen Teilen, die nicht wie die Zylinder direkt von der Luft gekühlt werden.

3. Es arbeitet als Reinigungsmittel und entfernt Kohle-, Säure- und kleinste Metallablagerungen, die sonst zu Schäden führen könnten. Ein Teil dieses Materials ist ein Abfallprodukt der Verbrennung, aber manches entsteht auch durch Verschleißvorgänge. Der größte Teil dieser Ablagerungen bleibt zwar im Ölfilter, aber man kann sich selbst von der Arbeit des Öls überzeugen, wenn man beim Ölwechsel die Farbe des alten Öls mit der des neuen vergleicht.

Aus all dem geht klar hervor, daß moderne Motoröle eine technische Errungenschaft sind. Es wurden auch verschiedene Zusätze eingeführt, um die Funktionsfähigkeit bei extremen Temperaturen sicherzustelen. Für alle Arten von Benzin-, Diesel- und Turbinenmotoren wurden Spezialöle entwickelt. Man muß also sicherstellen, daß die richtige Ölsorte in den Motor gefüllt wird. Dazu gehört auch, daß rechtzeitig von Sommer- auf Winteröl gewechselt wird und umgekehrt. Wird man in diesem Punkt sorglos, kann es sehr schnell passieren, daß man mit falschem Öl bald einen neuen Motor einbauen muß oder – noch schlimmer – im ungünstigsten Moment einen spektakulären Motorausfall hat.

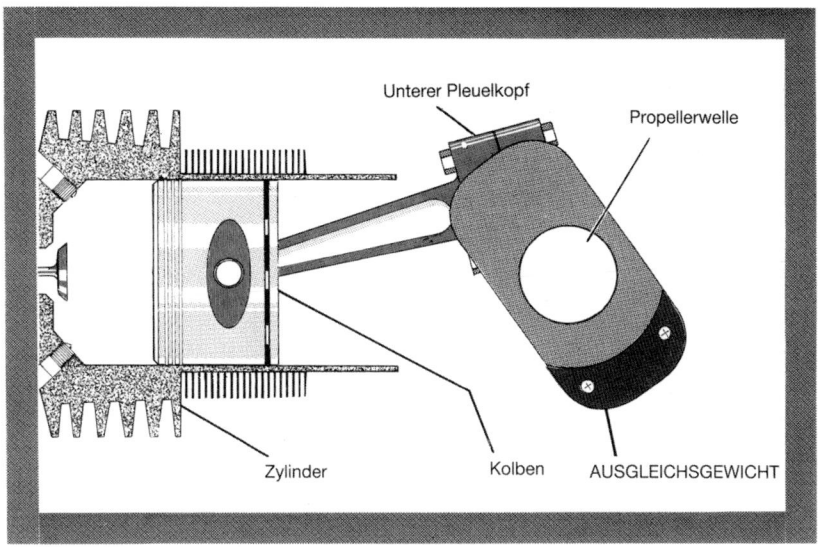

Abb. 70: Kurbelwellen-Ausgleichsgewichte. Sie können katastrophale Schäden im Triebwerk verursachen, wenn sie durch andauernde Fehlbedienung des Motors wegbrechen.

Bedienung von Kolbenmotoren

Hier nun einige Beispiele dafür, wie man ein Triebwerk nicht behandeln sollte. Für sich genommen, schaden die Fehlbedienungen nur wenig, vor allem wenn sie nur kurzzeitig einwirken. Aber treten solche Fälle gehäuft auf, kann die Lebenszeit eines Triebwerks deutlich verkürzt werden.

Grober Umgang mit dem Gashebel

Während die Kolben in ihren Zylindern auf und ab laufen und die Kurbelwelle in Drehung versetzen, bewegt sich deren Masse zunächst sehr schnell, kommt dann plötzlich zum Stillstand und wird in umgekehrter Richtung wieder beschleunigt. Um die Vibrationen zu dämpfen, die aus dieser mechanischen Schwingung entstehen, sind an der Kurbelwelle Ausgleichsgewichte montiert (Abb. 70), und wenn man den relativ ruhigen Lauf der modernen Motoren in Betracht zieht, scheint dies auch recht gut zu funktionieren. Diese Ausgleichsgewichte belasten ihre Befestigungsbolzen außerordentlich. Denn sie erzeugen bei Drehzahlen von 2500 bis 3600 RPM (je nach Motortyp) nicht nur hohe Fliehkräfte, sondern sie sind auch Beschleunigungen und Verzögerungen unterworfen, wenn der Pilot den Gashebel bedient. Schnelle Bewegungen des Gashebels führen dazu, daß der Motor seine Drehzahl entsprechend verändert, und eine häufige Behandlung dieser Art hat schon oft einen Bruch der Ausgleichsgewichte verursacht. Und wenn das passiert, ist der Motor in wenigen Augenblicken völlig zerstört.

Wenn man also bei der Ausbildung einen Motorausfall simuliert, darf man den Gashebel nicht ruckartig herausreißen, denn dadurch entstehen im Motor sehr starke Verzögerungen, die zum Bruch der Ausgleichsgewichte führen können. Ebenso sollte man bei einer Durchstartaktion den Gashebel zwar zügig, aber nicht ruckartig vorschieben, wenn man die Leistung erhöhen will.

Eine ruhige Bedienung des Gashebels ist besonders wichtig, wenn man Kunstflug durchführt. Denn dabei wird der Motor – außer den normalen Beanspruchungen – zusätzlich vielen komplexen Kreiselkräften ausgesetzt.

Falsche Bedienung des Gemischhebels

Das ideale Kraftstoff/Luft-Gemisch von etwa 1:15 (in Gewichtseinheiten) ändert sich, wenn das Flugzeug steigt und die Luftdichte abnimmt. So benutzt man den Gemischhebel dazu, um das Gemisch entsprechend abzumagern, so daß der Motor nicht verrußt und ein wirtschaftlicher Betrieb gewährleistet wird. Wir sprechen zwar immer vom »Abmagern« des Gemisches, aber in Wirklichkeit stellen wir nur sicher, daß das ideale Kraftstoff/Luft-Gemisch erhalten bleibt, das vom Motorhersteller auf die Verhältnisse in Meereshöhe eingestellt wurde.

Der korrekte Einsatz des Gemischhebels führt zu beträchtlichen Unterschieden im Kraftstoffverbrauch. Aber man darf dabei nie vergessen, daß im Prinzip ein reiches Gemisch den Motor kühlt, während ein armes Gemisch die Temperatur steigen läßt. Magert man das Gemisch zu sehr ab, kann die Motortemperatur in gefährliche Höhe ansteigen. Um Kraftstoffkosten zu sparen, haben manche Piloten bei der Gemischregelung zuviel des Guten getan und zu oft zu mageres Gemisch eingestellt. Das ging jedoch auf Kosten des Motors.

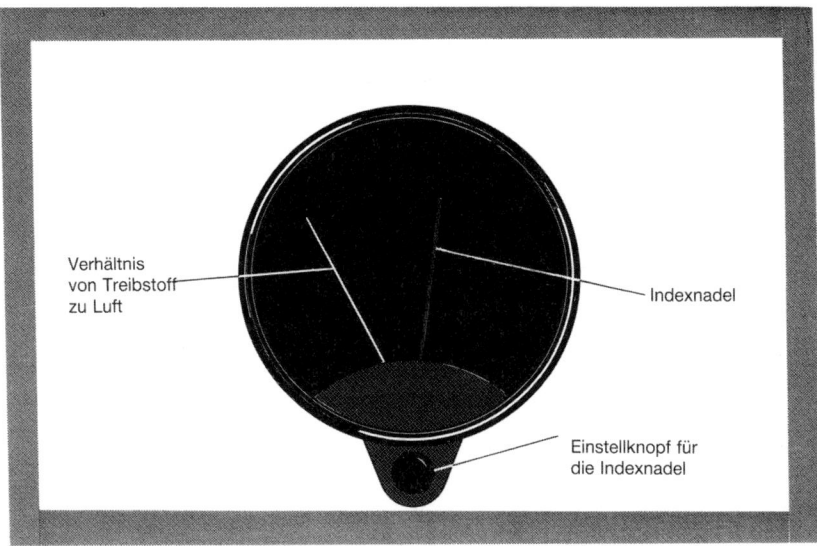

Verhältnis
von Treibstoff
zu Luft

Indexnadel

Einstellknopf für
die Indexnadel

Abb. 71: Das EGT-Gerät (Engine Gas Temperature). Die von diesen Instrumenten gebotene Information über das Treibstoff/Luftverhältnis ist eine wertvolle Hilfe bei der Gemischregelung. Die Indexnadel und deren Einstellknopf geben eine Referenz für die EGT-Nadel. Es gibt keine Skala, weil die optimalen Einstellungen entsprechend der Flughöhe, der Außentemperatur etc. variieren.

Die Bedienung des Gemischhebels ist an sich sehr einfach. Man setzt das Triebwerk zuerst auf die gewünschte Leistung und magert dann so lange ab, bis der Motor etwas rauh läuft und die Drehzahl leicht abfällt. An diesem Punkt schiebt man den Gemischhebel vorsichtig wieder etwas nach vorne, bis der Motor wieder rundläuft und die ursprüngliche Drehzahl wiederhergestellt ist. Der Motor ist jetzt für sparsamsten Verbrauch eingestellt, aber sicherheitshalber sollte man regelmäßig die Zylinderkopftemperatur beobachten. Wenn sie sich dem roten Strich nähert, darf man keine Zeit mehr verlieren, sondern man muß sofort das Gemisch anreichern, um die Temperatur zu senken.

Folgende zusätzliche Einrichtungen im Flugzeug können die Bedienung erleichtern:

a) *Abgastemperaturanzeige:* Dieses Gerät hat einen Zeiger, der mit einem kleinen Knopf bedient werden kann (Abb. 71). Das Gemisch sollte so weit abgemagert werden, bis die Temperaturanzeigenadel ihr Maximum erreicht hat (den drehbaren Zeiger führt man nach, um eine Referenz zu haben). An diesem Punkt sollte man das Gemisch wieder etwas anreichern, bis die Temperaturanzeige etwas von dem Referenzzeiger zurückgewandert ist. Unglücklicherweise kann man den Index-Zeiger nicht an dieser Stelle belassen, weil seine Position sich mit der Flughöhe und der Außentemperatur ändern muß, Faktoren, die der Pilot nicht beeinflussen kann. Wenn man also steigt, sinkt oder die Motoreinstellung verändert, muß das Gemisch immer wieder entsprechend nachgeregelt werden.

b) *Kraftstoff-Durchflußanzeige:* Wenn das Flugzeug mit einem Einspritzmotor ausgerüstet ist, enthält das Ladedruckgerät auch eine Durchflußanzeige in Gallons (oder Liter) pro Stunde. Das Handbuch gibt Drehzahl/Ladedruck-Einstellungen für verschiedene Leistungen (in Prozent der Höchstleistung) in unterschiedlichen Höhen an. Manche Hersteller bieten eine Tabelle dieser Daten sogar im Cockpit an. Hat man diese Zahlen zur Verfügung, die auch den Verbrauch bei verschiedenen Leistungseinstellungen angeben, dann ist es sehr einfach, das Gemisch so einzustellen, bis am Durchflußmesser die korrekte Anzeige erscheint.

Da ein Abgastemperaturanzeiger sehr genau den Zustand des im Motor verbrannten Gemisches angibt, wird er oft auch dann eingebaut, wenn schon eine Durchflußanzeige vorhanden ist. Hat man also beide Geräte zur Verfügung, kann man das Gemisch mit Hilfe des Abgastemperaturanzeigers genau einstellen. Wenn man sich die Mühe macht, das Gemisch stets sorgfältig zu regeln, kann man sowohl eine Menge Kraftstoff sparen, als auch den Motor in gesundem Zustand erhalten.

Falsche Bedienung von Gas- und Propellerhebeln

Es mag erstaunen, daß manche heutige Piloten den Gebrauch von Constant-speed-Propellern immer noch nicht richtig beherrschen, obwohl es sie seit 1938 oder noch länger gibt. In mancher Beziehung kann man den Verstellpropeller mit dem Getriebe eines Autos vergleichen. Zwingt man Fahrzeuge mit geringer Leistung bergauf, wird der Motor erheblich beansprucht. Setzt man diese schlechte Behandlung fort, wird der Motor überhitzen und zu klopfen beginnen. Indem man bei großer Propellersteigung (d. h. geringer Drehzahl) zu viel Gas gibt, wird ein Flugzeugmotor ganz ähnlich beansprucht. Es gibt Momente, vor allem in der Ausbildung, wo man eventuell Vollgas geben muß – beispielsweise beim Abfangen nach dem Überziehen oder beim Durchstarten. Vor solchen Manövern ist es aber sehr wichtig, sicherzustellen, daß der Motor nicht gegen einen falsch eingestellten Propeller arbeiten muß, denn das entspricht genau der Situation, wenn man einen schwach motorisierten Wagen im großen Gang eine Steigung hinaufquält. Das Handbuch gibt Auskunft über die Mindestdrehzahl bei Vollgas, sie liegt meist bei 2400 RPM.

Bei kleineren Motoren ist das Risiko, das Gas bei zu großer Steigung zu weit zu öffnen ziemlich gering. Aber Piloten kleiner Flugzeuge steigen oft auf größere und komplexere Maschinen um, vielleicht sogar auf Flugzeuge mit Turboladermotoren, die wesentlich empfindlicher auf falsche Bedienung reagieren. Man sollte sich deshalb schon frühzeitig folgende Verfahren der Triebwerksbedienung angewöhnen:

a) *Leistung steigern:* Zuerst die Propellerdrehzahl erhöhen, dann den Gashebel vorschieben, jedoch nicht über den für diese Drehzahl maximalen Ladedruck.

b) *Leistung reduzieren:* Gas zurücknehmen, bis zur erforderlichen Ladedruckeinstellung, dann erst die Drehzahl zurücknehmen, aber nicht unter den für den Ladedruck erlaubten Mindestwert.

Dieses Verfahren sollte man sich gründlich einprägen. Dabei darf man natürlich das Gemisch nicht vergessen: Hat man im Reiseflug abgemagert, muß man vor Einstellen der Steigleistung wieder auf »reich« stellen.

Wer seinen Motor lange gesund erhalten will, sollte regelmäßig alle Temperaturen, Drücke, Drehzahlen, Kraftstofffluß und alles übrige überprüfen. Da einige Anzeigen von anderen beeinflußt werden (beispielsweise führt eine Drehzahländerung zu einem anderen Ladedruck), muß man das Gas, den Propeller und das Gemisch während des Fluges sehr oft nachregeln.

Turbolader-Bedienung

Der gewöhnliche Kolbenmotor ist ein unehrliches Stück: Man pumpt teuren Kraftstoff hinein und erwartet eine faire Gegenleistung in PS, aber dann muß man feststellen, daß die meiste Energie völlig verschleudert wird. Der Wirkungsgrad eines Motors muß unter verschiedenen Gesichtspunkten beurteilt werden: thermisch, mechanisch und volumetrisch. Diese Begriffe sind nicht so schwer zu verstehen wie sie klingen. Unter thermischem Wirkungsgrad versteht man dies: Man kann den Betrag an Wärmeenergie, die in einem gegebenen Kraftstoffvolumen enthalten ist, in Leistung umrechnen. So erstaunlich es klingt, aber ein normal beatmeter Kolbenmotor wandelt nur 25 bis 30% der verfügbaren Wärmeenergie in PS-Leistung um. Der Rest geht völlig verloren. Was den mechanischen Wirkungsgrad betrifft, so wandern mindestens 10%, vielleicht sogar 15% aus der im Kraftstoff enthaltenen Energie in den Antrieb von Öl-, Hydraulik- und Vakuumpumpen sowie in den Generator. Auch die interne Reibung im Motor trägt zu diesem Verlust bei. Der Kolbenmotor kann auch seine Zylinder nur zu 75 bis 85% füllen – das ist der volumetrische Wirkungsgrad.

Ist dies alles schon schlecht genug, wenn der Motor am Boden läuft, so wird der volumetrische Wirkungsgrad noch ungünstiger, wenn die Luftdichte in größerer Höhe abnimmt. Einige dieser Nachteile kann man ausgleichen, indem man das Gemisch unter Druck in die Zylinder zwingt, und genau das macht der Turbolader. Es gibt dafür zwei Gründe:

a) Man erhöht damit die Leistung über diejenige hinaus, die mit normaler Beatmung möglich wäre.

b) Man gleicht die Abnahme der Luftdichte aus, so daß der Motor seine Leistung auch in größerer Höhe aufrechterhält.

Man kann einen Motor mit einem Kompressor aufladen, der von der Kurbelwelle angetrieben wird, oder mit einem Gebläse, das mit einer vom Abgas betriebenen Turbine gekoppelt ist. Der mechanische Lader ist relativ schwer, weniger leistungsfähig und trotzdem sehr teuer. Obwohl er schneller auf Gashebeländerungen reagiert als der Tubolader, überwiegen seine Nachteile, so daß dieser Ladertyp kaum noch angewendet wird.

Manchmal hat man den Eindruck, als ob der Turbolader seine Mehrleistung umsonst produziert, weil er ja die ansonsten nutzlose Abgasenergie in PS-Leistung umwandelt – aber das trifft nicht zu. Denn durch den Einbau der Turbine entsteht im Abgassystem ein Gegendruck, der die Motorleistung zunächst etwas reduziert. Aber glücklicherweise wird dies dadurch mehr als ausgeglichen, daß das Gemisch unter Druck in die Zylinder gedrückt wird, die sonst kaum zu mehr als 75 bis 85% gefüllt würden.

Um die Vorteile des Turboladers als Hilfsmittel zur Aufrechterhaltung der Leistung in größeren Höhen besser beurteilen zu können, sollte man sich zwei Motorentypen der 200-PS-Klasse ansehen, der eine ist normal beatmet, der andere hat einen Turbolader.

Höhe in Fuß	*Maximale PS-Leistung*	
	normal beatmet	*Turbolader*
20 000	99	150
15 000	122	187
10 000	148	215
5 000	177	210
Seehöhe	210	200

Natürlich gehört zu einem Turboladersystem etwas mehr als nur eine Turbine mit einem Gebläse. Um eine Überaufladung in geringen Reiseflughöhen zu vermeiden, sorgen einige Abblasventile für eine genaue Steuerung der Ladeluft. Der Grad an Automatisierung variiert von einem System zum anderen, und deshalb soll die Turboladerbedienung nur mit einigen allgemein gültigen Hinweisen behandelt werden.

Die Bedienung des Turboladers

Die einfachsten Systeme haben keine automatische Ladedruckkontrolle, so daß in geringen Höhen die Gefahr der Überaufladung besteht. Besonders beim Start muß man darauf achten, daß der maximal zulässige Ladedruck nicht überschritten wird. Das kann üblicherweise mit einem roten Strich an der Anzeige überwacht werden, aber zusätzlich werden oft Warnleuchten eingebaut, die dann in Aktion treten, wenn bei zu viel Gas der Motor zu platzen droht. Denn bei längerer Überaufladung kann ein Triebwerk ernsthafte Schäden davontragen, und wenn man auch beim Start auf viele andere Dinge achten muß, so sollte man doch unter keinen Umständen die Ladedruckanzeige vernachlässigen. Viele Piloten neigen dazu, bei vollem Bremsen Gas zu geben, dann die Bremsen zu lösen und nur noch darauf zu achten, daß die Maschine geradeaus rollt. Nach meiner Meinung ist es aber durchaus möglich, wenn auch etwas unbequem, das Gas erst beim Anrollen voll zu öffnen und dabei auf den roten Strich am Ladedruckgerät zu achten. Bei Turboladern ohne Automatik muß man im Steigflug den Ladedruck nachregeln, indem man den Gashebel entsprechend vorschiebt. Vollautomatische Systeme schützen vor der Überaufladung, die Ladedruckanzeige bleibt dabei konstant, bis das Flugzeug eine Höhe erreicht hat, die über der Leistungsfähigkeit des Laders liegt.

Gashebel-Reaktion

Die Kombination von Abgasturbine und Lader rotiert mit Tausenden von Umdrehungen pro Minute, und es dauert eine gewisse Zeit, um diese Drehzahl zu beeinflussen. Dadurch entsteht eine beachtliche zeitliche Verzögerung zwischen dem Bewegen des Gashebels und der entsprechenden Reaktion der Ladedruckanzeige (wenn auch in dieser Beziehung die modernen Turbolader gegenüber früheren Systemen verbessert wurden). Um also das Beste aus Turboladermotoren herauszuholen und um zu vermeiden, daß man der Ladedruckanzeige immer wieder nachjagt, sollten alle Gashebelbewegungen langsam und schrittweise vorgenommen werden.

Großen Schaden kann es anrichten, wenn man mit sehr geringer Leistung lange Sinkflüge durchführt. Der Motor kühlt sich ab, und wenn man in einer neuen Reiseflughöhe wieder Gas gibt, ist das Metall sehr kalt, so daß der Motor kaum seine Leistung bringen kann. Man sollte prinzipiell keinen Motor in dieser Weise strapazieren, aber besonders die Turboladermotoren können dabei erheblich beschädigt werden. Lange Sinkflüge also müssen mit Gas durchgeführt werden, um eine vernünftige Betriebstemperatur aufrechtzuerhalten.

Das Abstellen von Turboladermotoren

Wenn man nach einem Flug zum Vorfeld rollt, rotiert der Turbolader mit seiner hohen Drehzahl noch eine Weile weiter. Beim Abstellen des Motors hört aber die Ölversorgung zu diesem schnell drehenden System auf. Man wartet also besser im Leerlauf einige Minuten ab, bis die Laderdrehzahl weitgehend abgebaut ist. Ein guter Pilot verhält sich bei jedem Triebwerk so, aber bei einem Turbolader sollte man sicherheitshalber einige Augenblicke länger warten, bis man das Triebwerk abstellt.

Turboprop-Motoren

Wer im Rahmen seiner fliegerischen Laufbahn auf Turboprop-Flugzeuge losgelassen wird, hat vermutlich schon die in diesem Buch immer wiederkehrenden Plädoyers für mehr professionelles Fliegen akzeptiert, denn Piloten von Turboprops und Jets müssen zwangsläufig einen hohen Standard an Wissen, Fähigkeiten und fliegerischem Können aufweisen. Auch sind Turboprop- und Jettriebwerke so zuverlässig und so einfach zu bedienen, daß darüber wenig zu sagen ist. So kann dieser Abschnitt wohl nur dazu dienen, um die Neugier von Kolbenmotor-Piloten zu befriedigen, indem einige der wenigen Problembereiche behandelt werden, die es beim Betrieb von Turboprop-Triebwerken gibt.

Die Turboprop-Typen

Es gibt grundsätzlich zwei Arten von Turboprop-Triebwerken: solche mit fester Welle (Beispiel Garrett AiResearch), wobei der Kompressor und die Turbine auf einer gemeinsamen Welle rotieren, und die Freifahrturbinen mit zwei getrennten Wellen (Beispiel Pratt & Whitney PT6). Letztere haben eine Kompressor/Turbinen-Kombination, genannt »Gasgenerator«, die keine direkte Verbindung zum Propeller aufweist. Eine separate Arbeitsturbine, die vom Gasgenerator beaufschlagt wird, treibt den Propeller an. In beiden Triebwerkstypen ist ein Untersetzungsgetriebe notwendig, um die Turbinendrehzahl von nahezu 50 000 RPM auf eine Propellerdrehzahl von weniger als 3000 RPM zu reduzieren. In den Abb. 72 und 73 sind beide Turboprop-Typen vereinfacht dargestellt. Da die Turboprops mit Freifahrturbine zwei unabhängige Wellen haben, gibt es im Cockpit auch zwei Drehzahlmesser, und üblicherweise wird die Drehzahl der Arbeitsturbine mit N_1 bezeichnet, die des Gasgenerators mit N_2. Freifahrturbinen werden in der Praxis mit den Propellern in Segelstellung angelassen und abgestellt.

Zu den Triebwerksinstrumenten gehören außer dem Drehzahlmesser (geeicht auf Prozent der Höchstleistung) eine Drehmomentanzeige (manchmal mit einer zusätzlichen Skala für die auf den Propeller wirkenden PS, eine Zwischenstufentemperaturanzeige (ITT), einen Durchflußmesser in pounds oder Kilogramm pro Stunde, sowie Öldruck- und Temperaturanzeigen.

Das Anlassen

Bei manchen Triebwerken muß man den Kraftstoff-Druckhahn öffnen, sobald der Anlasser das Triebwerk auf 10 bis 12% RPM hochgedreht hat. Schiebt man jetzt den Gashebel bis zur »ground«-Position, wird Kraftstoff eingespritzt, und die Zündung müßte sofort einsetzen. Dies kann durch einen Temperaturanstieg auf dem ITT-Gerät abgelesen werden. Falls der Zeiger jedoch die rote Linie zu überschreiten droht, muß man sofort wieder abschalten, weil ansonsten das Triebwerk zerstört werden könnte. Hat das Triebwerk die Bodenleerlauf-Drehzahl erreicht, wird der Anlasser auf Generator umgeschaltet. Bevor man jetzt das zweite Triebwerk anläßt, muß man die korrekte Aufladung der Batterie überprüfen (Voltmeter), und im Falle von Nickel-Cadmium-Batterien auch deren Temperatur. Diese an sich hervorragenden Batterien können nämlich überhitzen und sich dabei selbst zerstören.

Einige Flugzeuge haben eine vollautomatische Startanlage, wobei der Pilot nur noch den Anlasser betätigen und dann die Instrumente überwachen muß.

Ob man nur eines oder beide Triebwerke vor dem Rollen anlassen soll, das hängt vom Flugzeugtyp ab. Die brasilianische Embraer Xingu beispielsweise kann mit einem laufenden Triebwerk gerollt werden. Alle Turboprops rollen wie ein Rennwagen, wenn man nicht konsequent die »Beta«-Regelung einsetzt (dabei wird die Steigung manuell verstellt, um bis nahe zum Nullschub herunterfahren zu können). Für die Passagiere kann dies sehr geräuschvoll werden, und Turboprops mit Freifahrturbine kann man mit wesentlich mehr Komfort rollen, wenn man mit den Propellern in Segelstellung den Restschub des Abgasrohres wirken läßt.

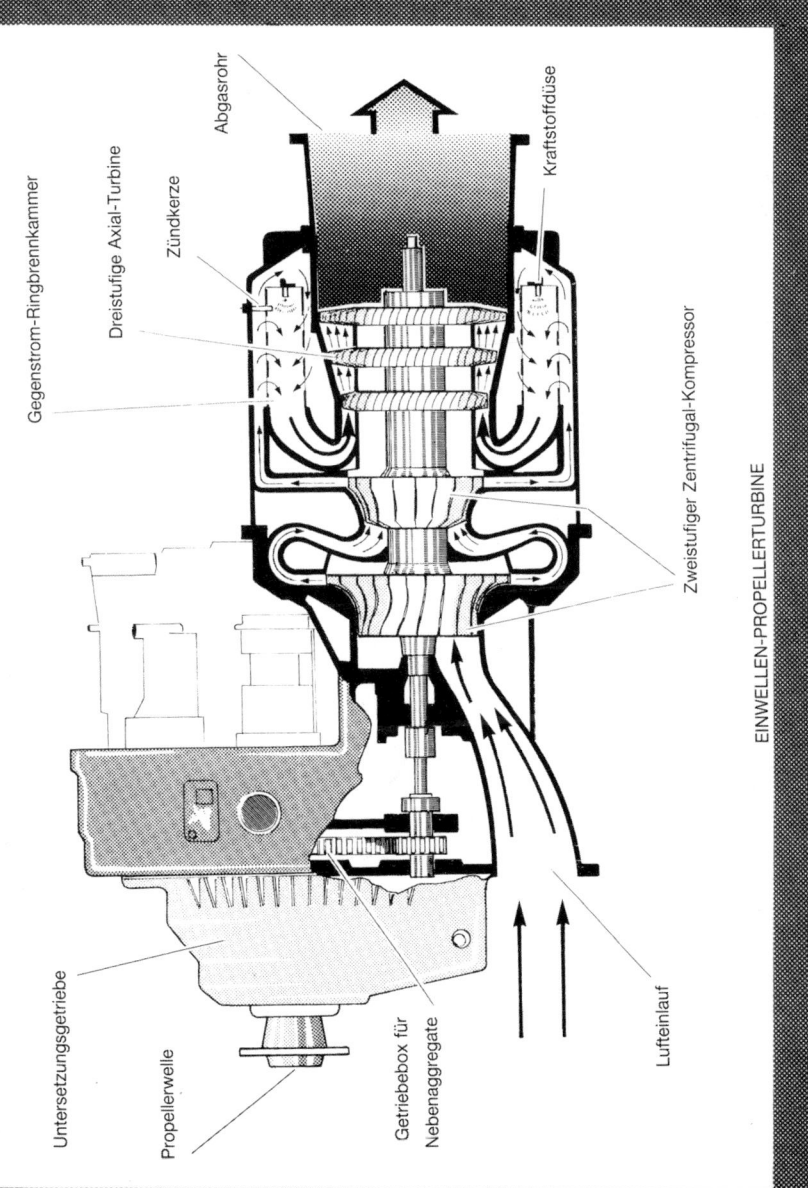

Gegenstrom-Ringbrennkammer

Abgasrohr

Dreistufige Axial-Turbine

Zündkerze

Kraftstoffdüse

Zweistufiger Zentrifugal-Kompressor

Untersetzungsgetriebe

Propellerwelle

Getriebebox für Nebenaggregate

Lufteinlauf

EINWELLEN-PROPELLERTURBINE

Abb. 72: Vereinfachte Darstellung einer typischen Einwellen-Propellerturbine von Garrett AiResearch. Die festen Leitschaufeln sind aus Gründen der Übersichtlichkeit weggelassen.

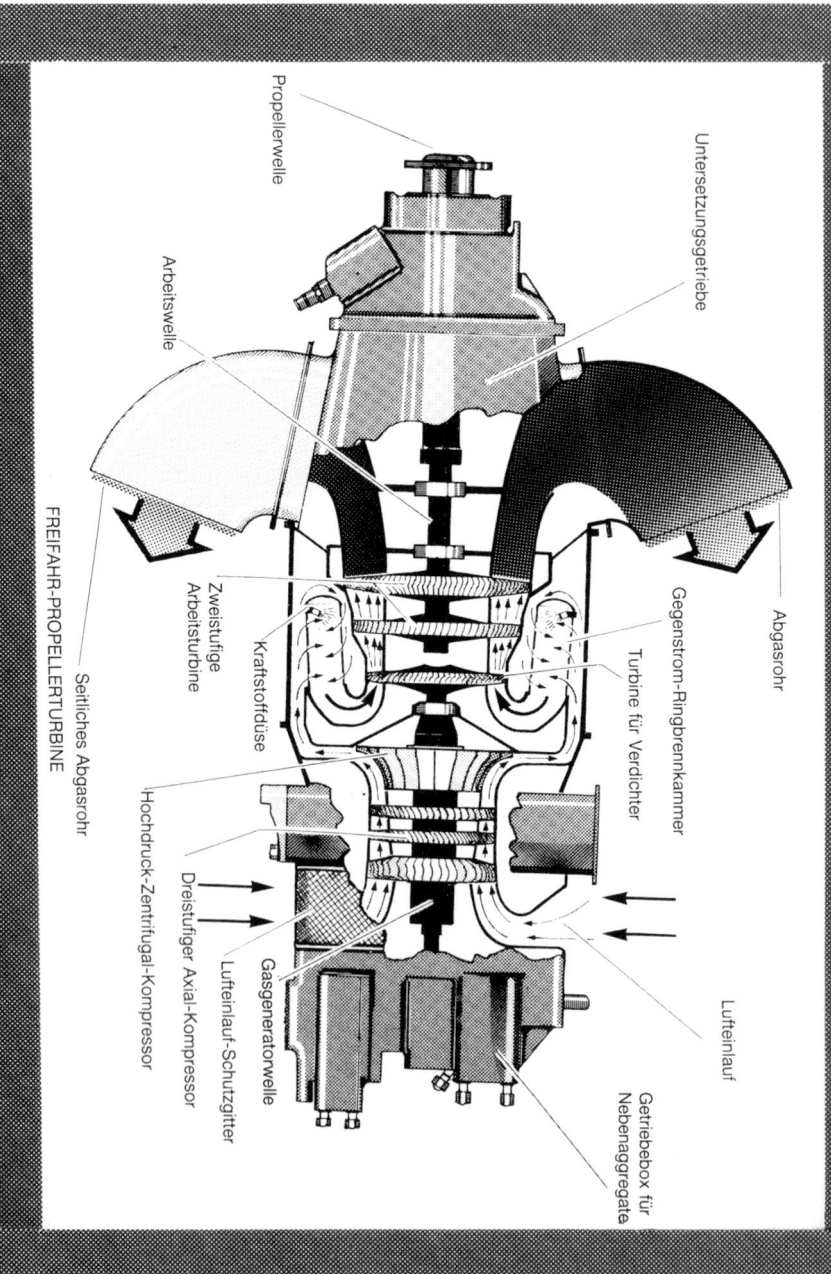

Abb. 73: Vereinfachte Darstellung einer typischen Zweiwellen-Freifahr-Propellerturbine von Pratt & Whitney. Die festen Leitschaufeln sind aus Gründen der Übersichtlichkeit weggelassen.

Propellerwelle

Untersetzungsgetriebe

Arbeitswelle

Abgasrohr

Zweistufige Arbeitsturbine

Gegenstrom-Ringbrennkammer

Turbine für Verdichter

Kraftstoffdüse

Seitliches Abgasrohr

FREIFAHR-PROPELLERTURBINE

Hochdruck-Zentrifugal-Kompressor

Dreistufiger Axial-Kompressor

Lufteinlauf-Schutzgitter

Gasgeneratorwelle

Lufteinlauf

Getriebebox für Nebenaggregate

Der Start

Einige der Garrett AiResearch-Triebwerke sind mit Drehmoment-Begrenzern ausgerüstet, die das Risiko ausschalten, daß die Kraftübertragung zum Propeller beschädigt wird, wenn man zu hohe Leistung in geringen Höhen fährt. Da nicht alle Triebwerke diese Einrichtung haben, muß man in geringen Höhen, vor allem beim Start, sehr vorsichtig sein, um die Drehmoment-Limits nicht zu überschreiten. Sie sind an den Drehmomentanzeigen rot markiert.

Im Reiseflug

In größeren Höhen ist es möglich, ein Turboprop-Triebwerk zu überhitzen, wenn man eine zu hohe Leistung setzt. Einige der Garrett AiResearch-Triebwerke haben Temperaturbegrenzer, andere aber nicht. Die ITT-Anzeige soll dabei helfen, ein Überhitzen zu verhindern und eine genaue Leistungseinstellung zu ermöglichen.

Umkehrschub

Der Umkehrschub ist eine wertvolle Hilfe zur Verkürzung der Ausrollstrecke. Aber dabei sind zwei Punkte zu beachten:

1. Niemals auf Umkehrschub schalten, bevor das Bugrad den Boden berührt hat.

2. Bei übermäßigem Einsatz kann das Triebwerk überhitzen. Ein Blick auf die ITT-Anzeige verrät, wie schnell die Temperatur bei Umkehrschub ansteigen kann.

Rollen nach rückwärts

Einer der Vorteile von Turboprop-Flugzeugen ist ihre Fähigkeit, rückwärts rollen zu können. Man kann damit sehr gut in beengtem Parkraum rangieren. Aber es gibt zwei Fußangeln, die das Rückwärtsrollen zu einer teuren Angelegenheit werden lassen können:

1. Da man praktisch überhaupt nicht nach hinten sehen kann, sollte man sich von einem Mann am Boden einweisen lassen.

2. Wenn man beim Rückwärtsrollen die Radbremsen einsetzt, kann die Maschine leicht auf das Heck kippen. Man sollte deshalb immer sehr langsam nach hinten rollen und die Bremsen äußerst vorsichtig bedienen.

12. Schlußbemerkungen

Beim Lesen dieses Buches könnten junge oder noch wenig erfahrene Piloten zu der Ansicht kommen, daß Fliegen viel zu kompliziert sei und viel zu hohe Ansprüche an die Disziplin stelle, so daß man es den Berufspiloten überlassen sollte. Ich stimme zwar darin überein, daß es viel zu lernen gibt, aber ich will trotzdem nicht den Eindruck erwecken, als ob Piloten die Qualitäten von Supermenschen haben müßten. Dieses Buch soll keineswegs entmutigen, ganz im Gegenteil.

Leute, die schon alles wissen (angeblich), werden mir vorwerfen, daß ich Gefahren sehe, wo gar keine sind, aber die Unfallstatistiken geben mir leider recht. Die Könner unter den Piloten werden mir zustimmen, wenn ich sage, daß der Durchschnitt an fliegerischem Können in der allgemeinen Luftfahrt besser sein müßte, und daß die in diesem Buch beschriebenen Gefahren leider nur zu realistisch sind.

Es ist eine in der Luftfahrt bekannte Tatsache: Wenn man mit sechs Piloten (vor allem Fluglehrern) ein Problem diskutiert, bekommt man sieben verschiedene Antworten. Und nach Meinung der meisten Flieger sollte man sich doch danach richten, was Fluglehrer sagen, oder nicht? Man sollte natürlich nicht zu sehr darauf bestehen, jede Einzelheit in ein absolutes Schema zu pressen, aber die Vorteile der Standardisierung werden doch von den meisten Ausbildungsbehörden anerkannt. Die verschiedenen, in diesem Buch beschriebenen Verfahren gehören, mit wenigen Ausnahmen, nicht zu den Ausbildungsprogrammen. Vielmehr sollten damit die unter Piloten weit verbreiteten Schwächen angesprochen und Empfehlungen zu deren Überwindung gegeben werden, in der Hoffnung, daß damit die fliegerischen Fähigkeiten verbessert und die Unfallraten verringert werden.

Nur wenige unter uns sehen sich selbst so, wie sie von anderen gesehen werden, und noch weniger Piloten betrachten ihre Flugkünste durch die Augen ihrer Passagiere. Ich habe oft Piloten, deren schlechte Angewohnheiten bekannt waren, zu einem Flug eingeladen, bei dem ich ihnen dann einige ihrer falschen Verfahren vorgeführt habe: »So fliege ich wirklich?«, war dann ihre ungläubige Reaktion, so als ob man zum ersten Mal seine eigene Stimme vom Tonband hört. Einmal habe ich diese Methode mit einem Piloten durchexerziert, der den schlimmsten Kunstflug vorführte, den ich je erlebt hatte. Als ich seine Flugmanöver kopiert hatte, wurde er auf der Stelle luftkrank. Schlechte Angewohnheiten können gefährlich werden, und manche Piloten wundern sich dann, wenn niemand mehr mit ihnen fliegen will.

Die Luftfahrtbehörden fordern den Berufspiloten regelmäßige Checks ab, und das nicht ohne Grund. In Südafrika beispielsweise werden Piloten mit IFR-Rating alle sechs Monate überprüft. Airline-Piloten müssen sich in regemäßigen Abständen einer ganzen Reihe von Checks unterziehen. Auch Militärpiloten werden immer wieder auf ihr Können überprüft. Nur bei Privatfliegern gibt es solche Checks überhaupt nicht. Sie brauchen sich nicht den kritischen Augen eines erfahrenen Piloten zu unterziehen, der schon nach einem kurzen Checkflug vermutlich auf gefährliche Unsitten aufmerksam machen könnte, bevor es zu spät ist. Ein Linienpilot hat eine weitaus gründlichere Ausbildung hinter sich als ein Privatpilot, und trotzdem unterzieht er sich ohne falschen Stolz seinen regelmäßigen Checks. Viele Privatpiloten dagegen würden es als Zumutung betrachten, wenn sie solche Tests über sich ergehen lassen müßten.

In den USA wurden von den Behörden zweijährliche Checks für Privatpiloten eingeführt. Sie erwiesen sich zwar nur als Teilerfolg (vielleicht wegen der noch unvollkommenen Durchführung), aber dies ist zweifellos ein Schritt in die richtige Richtung.

Zu den menschlichen Eigenschaften gehört aber nicht nur die Selbstüberschätzung. Manchmal wird auch unterschätzt, was man durch gute Ausbildung und regelmäßige Übung alles erreichen kann. Die Fähigkeit, sich vielseitiges Können anzueignen, hängt davon ab, wie man Schwierigkeiten einschätzt. Technische Geräte sind keine magische Kunst. Mit gesundem Menschenverstand kann man sie begreifen. Schwierige Verfahren, bei denen eine Reihe verschiedener Tätigkeiten gleichzeitig ausgeführt werden müssen, sollte man als Herausforderung betrachten, die man durch gute Ausbildung und intelligentes Training beherrschen kann. Das ist nicht nur eine Sache für Profis.

Werden korrekte Verhaltensweisen kombiniert mit regelmäßigen Checks, dann hat man die besten Chancen, ein guter Pilot zu werden. Und wenn jeder Privatpilot danach handeln würde, könnte die Unfallrate drastisch gesenkt werden.

Register

Ablegen, von Wasserflugzeugen   202
Abdrift   83–89, 91, 94, 113
ADF   25, 61, 77, 135, 141
Anflug   189–194;
    siehe auch Sinkflug und Landung
Antifrost-Flüssigkeit   129
Anzeigegeräte
    Anflughilfen   142
    Anstellwinkel   177
    Fahrtmesser   62, 64, 65, 70, 71, 73, 106,
    110, 115, 130–131, 177
    Fluglage   60, 62, 64, 65, 73, 130, 173
    Kurskreisel   36, 60, 63, 64, 66, 68, 74, 75,
    77, 130
    Wendezeiger   60, 62, 130, 157

Beaufort-Skala   48; siehe auch Wind
Bedienungsfehler   164–197
Berge   23, 136
Biggin Hill   17; 146–147
Blitz   139
Bremsen
    bei der Landung   56, 83, 95
    beim Start   49, 88, 108
    beim Rollen   32, 165, 168, 230
Bremsen-Check   165

Checks, Piloten   232–233
Cessna   187
Courtney, Frank   59

Dakota   98
deHavilland Mosquito   98
Dornier   97
Do X   97
Drosselklappen-Vereisung   132–133
Druckanzeigegeräte   60, 61, 74

Einmotorige Flugzeuge   145–162
Eis
    an der Zelle   126–129
    im Triebwerk   131–134
    am Pitotrohr   129–131
    an der statischen Druckentnahme 129–131
    an der Frontscheibe   129
Eis-Arten
    Klareis   127, 133
    Rauheis   127
    Rauhreif   126
Entscheidungshöhe   80, 113, 115

Fahrwerk   34, 83, 101, 105, 115, 116, 168
Festmachen, von Wasserflugzeugen   202

Feuchtigkeit 131, 132
Flight Director System 59
Flugvorbereitung 14, 16, 20–31, 144;
    siehe auch Checks, Vorflugkontrolle
Flying Fortress 98
Frontensysteme 125, 126
Frostgrenze 21, 121, 126, 144
Funkgeräte 25, 60, 61, 75–81, 117, 119,
    123, 141

GAFOR 121
Geschwindigkeit, angezeigte 66, 170
Geschwindigkeiten
    Abhebegeschwindigkeit 41, 48, 96, 104
    Landegeschwindigkeit 52, 56, 62, 82,
    124; siehe auch Sinkflug
    Mindeststeuergeschwindigkeit 99–104,
    105, 108, 115
    Reisegeschwindigkeit 64, 65, 68, 70, 73,
    82, 124
    Sinkgeschwindigkeit 66, 150; siehe auch
    Landung
    Steiggeschwindigkeit 49, 65, 98,
    170–171, 208
    Überziehgeschwindigkeit 42, 50–51, 70,
    149, 150
    »V«-Definitionen 104–106
Gewicht 26, 27–31, 41, 108, 175, 198, 199
Gewitter 125, 126
Gieren 99, 101, 102, 103, 108, 111, 115,
    180, 182, 184, 186, 187, 212
Gipsy Moth 17

Hängewinkel 64, 66, 68, 149
Hagel 18, 125, 131, 134, 137
Handbuch 33–34, 35, 36, 40, 42, 44, 85,
    95, 108, 113, 152, 186, 201
Hebelarm 27, 103, 181
Höhehalten 173
Höhenruder 27, 49, 80, 122, 169–170, 177,
    179, 181, 186, 187

Horizontalsicht 140

ILS 61, 75–80, 141
IMC 21, 74
Instrumenten-Checks 32, 36
Instrumentenflug 58–81, 122, 124, 134,
    140, 144
International Civil Aviation Organization
    (ICAO) 31
ISA 41

Karten 25, 144, 158
Klappen 34, 35, 40, 101
    beim Landen 50, 51–55, 56, 95, 115,
    116, 191–193
    beim Start 42–45, 48, 49, 95, 105, 187
Kolbenmotoren siehe Triebwerks-Arten
Kraftstoff 26–27, 35, 36, 107, 152,
    218–221, 222
    Anzeigen (Tankinhalt) 34
    Hilfspumpe 152
Kreiselinstrumente 60, 61, 68, 74
Kühlklappen 101, 110, 112, 170
Künstlicher Horizont 60, 62, 63, 64, 65,
    66, 68, 74, 130, 157
Kunstflug 176
Kurven 66–68, 146–151, 175–177, 190

Landeplatz 39–42, 45, 47–50, 54–57, 82,
    124
Landung 39–40, 50–57, 194–196;
    siehe auch Anflug, Sinkflug
    bei Seitenwind 82–85, 89–95, 96
    mit Wasserflugzeugen siehe Wassern
    asymmetrische Landung,
    zweimot. Flugzeuge 112–115
    bei Triebwerksausfall,
    einmot. Flugzeuge 152–154, 158–162
Lufttemperatur 23, 41, 121, 131, 132, 133,
    134, 143, 176

Matsch 47, 49
Mindestsicherheitshöhe 119, 150
Musterzulassung 186

Navigation 25, 60, 61, 134, 140, 144;
    siehe auch Instrumentenflug
Neale, Lindsay 146
Nebel 15, 23, 141; siehe auch Sicht
Notams 144
Notlandung 151–162, 212
Notwasserung 156
Nullschub 106–107

Obstacle Clearance Limit (OCL) 80
Öl 34, 216

Parken von Flugzeugen 165–167, 229
Piper Aerostar 24
PPL 15, 39, 122, 181
Precision Approach Path Indicator
    (PAPI) 144
Propeller 32, 34, 37–38, 102, 103, 104, 105,
    106, 145–146, 220–221, 226, 229

QDM 175
Querruder 34, 35, 70, 73, 85–88, 91, 94,
    95, 111, 115, 173, 177, 179, 180, 186, 187

Radarführung 61, 75
Radio-Kompaß 61
Rauhreif 35, 126
Regen 126, 131, 134, 139
Reiseflug 172–175, 229
    Motorausfall 110–112, 154–157
Rollen 64, 99, 182–184, 186
Rollen am Boden 32, 36–37, 115, 226,
    229–230; siehe auch Start
    Fehler 165–168
    auf dem Wasser 204–206
Rundgang 32–35

Schiebemethode, Landung 89, 91–94
Schlechtwetter-Unfälle 117–144
Schnee 18, 47, 49, 125, 131, 134
Schub 99, 104, 105, 107–108
Schubkarrenfahren 96, 170, 196, 212
Schwerpunkt 27–31
Schwimmer 198, 199, 201–202, 205, 211,
    212
Seitenruder 29, 70, 71, 73, 88, 94, 99, 102,
    106, 108, 110, 111, 115, 164, 172, 173,
    180, 181, 186, 187, 188
Seitenwind 82–96, 170; siehe auch Wind
    Limits 84
    bei der Landung 82–85, 89–95, 212
    beim Start 82, 85–89
Sicherheit, Triebwerksausfall 97–116
Sicht 18, 123–124, 134, 139, 144, 171;
    siehe auch Nebel
    reduzierte Sicht 140–141
Sinkflug 189–194; siehe auch Anflug,
    Landung
Spiralsturz 70, 73, 99, 116
Start 35, 38, 39–50, 169–170, 201–202;
    siehe auch Rollen am Boden
    bei Seitenwind 82, 84–89, 96
    mit Wasserflugzeugen 206–209
    asymmetrisch, zweimotorige
    Flugzeuge 107–110
    bei Triebwerksausfall, einmotoriger
    Flugzeuge 146–154
Startrollstrecke 40, 41, 42, 45
Startstrecke 40
Steigflug 44, 47, 49, 98, 170–172, 208–209
Steuerung 164, 167, 169, 170, 173
Streckenplanung 23–25, 144
Streckenwetter-Vorhersage 121

T-Anordnung 62, 75
TBO 213–214
Taupunkt 23, 121, 126, 143
Triebwerke 24, 32, 97–98, 205, 213–230

Triebwerks-Arten
  Vergasermotoren 37, 131–134
  Einspritzmotoren 37, 132, 220
  Jets 37, 129, 213, 225
  Kolbenmotoren 24, 37, 98–99, 107, 145,
    165, 191, 213–221
  Turbolader 145, 170, 213, 222–225
  Turboprop 37, 98, 213, 225–230
Triebwerksausfall 99–104, 105, 106–107,
  145–146
  in Wasserflugzeugen 212
  bei der Landung 112–115
  beim Start 107–110, 146–147, 151–154
  im Reiseflug 110–112
Triebwerksbedienung 164, 217–221, 224
Triebwerks-Check 37–38, 151
Trudeln 21, 29, 69, 70–73, 146, 149, 176,
  179, 181–189
  Ausleiten 186–187
Turbulenz 135

Überladung 26, 106
Überwasserflug 24–25, 144
Überziehen 21, 42, 50–51, 69, 70, 146,
  149, 150, 176, 177–181, 182, 187–188
Umkehrschub 229
Unfälle 13–16, 21, 99
  bei Schlechtwetter 21, 117–144
  bei der Landung 40, 118
  beim Start 40, 118

Variometer 63, 64, 65, 68, 73, 74, 130
VC-10 104

»V«-Definitionen 104–106
Vereisungsschutz 127–129
VFR 31, 118, 175
Visual Approach Slope Indicator
  (VASI) 144
VMC 74
Volmet 121
VOR 15, 25, 61, 77, 135, 142
Vorflugkontrollen 14, 20, 32–38, 47, 107,
  151, 199; siehe auch Flugvorbereitung

Wassern 201, 202, 209–212
Wasserflugzeuge 198–212
Wetter 16, 18, 60, 61, 125
  Beratung 21–23
  Vorhersagen 125–126
  Berichte 119–121
Widerstand 51–52, 54, 99, 101, 102, 112,
  116, 193
Wind 41, 46–47, 48, 55, 77, 82–96, 125,
  135–137, 169, 170, 200, 201, 204, 205, 209
Wolkentypen
  Cumulonimbus 137–139
  Cumulus 126, 133, 137–139
  Nimbostratus 125
  Stratus 139
  in den Bergen 23, 137
Wolkenuntergrenze 121–122, 139–140

Zweimotorige Flugzeuge 97–104, 107–116,
  129

Die ganze Welt der Luft- und Raumfahrt

FLUG REVUE präsentiert die spannendsten Geschichten aus der faszinierenden Welt der Luft- und Raumfahrt.